エッセンシャル
応用物性論

荻野俊郎
［著］

Introduction to
Materials Physics

朝倉書店

刊行にあたって

　本書は，固体物性の根本原理と電子デバイスを中心とする応用技術の基礎的事項をわかりやすく解説した入門書である．対象は，主として大学の理工系学部学生や工業高等専門学校の学生であるが，一般教養の教科書としても使えるように，基礎事項は丁寧に記述した．未習事項については最低限必要な知識を付録も活用して併載し，本書のみで学習を完結できるように心がけた．内容は物性分野を一通りカバーしているが，産業的に重要であり量子論に基づく物性論の特徴がよく現れている半導体物性とそのデバイス応用の割合がいくぶん多くなっている．物性論で出てくる現象の理解を容易にするため，現象の過程を分解して物理的イメージをつかめるように工夫がしてある．近年，あまり複雑な数式の展開は敬遠されるようであるが，天下り的に最後の式を与えても理解したと実感できない．何らかの現象の最終的な結果を記述するときは，途中の導出も追えるように丁寧に記述し，非常に煩雑になったり本書の範囲を超えるときのみ最後の結果だけを示すこととした．こうしたことで，本書のみで学習することが容易になっているはずである．

　本書の刊行にあたっては，源流となる著書がある．1957年の年の瀬，アメリカ合衆国ベル研究所で世紀の発明がなされた．ゲルマニウム結晶に針を立てて電流を流したところ，増幅作用が発見されたのである．トランジスタと名付けられたこの固体増幅素子は，真空管を置き替える小型低消費電力素子として産業的に発展するとともに，半導体を柱とする物性科学の発展を促した．そして1970年から1971年にかけて，後の情報革命を引き起こす半導体集積メモリとマイクロプロセッサが相次いで市場に登場した．

　本書の前身となる『応用物性論』（青木昌治先生の執筆，朝倉書店刊）は，そのような科学技術の転換期にあたる1969年に出版された．それまで主として古典物理で体系立てられていた産業技術に替わって，量子力学によって記述される物性論が応用技術の主役として確立された時期である．その意味で，『応用物性論』はまさに時宜を得た出版であり，また基礎事項をわかりやすく解説した教科書として好評を博した．それ以来，物性理論の基礎を学び，工学への応用能力を

養成する標準的な教科書として定着し，版を重ねてきた．一方で，書かれた年が1970年から始まる集積デバイス技術の誕生とその後に引き起こされた情報通信革命の始まる以前であったため，応用技術の基礎を学ぶ上でデバイス技術を中心に不十分な点が目立つようになってきた．また，物性論においても1969年当時には想像もできなかった現象や材料が今日では知られており，たとえ簡単であっても一通りの記述が必要になってきた．たとえば，ナノテクノロジーは原子を基本とする物性工学の最終的な技術であるが，1990年代後半から一般に使われるようになった言葉である．そのような背景で『応用物性論』の改訂が強く望まれていたが，部分的な修正よりも，前身のよい点は極力残しつつ全面改訂する方が新しい物性論と応用技術を取り込みやすいと考えた．本書では，物性の基礎を学ぶ部分は前身のスタイルを取り込みつつも，新しい発見についても触れるようにして，長く使用できる教科書を目指した．

　本書の執筆にあたっては，東京大学および横浜国立大学の名誉教授である多田邦雄先生よりご推薦を頂き，担当することとなった．また，本書の源流である『応用物性論』を執筆された青木昌治先生は筆者の大学院時代の指導教授であり，ここでは書き表せないほどお世話になった．両先生にまず満腔の謝意をささげたい．本書を進めるにあたっては，朝倉書店編集部に叱咤激励され続けた．それがなかったら本書は立ち枯れになっていたことと思う．ここでお礼申し上げたい．筆者は横浜国立大学で「電子物性」，「電気材料」，「ナノエレクトロニクス」，「量子力学」などの講義を何度か担当したが，その講義経験が非常に役立ったのは言うまでもない．受講した学生諸君に育ててもらったとも言える．最後に，休日に仕事をすることに協力してくれた家族と，研究業務の遅延を理解してくれた研究室の学生諸君にも感謝の意をささげたい．

2015年9月

荻 野 俊 郎

目　　　次

1. はじめに ……………………………………………………………… *1*

2. 原子を結び付ける力 ………………………………………………… *3*
   2.1 水素原子の電子のエネルギー準位 ………………………………… *3*
   2.2 一般の原子内電子のエネルギー準位 ……………………………… *6*
   2.3 原子間にはたらく引力と斥力 ……………………………………… *6*
   2.4 ファンデルワールス力と分子結晶 ………………………………… *11*
   2.5 イオン結合とイオン結晶 …………………………………………… *13*
   2.6 共有結合と共有結合結晶 …………………………………………… *14*
   2.7 金属結合 ……………………………………………………………… *16*
   2.8 水素結合 ……………………………………………………………… *17*
   2.9 凝集力と固体の性質 ………………………………………………… *18*

3. 固体の原子構造 ……………………………………………………… *20*
   3.1 結　晶 ………………………………………………………………… *20*
   3.2 結晶格子 ……………………………………………………………… *21*
   3.3 結晶の面と方位 ……………………………………………………… *24*
   3.4 代表的な物質の結晶構造 …………………………………………… *26*
       3.4.1 最密充填構造 ………………………………………………… *26*
       3.4.2 ダイヤモンド構造 …………………………………………… *27*
       3.4.3 閃亜鉛鉱型構造 ……………………………………………… *28*
       3.4.4 ウルツァイト型構造 ………………………………………… *29*
       3.4.5 塩化ナトリウム型構造 ……………………………………… *29*
       3.4.6 塩化セシウム型構造 ………………………………………… *29*
       3.4.7 その他の結晶 ………………………………………………… *30*
       3.4.8 準結晶 ………………………………………………………… *30*
   3.5 結晶欠陥 ……………………………………………………………… *31*
       3.5.1 点欠陥 ………………………………………………………… *31*

3.5.2　線欠陥 …………………………………………………… *32*
　　3.5.3　面欠陥 …………………………………………………… *34*
　3.6　結晶構造解析 ………………………………………………… *34*
　　3.6.1　X線回折 ………………………………………………… *34*
　　3.6.2　電子顕微鏡 ……………………………………………… *37*
　3.7　結晶表面の原子構造 ………………………………………… *37*
　3.8　結晶成長 ……………………………………………………… *40*

4. 格子振動と格子比熱 …………………………………………… *43*
　4.1　連続媒質中の弾性波 ………………………………………… *44*
　　4.1.1　一次元固体中の弾性波 ………………………………… *44*
　　4.1.2　三次元固体中の弾性波 ………………………………… *46*
　4.2　結晶の格子振動 ……………………………………………… *48*
　　4.2.1　一次元単純格子の振動 ………………………………… *48*
　　4.2.2　単位格子中に2個の原子を含む一次元格子の振動 …… *51*
　4.3　格子振動の量子化と観測 …………………………………… *55*
　4.4　固体の比熱 …………………………………………………… *56*
　　4.4.1　固体比熱の古典論 ……………………………………… *56*
　　4.4.2　デバイの理論 …………………………………………… *58*
　　4.4.3　デバイ温度 ……………………………………………… *61*

5. 金属の伝導現象 ………………………………………………… *62*
　5.1　金属内電子と金属の性質 …………………………………… *62*
　5.2　金属内電子伝導の古典論 …………………………………… *63*
　5.3　金属内に閉じ込められた電子の量子力学的扱い ………… *66*
　　5.3.1　金属内電子のエネルギー準位 ………………………… *66*
　　5.3.2　状態密度 ………………………………………………… *71*
　　5.3.3　フェルミ-ディラック統計 ……………………………… *73*
　5.4　金属の電気伝導の量子力学的扱い ………………………… *77*
　5.5　仕事関数と電子放出 ………………………………………… *79*

6. 固体のエネルギーバンド理論 ………………………………… *82*
　6.1　結合力によるエネルギーバンドの発生 …………………… *82*

 6.2 周期構造によるエネルギーバンドの発生 …………………………………… *83*
 6.3 固体内電子のバンド構造 ……………………………………………………… *86*
 6.4 結晶内電子の運動と有効質量 ………………………………………………… *88*
 6.5 金属・半導体・絶縁体 ………………………………………………………… *90*

7. 半導体の導電現象 …………………………………………………………………… *93*
 7.1 半導体概論 ……………………………………………………………………… *93*
 7.2 半導体の伝導型と導電率 ……………………………………………………… *96*
 7.3 半導体内のキャリア密度 ……………………………………………………… *98*
  7.3.1 真性半導体のキャリア密度 ……………………………………………… *98*
  7.3.2 外因性半導体のキャリア密度 …………………………………………… *100*
 7.4 キャリア移動度 ………………………………………………………………… *101*
 7.5 キャリア密度と移動度の測定方法—ホール効果 …………………………… *101*
 7.6 半導体内の電気伝導 …………………………………………………………… *103*
  7.6.1 ドリフト電流 ……………………………………………………………… *103*
  7.6.2 拡散電流 …………………………………………………………………… *103*
 7.7 過剰少数キャリアの生成と消滅および連続の式 …………………………… *105*

8. 半導体の接合論 ………………………………………………………………………… *109*
 8.1 pn接合形成の定性的過程 ……………………………………………………… *109*
 8.2 pn接合形成の定量的解析 ……………………………………………………… *112*
 8.3 pn接合の印加電圧に対する応答 ……………………………………………… *115*
  8.3.1 空乏層容量 ………………………………………………………………… *115*
  8.3.2 pn接合の電圧電流特性の定性的理解 …………………………………… *117*
  8.3.3 pn接合の電圧電流特性 …………………………………………………… *118*
 8.4 ヘテロ接合 ……………………………………………………………………… *121*
 8.5 ショットキ接合 ………………………………………………………………… *122*

9. 半導体デバイス ………………………………………………………………………… *125*
 9.1 金属-絶縁体-半導体接合 ……………………………………………………… *125*
  9.1.1 SiとSi酸化膜界面の性質 ………………………………………………… *125*
  9.1.2 金属-絶縁体-半導体接合のバンド構造 ………………………………… *126*
 9.2 MOSFET ………………………………………………………………………… *129*

9.3　バイポーラトランジスタ………………………………………… *132*
　9.4　化合物半導体デバイス…………………………………………… *133*
　9.5　その他の半導体デバイス………………………………………… *134*

10. 物質の誘電的性質と絶縁体の導電現象 ………………………… *135*
　10.1　分　極……………………………………………………………… *135*
　　10.1.1　電子分極……………………………………………………… *135*
　　10.1.2　配向分極……………………………………………………… *136*
　　10.1.3　イオン分極…………………………………………………… *137*
　10.2　分極と誘電率……………………………………………………… *137*
　10.3　強誘電体…………………………………………………………… *140*
　10.4　誘電体内の導電現象……………………………………………… *141*
　　10.4.1　絶縁体中の電子・ホールのバンド伝導…………………… *142*
　　10.4.2　ホッピング伝導……………………………………………… *143*
　　10.4.3　広範囲ホッピング…………………………………………… *144*
　　10.4.4　空間電荷制限電流…………………………………………… *144*
　10.5　ピエゾ効果………………………………………………………… *145*

11. 物質の光学的性質 …………………………………………………… *146*
　11.1　物質の光学的性質の概論………………………………………… *146*
　11.2　物質の電磁波に対する応答……………………………………… *148*
　　11.2.1　物質中の電磁波……………………………………………… *148*
　　11.2.2　金属による光の吸収………………………………………… *150*
　11.3　格子振動と光の相互作用………………………………………… *152*
　11.4　半導体と絶縁体の光学的性質…………………………………… *153*
　11.5　半導体光デバイス………………………………………………… *155*
　　11.5.1　太陽電池……………………………………………………… *155*
　　11.5.2　発光素子……………………………………………………… *157*
　　11.5.3　液晶デバイス………………………………………………… *158*

12. 磁気物性と超伝導 …………………………………………………… *160*
　12.1　原子の磁気モーメントと磁化率………………………………… *160*
　12.2　磁性の源―電子の軌道角運動量とスピンによる磁化………… *161*

目　　次　　vii

　12.3　物質の磁性………………………………………………… *163*
　　12.3.1　反磁性………………………………………………… *163*
　　12.3.2　常磁性………………………………………………… *163*
　　12.3.3　強磁性………………………………………………… *164*
　　12.3.4　反強磁性……………………………………………… *165*
　　12.3.5　フェリ磁性…………………………………………… *165*
　　12.3.6　超常磁性……………………………………………… *166*
　12.4　磁気抵抗効果…………………………………………… *166*
　12.5　超伝導…………………………………………………… *168*
　　12.5.1　電気的性質…………………………………………… *168*
　　12.5.2　磁気的性質…………………………………………… *169*
　　12.5.3　主要な超伝導体……………………………………… *170*
　　12.5.4　ジョセフソン効果…………………………………… *171*

13. ナノテクノロジー……………………………………………… *172*
　13.1　量子効果………………………………………………… *172*
　13.2　トンネル効果…………………………………………… *174*
　13.3　ボトムアップのナノテクノロジー…………………… *177*

A. 付　　録………………………………………………………… *179*
　A.1　原子内電子のエネルギー準位の量子力学的扱い…… *179*
　　A.1.1　シュレディンガー方程式……………………………… *179*
　　A.1.2　水素原子中の電子のエネルギー準位………………… *181*
　　A.1.3　シュレディンガー方程式の変数分離………………… *183*
　A.2　固体比熱理論におけるデバイ関数の導出…………… *184*
　A.3　広範囲ホッピング伝導の導電率の算出……………… *185*
　A.4　トンネル確率の計算…………………………………… *186*

問題解答……………………………………………………………… *189*
索　　引……………………………………………………………… *195*

物 理 定 数 表

素電荷　$q = 1.60 \times 10^{-19}$ C
ボルツマン定数　$k_B = 1.38 \times 10^{-23}$ J K^{-1}
アボガドロ数　$N_A = 6.02 \times 10^{23}$ mol^{-1}
絶対温度で表した 0 ℃　273.15 K
電子の質量　$m = 9.11 \times 10^{-31}$ kg
プランク定数　$h = 6.624 \times 10^{-34}$ J s, $\hbar = 1.055 \times 10^{-34}$ J s
光速度　$c = 3.00 \times 10^{8}$ m s^{-1}
真空中の誘電率　$\varepsilon_0 = 8.85 \times 10^{-12}$ F m^{-1}
真空中の透磁率　$\mu_0 = 1.26 \times 10^{-6}$ H m^{-1} ($4\pi \times 10^{-7}$ H m^{-1})
Si の比誘電率　$\varepsilon_r = 11.9$

接 頭 辞

桁	読み方	記号
10^{15}	ペタ	P
10^{12}	テラ	T
10^{9}	ギガ	G
10^{6}	メガ	M
10^{3}	キロ	k
10^{0}		
10^{-3}	ミリ	m
10^{-6}	マイクロ	μ
10^{-9}	ナノ	n
10^{-12}	ピコ	p
10^{-15}	フェムト	f
10^{-18}	アト	a

1. はじめに

　物性とは，物質の電気的，化学的，機械的，熱的などの性質の総称であり，電気・電子工学，機械工学，化学工学などものづくりに関わるあらゆる工学の基礎をつくる学問である．20世紀後半に花開いた情報革命は，半導体デバイスによって高度な処理能力を得たコンピュータや，光デバイスによって大容量・高速性を実現した通信装置などの発展によって引き起こされた．こうしたデバイス技術を支えているのは様々な材料の物性を制御する技術であり，その理論的根拠となっている量子力学がもたらした最大の技術革命である．

　これから物質のもつ性質を学んでいくわけだが，特に本書で強調したいのは，個別の材料の性質を列挙することではなく，様々な現象として現れる物性をできる限り物理の根本原理から理解することである．たとえば，銅線は電気をよく通す物質であることが知られている．また，ガラスは光をよく透過する物質であることが知られている．しかし，銅は光を透過せず，ガラスは電気を通さない．これは別々の理由によるのではなく，銅が内部に自由に動くことのできる電子を多数もつ一方で，ガラスには自由な電子がないことによる．自由に動ける電子は電気を運び，光に追随して光を反射するのに対し，自由な電子がないとそのどちらも起きないためである．しかし，もう一歩踏み込んで，なぜ銅は自由に動く電子をもち，ガラスは自由な電子をもたないのかという疑問まで遡るには，物質を構成する原子の性質や原子の結合が生み出す性質を理解する必要があり，個々の原子の電子の配列から始めなくてはならない．

　物性の根源を理解することは科学技術の1つの柱であるが，もう1つの柱はその物性をどのように応用するかである．たとえば，何かデバイスを開発しているときに，こんな材料がほしいと考えたとする．そのとき，片っ端からいろいろな材料を試すのは効率が悪い．しかし，物性に対する洞察力が備わっていれば，どの材料から試していけばよいか，およその見当をつけることができる．せっかくよい素材を使っていても，その物性を生かす使い方をしていないかもしれない．本書は応用物性論と名付けられているように，物性の基礎と同時に応用面での洞察力をも養えるよう心がけた．

　物性論で対象となる物質には，気体・液体から金属，半導体，絶縁体などの固

体，さらに有機系の物質や生体分子まで含まれる．本書の前身である『応用物性論』では，もともと固体にほぼ限定して記述されていたが，今回はそれを踏襲し，近年関心の高まっている生体物質などのソフトマテリアル（柔らかい物質）については，固体物性の基礎となる凝集力のみの記述とした．また，有機系物質は範囲が膨大になるので割愛した．

　以上のように，本書は固体物性の基礎をできる限り根源に立ち返って理解することを第一の目的としつつも，学際領域の広がりと産業の高度化にも対応できることを狙って構成してある．

2. 原子を結び付ける力

　固体の性質を決定する最も重要な因子は，原子どうしを結び付ける力がどのようにして発生したかである．運動エネルギーが十分大きい高温では，物質はバラバラになって原子の気体となっている．気体の温度が下がるということは，運動エネルギーが減少するということである．温度が下がると原子どうしが結合し分子をつくって分子気体となり，分子が互いに引き付けあって液体となる．あるいは原子どうしが直接液体をつくることもある．さらに温度を下げると分子間，または原子間の力が大きくなり固体となる．

　本章では，固体を構成している原子がどのような力で結び付けられているかを考え，異なる物質の原子間では異なる力がはたらいていること，その力の性質によって物質の基本的な性質が決定されることを述べる．たとえば，ダイヤモンドは硬く透明で，電気を流しにくい．金属は伸びやすく電子を通しやすい一方で，光を透過しない．これらは，物質を構成する原子間にはたらく力の性質に由来する．

2.1 水素原子の電子のエネルギー準位

　原子のもつ性質は電子配置によって決まる．電子の状態，すなわち電子が存在できるエネルギー準位は量子力学によって計算され，とびとびの値をもつ．量子力学の基礎については，付録 A.1 節を参照されたい．まず，水素原子の電子がどのようなエネルギーをとることができるか考える．水素原子には，正の電気素量をもつ陽子のまわりに負の電気素量をもつ電子が存在する．外界からの刺激がなければ，電子は最もエネルギーの低い準位を占めている（基底状態という）．熱や放電によって生成したエネルギーの高い電子の衝突や光照射などによって刺激されると，電子はとびとびの高いエネルギー準位に飛び移る（励起状態という）．このエネルギー準位は，量子力学が確立する以前から，水素放電管の発光スペクトルなどによって測定されており，図 2.1 に示すようなエネルギー配列をもつことが知られていた．量子力学を用いると，水素原子のエネルギー準位は次の 3 つの量子数によって記述される．

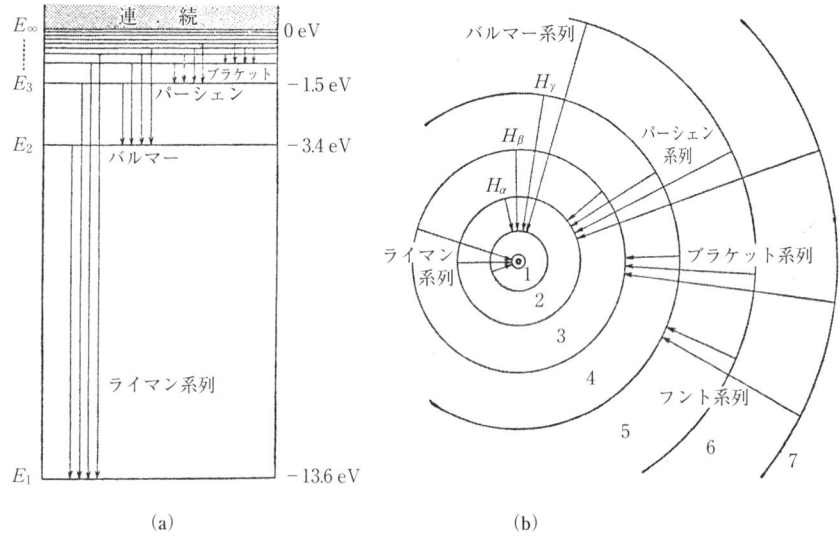

図 2.1 水素原子のエネルギー準位と遷移

主量子数（principal quantum number）：$n = 1, 2, 3, \cdots$
方位量子数（azimuthal quantum number）：$l = 0, 1, 2, \cdots, n-1$
磁気量子数（magnetic quantum number）：$m = -l, -l+1, \cdots, -1, 0, 1, \cdots, l-1, l$

また，電子はスピンという固有の角運動量をもち，1つの電子は上記3つのエネルギー準位に関係なく $1/2$ か $-1/2$ のどちらかの状態（上向きスピン，下向きスピンなどと呼ばれることもある）を占める．したがってスピンを区別すると，

スピン量子数（spin quantum number）：$m_s = +1/2, -1/2$

が加わる．1つのエネルギー準位には，1個の電子しか入れないという物理法則があり（パウリの排他律，Pauli's exclusion principle），もし水素原子が多数の電子をもっていたとしても，電子はすべて量子数の異なる準位に入る．

水素原子のエネルギー準位を具体的に見ていく．

基底準位　　$n=1$,　$l=0$,　$m=0$,　$m_s=\pm 1/2$
　　　　　　　　　　　　　（1s 軌道，m_s のみ異なる2個の準位）
第一励起準位　$n=2$,　$l=0$,　$m=0$,　$m_s=\pm 1/2$
　　　　　　　　　　　　　（2s 軌道，m_s のみ異なる2個の準位）
　　　　　　　　$l=1$,　$m=0, \pm 1$,　$m_s=\pm 1/2$

2.1 水素原子の電子のエネルギー準位

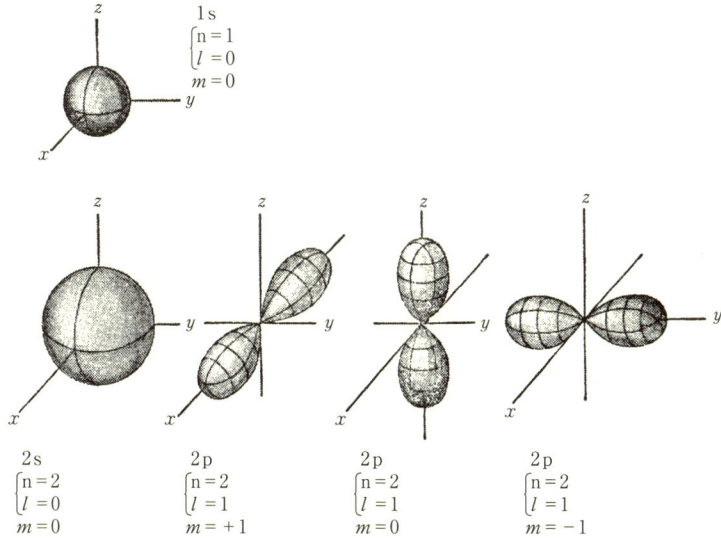

図 2.2 水素原子の各軌道の電子密度分布

(2p 軌道, m と m_s の異なる 6 個の準位)

第二励起準位　$n=3$,　$l=0$,　$m=0$,　$m_s=\pm1/2$

(3s 軌道, m_s のみ異なる 2 個の準位)

$l=1$,　$m=0, \pm1$,　$m_s=\pm1/2$

(3p 軌道, m と m_s の異なる 6 個の準位)

$l=2$,　$m=0, \pm1, \pm2$,　$m_s=\pm1/2$

(3d 軌道, m と m_s の異なる 10 個の準位)

ここでは便宜的に 1s 軌道, 2s 軌道, 2p 軌道などで電子のエネルギー状態を記述しているが, 実際には電子は原子核のまわりを軌道を描いて運動しているわけではない. 電子の各エネルギー準位は, エネルギーと角運動量をもつ状態で表されるということで, 電子の位置は確定しておらず, それぞれの状態に応じて原子核のまわりに分布していると考えられる. 各状態の空間的な電子密度分布を図 2.2 に示す. 水素の基底準位のエネルギーは, 電子が原子核から十分離れたときのエネルギーを基準にすると, $-13.6\,\mathrm{eV}$ である. ここで eV は, 電位差 1 V に対する電子 1 個のポテンシャルエネルギー差に相当し, $1.6\times10^{-19}\,\mathrm{J}$ である. 電子の分布は, 1s 電子で約 $0.05\,\mathrm{nm}$ である.

2.2 一般の原子内電子のエネルギー準位

　水素原子に関しては，電子のエネルギー準位を正確に計算でき電子数も1つなので，基底状態と励起状態のどちらに対しても電子間の相互作用を考慮する必要はない．水素以外の原子は原子核に複数の陽子をもち，電子も複数あって互いに相互作用しているため，電子のエネルギー準位は値も配列も水素原子とは異なる．しかし重い原子であっても，1つの電子に注目すると，原子核と他の電子のつくる球対称ポテンシャル中に存在しているとみなすことができるため，水素原子と類似のエネルギー準位によって表すことができる．表2.1に元素の電子エネルギー準位の配列を示す．ここで，電子のエネルギー準位は殻状構造をつくっており，K, L, Mという記号はX線回折（3.6節）や電子分光（6.1節）で用いられる呼称である．この場合，電子の分布は水素原子のエネルギー準位で近似できるが，主量子数の大きい方がエネルギー準位が高いとは限らない．たとえばカリウム（K）では，3d電子よりも4s電子の方がエネルギー的に低い位置にあり，3d軌道より先に4s軌道に電子が入っている．また，エネルギー準位の値は水素原子とは全く異なり，原子番号とともに準位は低くなる（自由空間中の電子を基準）ことに注意する必要がある．なお，原子炉などで人工的につくられる超ウラン元素は通常天然には存在せず，物性論の対象とはならないので表2.1では省略してある．

　電子は，定常状態（基底状態）ではエネルギーの低い準位から順に占めていく．上で述べたように，エネルギー準位の低さは主量子数だけでなく，電子数（原子核の陽子の数）に依存して入れ替わる．しかし，nとlの組み合わせによって決まるエネルギー準位には，収容可能な電子の席数が決まっている．

2.3　原子間にはたらく引力と斥力

　原子を結び付ける力の個々の原理に入る前に，原子間にはたらく力の一般論を述べる．2つの独立な原子が互いに近づき，それらが結合して2原子分子になる過程を考える．2つの原子が結合するということは，両者が離れているときより近寄ったときの方がエネルギーの低い状態になるということであり，一定の距離で安定な分子をつくるということは，ある程度以上近寄ると逆にエネルギーの高い状態になるということである．すなわち，引力と斥力のバランスで決まる，エ

2.3 原子間にはたらく引力と斥力

表 2.1 原子の電子配置

元素名	元素記号	原子番号	K 1s	L 2s 2p	M 3s 3p 3d	N 4s 4p 4d 4f	O 5s 5p 5d 5f	P 6s 6p 6d	Q 7s
水　　　素	H	1	1						
ヘ リ ウ ム	He	2	2						
ヘリウムコア			2						
リ チ ウ ム	Li	3	2	1					
ベ リ リ ウ ム	Be	4	2	2					
ホ ウ 素	B	5	2	2 1					
炭　　　素	C	6	2	2 2					
窒　　　素	N	7	2	2 3					
酸　　　素	O	8	2	2 4					
フ ッ 素	F	9	2	2 5					
ネ オ ン	Ne	10	2	2 6					
ネ オ ン コ ア			2	2 6					
ナ ト リ ウ ム	Na	11	2	2 6	1				
マグネシウム	Mg	12	2	2 6	2				
アルミニウム	Al	13	2	2 6	2 1				
シ リ コ ン	Si	14	2	2 6	2 2				
リ ン	P	15	2	2 6	2 3				
硫　　　黄	S	16	2	2 6	2 4				
塩　　　素	Cl	17	2	2 6	2 5				
ア ル ゴ ン	Ar	18	2	2 6	2 6				
ア ル ゴ ン コ ア			2	2 6	2 6				
カ リ ウ ム	K	19	2	2 6	2 6	1			
カ ル シ ウ ム	Ca	20	2	2 6	2 6	2			
スカンジウム	Sc	21	2	2 6	2 6 1	2			
チ タ ニ ウ ム	Ti	22	2	2 6	2 6 2	2			
バナジウム	V	23	2	2 6	2 6 3	2			
ク ロ ム	Cr	24	2	2 6	2 6 5	1			
マ ン ガ ン	Mn	25	2	2 6	2 6 5	2			
鉄	Fe	26	2	2 6	2 6 6	2			
コ バ ル ト	Co	27	2	2 6	2 6 7	2			
ニ ッ ケ ル	Ni	28	2	2 6	2 6 8	2			
ニ ッ ケ ル コ ア			2	2 6	2 6 10				
銅	Cu	29	2	2 6	2 6 10	1			
亜　　　鉛	Zn	30	2	2 6	2 6 10	2			
ガ リ ウ ム	Ga	31	2	2 6	2 6 10	2 1			
ゲルマニウム	Ge	32	2	2 6	2 6 10	2 2			
ヒ 素	As	33	2	2 6	2 6 10	2 3			

表 2.1 (続き)

元素名	元素記号	原子番号	K	L	M	N	O	P	Q
(X線記号 / 分光学記号)			1s	2s 2p	3s 3p 3d	4s 4p 4d 4f	5s 5p 5d 5f	6s 6p 6d	7s
セ レ ン	Se	34	2	2 6	2 6 10	2 4			
臭　　素	Br	35	2	2 6	2 6 10	2 5			
クリプトン	Kr	36	2	2 6	2 6 10	2 6			
クリプトンコア			2	2 6	2 6 10	2 6			
ルビジウム	Rb	37	2	2 6	2 6 10	2 6	1		
ストロンチウム	Sr	38	2	2 6	2 6 10	2 6	2		
イットリウム	Y	39	2	2 6	2 6 10	2 6 1	2		
ジルコニウム	Zr	40	2	2 6	2 6 10	2 6 2	2		
ニ オ ブ	Nb	41	2	2 6	2 6 10	2 6 4	1		
モリブデン	Mo	42	2	2 6	2 6 10	2 6 5	1		
テクネチウム	Tc	43	2	2 6	2 6 10	2 6 6	1		
ルテニウム	Ru	44	2	2 6	2 6 10	2 6 7	1		
ロジウム	Rh	45	2	2 6	2 6 10	2 6 8	1		
パラジウム	Pd	46	2	2 6	2 6 10	2 6 10			
パラジウムコア			2	2 6	2 6 10	2 6 10			
銀	Ag	47	2	2 6	2 6 10	2 6 10	1		
カドミウム	Cd	48	2	2 6	2 6 10	2 6 10	2		
インジウム	In	49	2	2 6	2 6 10	2 6 10	2 1		
ス　ズ	Sn	50	2	2 6	2 6 10	2 6 10	2 2		
アンチモン	Sb	51	2	2 6	2 6 10	2 6 10	2 3		
テ ル ル	Te	52	2	2 6	2 6 10	2 6 10	2 4		
ヨ ウ 素	I	53	2	2 6	2 6 10	2 6 10	2 5		
キセノン	Xe	54	2	2 6	2 6 10	2 6 10	2 6		
キセノンコア			2	2 6	2 6 10	2 6 10	2 6		
セシウム	Cs	54	2	2 6	2 6 10	2 6 10	2 6	1	
バリウム	Ba	56	2	2 6	2 6 10	2 6 10	2 6	2	
ランタン	La	57	2	2 6	2 6 10	2 6 10	2 6 1	2	
セリウム	Ce	58	2	2 6	2 6 10	2 6 10 2	2 6	2	
プラセオジム	Pr	59	2	2 6	2 6 10	2 6 10 3	2 6	2	
ネオジム	Nd	60	2	2 6	2 6 10	2 6 10 4	2 6	2	
プロメチウム	Pm	61	2	2 6	2 6 10	2 6 10 5	2 6	2	
サマリウム	Sm	62	2	2 6	2 6 10	2 6 10 6	2 6	2	
ユーロピウム	Eu	63	2	2 6	2 6 10	2 6 10 7	2 6	2	
ガドリニウム	Gd	64	2	2 6	2 6 10	2 6 10 7	2 6 1	2	
テルビウム	Tb	65	2	2 6	2 6 10	2 6 10 9	2 6	2	
ジスプロジウム	Dy	66	2	2 6	2 6 10	2 6 10 10	2 6	2	
ホルミウム	Ho	67	2	2 6	2 6 10	2 6 10 11	2 6	2	
エルビウム	Er	68	2	2 6	2 6 10	2 6 10 12	2 6	2	

2.3 原子間にはたらく引力と斥力

表2.1 (続き)

元素名	元素記号	原子番号	K 1s	L 2s 2p	M 3s 3p 3d	N 4s 4p 4d 4f	O 5s 5p 5d 5f	P 6s 6p 6d	Q 7s
ツリウム	Tm	69	2	2 6	2 6 10	2 6 10 13	2 6	2	
イッテルビウム	Yb	70	2	2 6	2 6 10	2 6 10 14	2 6	2	
ルテチウム	Lu	71	2	2 6	2 6 10	2 6 10 14	2 6 1	2	
ハフニウム	Hf	72	2	2 6	2 6 10	2 6 10 14	2 6 2	2	
タンタル	Ta	73	2	2 6	2 6 10	2 6 10 14	2 6 3	2	
タングステン	W	74	2	2 6	2 6 10	2 6 10 14	2 6 4	2	
レニウム	Re	75	2	2 6	2 6 10	2 6 10 14	2 6 5	2	
オスミウム	Os	76	2	2 6	2 6 10	2 6 10 14	2 6 6	2	
イリジウム	Ir	77	2	2 6	2 6 10	2 6 10 14	2 6 7	2	
白金	Pt	78	2	2 6	2 6 10	2 6 10 14	2 6 9	1	
白金コア			2	2 6	2 6 10	2 6 10 14	2 6 10		
金	Au	79	2	2 6	2 6 10	2 6 10 14	2 6 10	1	
水銀	Hg	80	2	2 6	2 6 10	2 6 10 14	2 6 10	2	
タリウム	Tl	81	2	2 6	2 6 10	2 6 10 14	2 6 10	2 1	
鉛	Pb	82	2	2 6	2 6 10	2 6 10 14	2 6 10	2 2	
ビスマス	Bi	83	2	2 6	2 6 10	2 6 10 14	2 6 10	2 3	
ポロニウム	Po	84	2	2 6	2 6 10	2 6 10 14	2 6 10	2 4	
アスタチン	At	85	2	2 6	2 6 10	2 6 10 14	2 6 10	2 5	
ラドン	Rn	86	2	2 6	2 6 10	2 6 10 14	2 6 10	2 6	
ラドンコア			2	2 6	2 6 10	2 6 10 14	2 6 10	2 6	
フランシウム	Fr	87	2	2 6	2 6 10	2 6 10 14	2 6 10	2 6	1
ラジウム	Ra	88	2	2 6	2 6 10	2 6 10 14	2 6 10	2 6	2
アクチニウム	Ac	89	2	2 6	2 6 10	2 6 10 14	2 6 10	2 6 1	2
トリウム	Th	90	2	2 6	2 6 10	2 6 10 14	2 6 10	2 6 2	2
プロトアクチニウム	Pa	91	2	2 6	2 6 10	2 6 10 14	2 6 10 2	2 6 1	2
ウラン	U	92	2	2 6	2 6 10	2 6 10 14	2 6 10 3	2 6 1	2
ネプツニウム	Np	93	2	2 6	2 6 10	2 6 10 14	2 6 10 4	2 6 1	2
プルトニウム	Pu	94	2	2 6	2 6 10	2 6 10 14	2 6 10 5	2 6 1	2
アメリシウム	Am	95	2	2 6	2 6 10	2 6 10 14	2 6 10 6	2 6 1	2
キュリウム	Cm	96	2	2 6	2 6 10	2 6 10 14	2 6 10 7	2 6 1	2
バークリウム	Bk	97	2	2 6	2 6 10	2 6 10 14	2 6 10 9	2 6	2
カリホルニウム	Cf	98	2	2 6	2 6 10	2 6 10 14	2 6 10 10	2 6	2
アインスタニウム	Es	99	2	2 6	2 6 10	2 6 10 14	2 6 10 11	2 6	2
フェルミウム	Fm	100	2	2 6	2 6 10	2 6 10 14	2 6 10 12	2 6	2
メンデレビウム	Md	101	2	2 6	2 6 10	2 6 10 14	2 6 10 13	2 6	2
ノーベリウム	No	102	2	2 6	2 6 10	2 6 10 14	2 6 10 14	2 6	2
ローレンシウム	Lr	103	2	2 6	2 6 10	2 6 10 14	2 6 10 14	2 6 1	2

ネルギーが最小となる原子間距離が存在する．原子間の距離を r とすると，引力 $F_{引力}$，斥力 $F_{斥力}$，引力を生み出すポテンシャル $U_{引力}$，および斥力を生み出すポテンシャル $U_{斥力}$ は次のように書き表すことができる．

$$U_{引力} = -\frac{\mu}{r^m}, \quad F_{引力} = -\frac{\partial U_{引力}}{\partial r} = -\frac{m\mu}{r^{m+1}} \tag{2-1}$$

$$U_{斥力} = \frac{\lambda}{r^n}, \quad F_{斥力} = -\frac{\partial U_{斥力}}{\partial r} = \frac{n\lambda}{r^{n+1}} \tag{2-2}$$

ここで，μ と λ はポテンシャルの大きさを表す比例定数，m と n は力の性質によって決まる定数である．引力は距離が離れているときに主たるポテンシャルとしてはたらくが，距離が近くなると斥力が支配的となることから，$n>m$ となる．2原子間のポテンシャルおよび力は，(2-1)，(2-2) 式の和となり，

$$U = U_{引力} + U_{斥力} = -\frac{\mu}{r^m} + \frac{\lambda}{r^n} \quad (n>m) \tag{2-3}$$

$$F = -\frac{\partial U}{\partial r} = -\frac{m\mu}{r^{m+1}} + \frac{n\lambda}{r^{n+1}} \tag{2-4}$$

で表される．原子間距離 r とポテンシャルエネルギーの関係を図 2.3(a) に，r と原子間にはたらく力 F の関係を図 2.3(b) に示す．2原子間の引力によるポテンシャルエネルギーと斥力によるポテンシャルエネルギーの和が最小となる，距離 R_0（引力と斥力がつり合った距離でもある）で平衡状態となる．

ポテンシャルの具体的な形として，次に示すレナード-ジョーンズポテンシャル（Lennard-Jones potential）と呼ばれる式がよく用いられる．

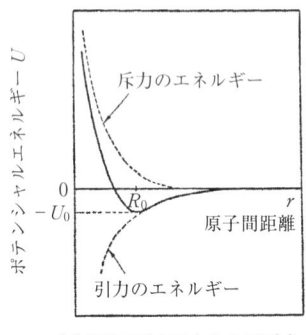
(a) 2原子間の引力および斥力ポテンシャル，U_0 は結合エネルギーに相当する

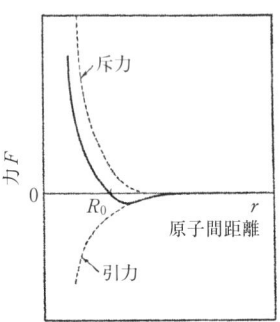
(b) 2原子間の引力および斥力，R_0 は平衡状態における原子間距離

図 2.3　2原子間の引力と斥力

$$U(r)=4\varepsilon\left\{\left(\frac{\sigma}{r}\right)^{12}-\left(\frac{\sigma}{r}\right)^{6}\right\} \tag{2-5}$$

引力の r にかかる指数（6乗）は，後で述べるファンデルワールス力から導かれ，斥力の指数（12乗）は式の扱いやすさと経験上よい近似を与えることから選ばれている．

ここで引力と斥力とが，表2.1に示す電子配置とどのように関係するかを考える．原子に束縛された電子はエネルギーの低いレベルから順に占有していき，たとえば2sと2p軌道の次は3s軌道，というように埋めていく．一般に，エネルギーの低い準位は原子核近傍に局在しており，エネルギーの高い準位は広がっている．原子のもつ電子の個数により，殻状構造のある準位まではすべて電子で満たされるが，最もエネルギーの高い殻では一般的には一部の準位に電子が入り，残りの準位は空席となる．電子で満たされた殻を内殻準位，電子が一部しか占有していない殻を外殻準位と呼ぶ．また，殻状構造のある殻まで完全に占有され，それより上の殻の準位に電子が存在しないとき，閉殻構造という．

2つの原子が接近すると，より広がっている外殻電子どうしが先に相互作用をもつ．電子はクーロン相互作用により斥力をもつが，外殻準位の電子（外殻電子）はまだ電子の準位が余っているため，接近してきた原子の外殻電子を互いに受け入れる余地があり，これが引力としてはたらく．また，最外殻がすべて埋まっている場合でも，原子核と電子の平均的な重心に揺らぎが生じているため，次節で述べる双極子モーメントの相互作用によるファンデルワールス力がはたらき，やはり引力が発生する．一方で，さらに原子が接近すると内殻準位の電子（内殻電子）どうしの間にはたらくクーロン力が斥力となる．内殻電子には空の準位がなく，パウリの排他律により接近してきた電子を受け入れる余地がないため，斥力によるポテンシャルは急増する．分子は，簡単に述べると，2原子または限られた個数の原子団に外殻電子の引力がはたらいている場合につくられる．

2.4 ファンデルワールス力と分子結晶

ネオンやアルゴンは，表2.1に示されているように最外殻準位がすべて電子で占められており，新たに電子を受け入れる余地がない．そのため他の原子と化学反応せず，希ガスと呼ばれている．不活性ガスと呼ばれることもあるが，不活性ガスというときは化学反応性の低いガス（たとえば窒素ガス）を含むこともある．

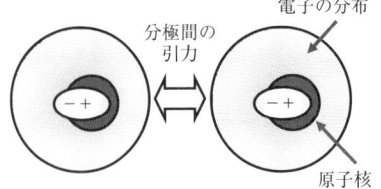

図2.4 ファンデルワールス結合

希ガス原子にも結合力が生じ液体や固体になる原因は，次のように説明される．原子は正の電荷をもつ原子核と，その周辺に分布している負の電荷をもつ電子から構成されている．広がりをもつ電子の平均的な重心は原子核と一致するが，電子の分布には揺らぎがあり，ある瞬間では重心のずれによる双極子モーメント（正負の電荷が短い距離をおいて対をつくっている状態）が発生する．2個の原子が接近すると，図2.4に示すように，一方の原子に発生した双極子モーメントによる電界がもう一方の原子の双極子モーメントを誘発し，互いに引力となるように向きをそろえる．このような双極子モーメントの相互作用による引力を，ファンデルワールス力（van der Waals force）と呼ぶ．その結果，中性で外殻準位に空きがない希ガス原子も液体または固体となるが，その結合力は小さく室温よりはるかに低温で起こる現象である．特に，ヘリウムは絶対零度でも固体にならないことが知られている．量子力学を用いると，絶対零度でも原子間に振動エネルギーが残ることが導かれる．それがファンデルワールス力より大きいために，固体とならないのである．表2.2に希ガス固体の性質を示す．希ガスの電子配置は球対称なのでファンデルワールス力は方向性をもたず，結晶をつくるときは最密充填構造をとり，3章で述べる結晶構造の呼称では面心立方となる．

一般に，酸素や窒素は2.6節で述べる共有結合により安定な分子をつくるが，分子がさらに集まって固体となるときは，ファンデルワールス力による場合が多い．このとき，規則正しく分子が配列した固体は分子結晶（molecular crystal）と呼ばれる．双極子モーメントにより発生する引力には，上記のように極性をもたない分子間にはたらく力，固有の極性をもつ分子（極性分子，代表は水分子）と無極性分子の間にはたらく力，および極性分子間にはたらく力があり，その大

表2.2 希ガスの結晶

物　質	結晶構造	格子定数 [nm]	最近接原子間距離 [nm]	融点 [K]	結合エネルギー [kJ mol^{-1}]
ネオン	面心立方	0.453（液体ヘリウム温度）	0.31	24	1.9
アルゴン	面心立方	0.543（−235℃）	0.38	84	7.7
クリプトン	面心立方	0.571（−184℃）	0.40	117	11.2
キセノン	面心立方	0.625（−185℃）	0.44	161	16.0

きさも異なる．ファンデルワールス力はそれらの力を総称する場合が多く，希ガスや極性のない分子間にはたらく力をロンドン分散力（London dispersion force）と呼び，極性分子の関わる力と区別することもある．

2.5 イオン結合とイオン結晶

　イオン結合は，異なる原子間で最外殻電子の移動が起こり，正負にイオン化した原子がクーロン力によって引き合うことで生じる．たとえばナトリウム（Na）原子は，表2.1に示すように最外殻の3s準位にゆるく束縛された電子を1個もっており，この電子はわずかなエネルギーでNa原子から離れることができる．また塩素（Cl）原子は，6個の電子を収容できる3p準位に5個の電子をもち，さらに1個の電子を受け取って3p準位を閉殻構造にすることができる．こういった電子を放出しやすい原子と受け取りやすい原子とが近づくと電子の移動が起き，原子間にクーロン引力がはたらいて原子を結び付ける．この結合力に基づく結晶をイオン結晶という．イオン結晶では，異なる原子どうしができるだけ接近し，同じ原子どうしができる限り離れる方がエネルギーは低くなるため，結晶構造を平面的に書くと，図2.5に示すように正方形の隣の格子点に異種原子が，対角の格子点に同種原子が配列する．なお，陽イオンは原子核の正の電荷が電子の負の電荷より大きいため電子は原子核に強く束縛され，陰イオンでは電子の負電荷が原子核の正電荷より大きいため原子核の束縛力が小さくなる．そのため，陽イオンの電子は原子核付近に局在してイオン半径は小さく，陰イオンでは電子は

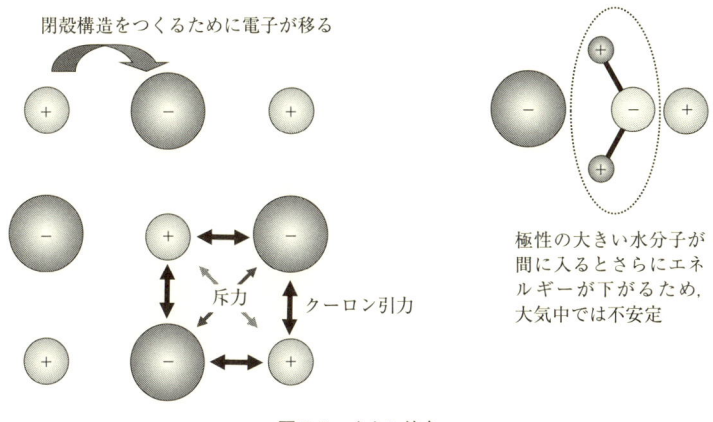

図 2.5　イオン結合

広がってイオン半径は大きくなっている．

イオン結合の結合力は強いが，分極をもつ（電子が偏っている）極性分子が間に入り込むと，系全体のエネルギーが下がる．極性分子の代表は水で，水分子が陽イオンと陰イオンの間に入り込むと結晶は容易に壊れ，水中では陽イオンと陰イオンとして完全に溶解する．

2.6　共有結合と共有結合結晶

まず共有結合の基本を，2個の水素原子から水素分子 H_2 が形成される過程を用いて説明する．2個の水素原子を近づけていくと，図2.6に示すように水素の1s準位の重なりが起こる．電子のエネルギー準位が重なり合うと，一般に高いエネルギー準位と低いエネルギー準位に分裂する．ここで，水素原子の1s準位には2個の電子を入れることができるので，2個の水素原子に対しては1s準位が重なり合う前は4個の電子の席があったことになる．2個の水素原子の1s準位が重なって2個の準位に分裂するとき，もともとの4個の電子の席は高い準位と低い準位に半々に配分され，それぞれ2個ずつの電子の席が用意される．それぞれの原子に属する電子は，どちらも重なった準位の低い方に入ることができるため，どちらの電子も孤立した水素原子のときよりエネルギーが下がる．こうして2個の水素原子を結び付ける力が発生する．これを共有結合（covalent bond）というが，分子をつくる結合のほとんどは共有結合であり，化学の世界では化学結合（chemical bond）という用語を用いることが多い．

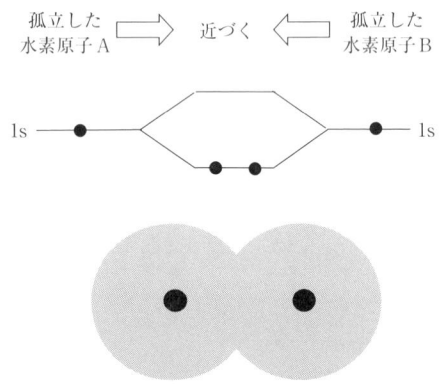

図2.6　共有結合：水素原子から水素分子が形成される過程

2.6 共有結合と共有結合結晶

次に，シリコン（Si）を例にとって共有結合による Si 結晶形成の機構を述べる．Si の電子配置では，表 2.1 に示すように最外殻電子は 3p 電子であり，3p 準位より少しエネルギーの低い 3s 準位の電子と合わせると，8 個の席に 4 個の電子が存在する．電子が 4 個なので，4 個の他の Si 原子と結合をつくることができるように，3s 準位と 3p 準位を混合して 2 個の電子を収容できる等価な 4 つの準位を新たにつくり，1 個ずつの電子を配置する．こうすると，1 つの準位は 2 個の席に 1 個の電子が入った状態なので，水素原子同様に 2 個の Si 原子が接近すると共有結合をつくる．それぞれの準位が他の Si 原子と共有結合を形成すると，1 個の Si 原子あたり 4 個の共有結合をつくることになり，これを続けていくと Si 結晶ができあがる．ここで，あらかじめ 3s 準位と 3p 準位を混合して電子を 1 つずつ配置したが，これは仮想的な過程であり，そのように電子を配置して結合させた結果として低いエネルギー状態の結晶が作製できるということである．このようにして新たに形成された電子の軌道を，sp^3 混成軌道という．

この電子配置について，もう少し詳しく見る．それぞれの Si が結合をつくった後は，sp^3 軌道の低い準位は 2 個の席につき 2 個の電子が詰まっていることになる．したがって，結合をつくっている各準位が接近すると，接近してきた電子を収容する空いた準位がないため，クーロン斥力のみがはたらく．そのため，各

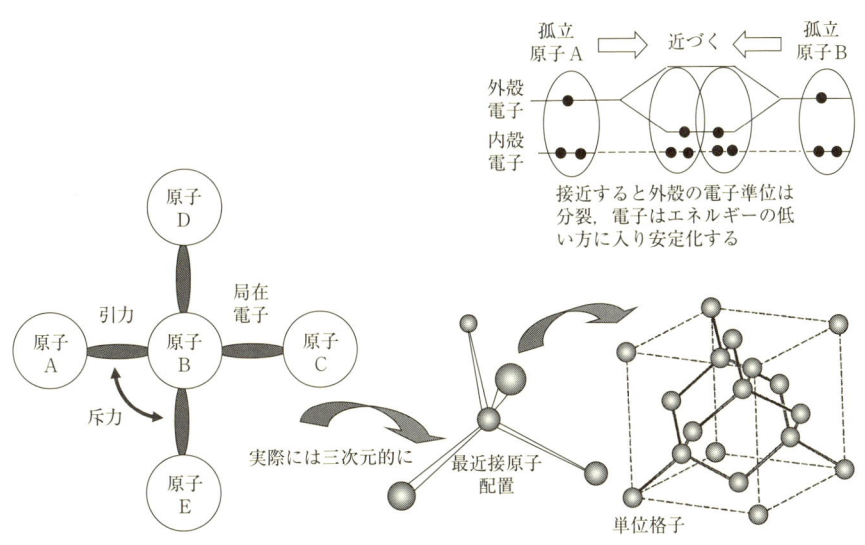

図 2.7 共有結合：Si 原子から Si 結晶が形成される過程

結合準位の電子はできる限り互いに離れようとし，図2.7に示すように正四面体の中心にSi原子があるとすると，その正四面体の頂点へ向かって電子が分布する．これがダイヤモンド型と呼ばれる結晶構造を形成する原因であり，結合方向が厳密に決まっているため硬く曲げにくいという性質が現れる原因でもある．

半導体では，Siやゲルマニウム（Ge）のようなIV族結晶，あるいはIV族結晶と同じような電子配置をつくることのできるガリウムヒ素（GaAs，化学的な用語ではヒ化ガリウム）や窒化ガリウム（GaN）のようなIII-V族化合物結晶が主流であり，共有結合に基づく安定な構造が半導体デバイスの土台をつくっている．しかし，物質一般から見れば共有結合は分子をつくる力である．上記半導体は4方向に共有結合をつくることができ，連続的な三次元結晶を共有結合のみによってつくるという例外的な共有結合物質である．

2.7 金属結合

金属は電気伝導性が高く，また熱伝導率や可視光に対しての反射率が高い．これらの性質は，金属中を動くことのできる電子，すなわち自由電子（free electron）の存在による．金属では，自由電子が金属原子を結び付ける役割を担っている．電子を放出した金属イオンと放出された自由電子とが存在する状況を，図2.8で考察する．自由電子のない状況では，金属イオン間にクーロン斥力がはたらく．しかし，自由電子は金属結晶全体に分布しているため，金属イオン間にも電子がある程度の濃度をもって常に存在する．その電子雲は，両側の金属原子を

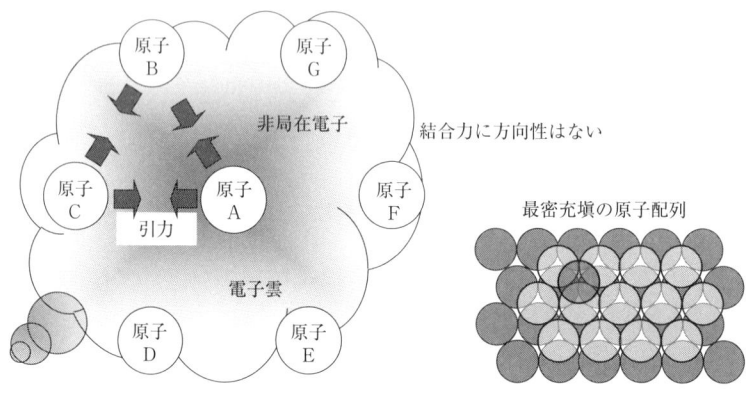

図2.8 金属結合

クーロン引力によって引き寄せる．したがって，見かけ上2個の金属イオン間に結合力が発生する．この金属結合は，イオン結合と同じクーロン引力によるものであり，イオン結晶の陰イオンを電子雲で置き換えたものになっている．銅（Cu）原子を例にとると，表2.1からCuの最外殻電子は4s電子であり，原子にゆるく束縛されている．他のCu原子が接近してくると，Cu原子の最外殻には空の電子の席が多数あり，互いに共有できる状況にある．しかし，共有結合と異なり，電子は多数の原子のまわりに分布でき，特定の方位に局在していない．こうして自由電子を介してつくられる金属結合結晶は，電子が特定の結合方向をもたない．そのため金属イオンは最密充填となっており，結合力は強いが共有結合と異なり変形しやすくなっている．

2.8 水素結合

水素結合は固体結晶の物性論ではあまり取り上げられないが，生体分子の構造形成や安定性の面で非常に重要である．まず，水分子の構造から述べる．酸素原子の最外殻電子は表2.1に示すように2p軌道であるが，水分子をつくるときは2.6節で述べたSiのエネルギー準位と同様に，2s軌道と2p軌道とが軌道を組み替えてsp^3混成軌道をつくる．図2.9(a)に示すように，正四面体をつくる4方向に伸びた電子準位のうち，2つの軌道は2個ずつ電子が占有して孤立した電子対をつくり，残りの2つの軌道には電子が1個ずつ入り水素と共有結合をつくる．そのため原子核の位置でみると，図2.9(b)のような原子配置をもち，H-O-Hのなす角度は約104度である．酸素は水素より電子を引き付ける力が強く，水素は正の電荷を，酸素は負の電荷を帯びている．水分子の大きな極性は，このような分子構造に由来する．正の電荷をもつ水素原子は，他の水分子の酸素

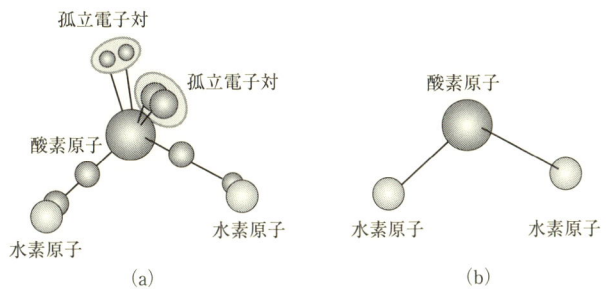

図2.9 水分子の構造

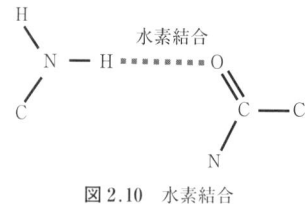

図2.10 水素結合

とクーロン引力によって結合する．これが水素結合である．液体としての水は，水素結合により分子どうしが結合しているが，結合する相手は絶えず置き換わっている状態である．氷は，水素結合が固定され，固体となった状態である．

水素結合をもう少し一般的に述べると，電子を引き付けやすい（電気陰性度が高い）原子に結合した水素が，電気陰性度の高い他の原子とつくる結合であるといえる．たとえば，図2.10はDNAの二重らせん構造をつくっている結合の一部を抜き出したものであるが，窒素原子と結合した水素が正電荷を帯び，もう一方のらせん構造に結合している酸素原子と水素結合をつくっていることを表している．このように水素結合は，生命の設計図ともいえるDNA二重らせん構造の形成や，生命機能の基本単位ともいうべきタンパク質のアミノ酸配列の立体構造をつくる上で，重要な結合機能を担っている．

2.9　凝集力と固体の性質

原子を結び付け固体をつくる力を凝集力（cohesive force）ともいう．凝集力は固体の性質を決める最も重要な要素であり，どのような凝集力が発生するかは表2.1に示す電子のエネルギー準位を占める電子の配置によって決定される．表2.3に，ここまでに述べた原子を結び付ける力によって自然界に存在する，結晶の主要な性質を分類した．非常に簡単にいうと，イオン結合，共有結合，金属結合は同程度の結合力であり，水素結合は1桁以上小さく，ファンデルワールス力はさらに1桁小さい．また，異なる元素を含む結晶では，共有結合性とイオン結合性の両者をもっており，簡単には分類できないことが多い．

【問　題】

1) 1C（クーロン）の電荷が1Vから受け取るエネルギーが1J（ジュール）である．1eVは何Jか．
2) 分子の運動エネルギー（あるいは振動・回転エネルギー）は，だいたい $k_B T$ 程度である．ここで k_B はボルツマン定数，T は温度である．室温（300 K）における気体分子の運動エネルギーの大きさを計算せよ．
3) 2個のネオン原子がファンデルワールス力で結合しているときの結合エネルギー U は，4.9×10^{-22} J である．もしこの分子がある温度 T（絶対温度 K）において，$k_B T$

問　題

表 2.3　結晶の分類

結　晶	例	特　　長	結合エネルギーの例 [kJ mol^{-1}]	最近接原子間距離の例 [nm]
イオン結晶	LiH, LiF, NaCl のようなハロゲン化アルカリ・MgO, CaO のような酸化物	赤外領域に特性吸収を示す 低温で導電率が小さい 高温でイオン伝導を示す	岩塩 766	0.26
共有結合結晶	ダイヤモンド・ゲルマニウム・シリコン・シリコンカーバイド	硬い，へき開しやすい 混晶をつくりにくい 化学反応を起こしにくい 純粋な結晶は低温で導電率が小さい	ダイヤモンド 712	0.15
金属結晶	鉄や銅のような各種金属・各種合金	導電率・熱伝導率が大きい 塑性を示す，容易に合金化する，あるものは超伝導を示す	銅 338	0.26
分子結晶	アルゴン・ヘリウム・酸素・窒素・メタン・アンモニア	やわらかい，融点・沸点が低い しばしば相転移がみられる	アルゴン 7.7	0.38
水素結合をもつ結晶	氷・KH$_2$PO$_4$（KDP）・ある種の結晶水を含む化合物・ある種のフッ化物	重合しやすい	氷 24	0.1(O-H 間)

だけのエネルギーを得て，このエネルギーが 2 個のネオン原子を引き離すとすると，ネオンが室温で気体となることを示せ．

また，ここから沸点を推定し，それが実際の沸点の値 -246.0℃ に比較的近いことを示せ．

4) KCl 分子において，K$^+$ と Cl$^-$ とのイオン間隔 l が 0.28 nm であるとすると，クーロン引力のエネルギーは何 eV か．また，KCl 分子のもつ全結合エネルギーが 4.4 eV であるとすると，斥力のエネルギーは何 eV となるか．ただし，結合エネルギーは引力のエネルギーと斥力のエネルギーの和となると仮定する（符号に注意する）．

5) シリコン Si（共有結合性の結晶），塩化ナトリウム NaCl（イオン結合性の結晶），銀 Ag（金属結合性の結晶）のそれぞれについて，結合に関わる最外殻電子の分布の特徴を述べよ．

3. 固体の原子構造

物質の原子配列は，まずその規則性によって分類される．原子・分子間の引力よりもそれらの運動エネルギーが大きいとき，すなわち温度が高いときは気体であり，温度が下がっていくと一般には液体となる．気体や液体では原子・分子の位置が動いており，無秩序である．さらに温度が下がると固体となるが，固体をつくる原子や分子は最もエネルギーの低い状態となるように配列しようとする．原子・分子が規則正しく配列した固体を結晶という．本章では，結晶構造の体系，構造解析の方法，結晶に導入される不規則性について述べる．また，近年急速に研究の進んだ固体表面の原子構造や，技術的に重要な結晶成長についても概観する．

3.1 結 晶

結晶とは，規則正しく原子が配列した固体であり，正確な定義は次節で詳しく扱う並進対称性をもつことである．ひとかたまりの物質全体が連続的な規則性をもつとき，単結晶（single crystal）という．コンピュータのプロセッサやメモリをつくる基板となっている Si ウェーハなど，多くの半導体材料は単結晶である．図 3.1 に種結晶を用いて液相から引き上げて成長させた Si 単結晶の例を示す．多結晶（polycrystal）は，ある一部分だけ見ると単結晶であるが，かたまり全体としては原子の配列の向き（方位）が異なる単結晶が多数集まったものである．一般に使われている金属は，ほとんどが多結晶である．最もエネルギーの低い熱力学的に安定な原子配列は単結晶であるが，原子配列に秩序がなく最安定状態ではなくてもガラスのように安定な物質もある．この非晶質（amorphous material）は，1つ1つの原子に注目して隣の原子との結合状態を見れば，結晶と同様に局所的には安定な構造をつくっている．

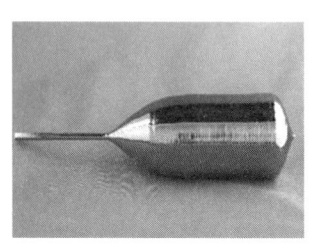

図 3.1 Si 単結晶（日本結晶成長学会ホームページ：歴史的人工結晶：http://www.jacg.jp/jacg/より）

3.2 結晶格子

結晶では，並進（translation）操作に対して格子点が不変に保たれる．まず，この結晶の格子点を定義する．図3.2は，3種類の原子から構成される二次元結晶である．この結晶は，破線で囲った原子の集団（結晶基，crystal basis）を縦と横方向に並べることによって得られる．格子点とはこの並進操作によって決まる点である．たとえば，大きい白丸の原子位置を結晶基の代表点とすると，結晶の格子点は大きい白丸原子の位置と同じになる（右図）．一方で，破線右下の頂点を代表点に選んで並進操作を行っても，同じ格子点配列ができあがる（並進対称性）．格子点とは，原子位置を指すのではなく，並進操作によって得られる代表点の配列である．結晶構造（crystal structure）は，結晶基の構造とその代表点の並進対称性を表す結晶格子とからなる．

並進操作を数学的に表すと，図3.3(a)に示すような基本並進ベクトル（primitive translation vector）a, b で表現できる（実際は三次元結晶なので，ベクトル c が加わる）．図3.3では白丸の原子位置は代表点ではないことに注意されたい．基本並進ベクトルを用いると，任意の格子点の位置 r は，

$$r = n_1 a + n_2 b \quad (n_1, n_2 \text{ は整数}) \tag{3-1}$$

と表される．一般には格子点を表すのに直交座標は使いにくいため，基本並進ベクトルの方向と大きさを単位とする結晶軸（crystal axis）を用いて，(n_1, n_2) のように空間の位置を表す．

図3.3(b)は，二次元斜方格子の単位格子または単位胞（unit cell）と呼ばれる，格子単位のいくつかのとり方を示す．AとBでは平行四辺形の頂点のみに

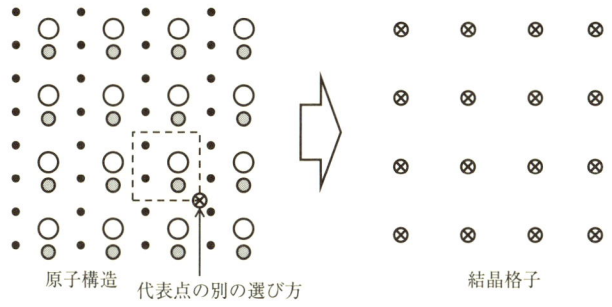

原子構造　　代表点の別の選び方　　　　結晶格子

図3.2 結晶の格子点

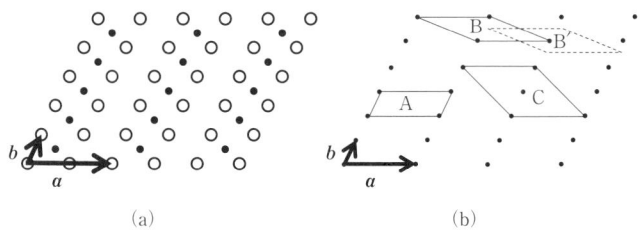

図 3.3 (a) 二次元斜方格子と基本並進ベクトル，(b) 二次元斜方格子の単位格子のとり方

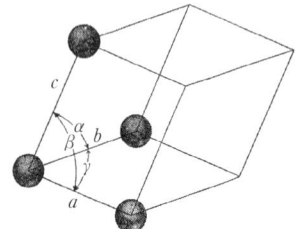

図 3.4 結晶軸と軸角

表 3.1 結晶系と空間格子の単位格子

結 晶 系		格子点の数	単 位 格 子	
三斜晶系 triclinic		1	$a \neq b \neq c$	$\alpha \neq \beta \neq \gamma$
単斜晶系 monoclinic	単純格子 底心格子	2	$a \neq b \neq c$	$\alpha = \gamma = 90°$ $\beta \neq 90°$
斜方晶系 orthorhombic	単純格子 底心格子 面心格子 体心格子	4	$a \neq b \neq c$	$\alpha = \beta = \gamma = 90°$
正方晶系 tetragonal	単純格子 体心格子	2	$(a = b) \neq c$	$\alpha = \beta = \gamma = 90°$
立方晶系 cubic	単純格子 面心格子 体心格子	3	$a = b = c$	$\alpha = \beta = \gamma = 90°$
菱面体晶系 trigonal/rhombohedral		1	$a = b = c$	$\alpha = \beta = \gamma < 120°,$ $\neq 90°$
六方晶系 hexagonal		1	$(a = b) \neq c$	$\alpha = \beta = 90°$ $\gamma = 120°$

格子点があり，B′ のようにずらしてみればわかるように，1 個の単位格子には 1 つの格子点しかない．一方，C ではどのようにずらしても必ず 2 個の格子点が含まれる．前者のように，1 個だけ格子点を含むような単位胞を基本単位格子（primitive cell）という．基本単位格子はしばしば対称性が低く結晶の特徴を記述しにくいため，体心・面心のような複数の格子点を含む単位格子（後者）が用いられる．

物質の結晶構造には非常に多くの種類があるが，代表点だけを取り出した結晶格子は 7 個の結晶系と 14 個の空間格子（ブラベー（Bravais）格子）に分類され

3.2 結晶格子　　23

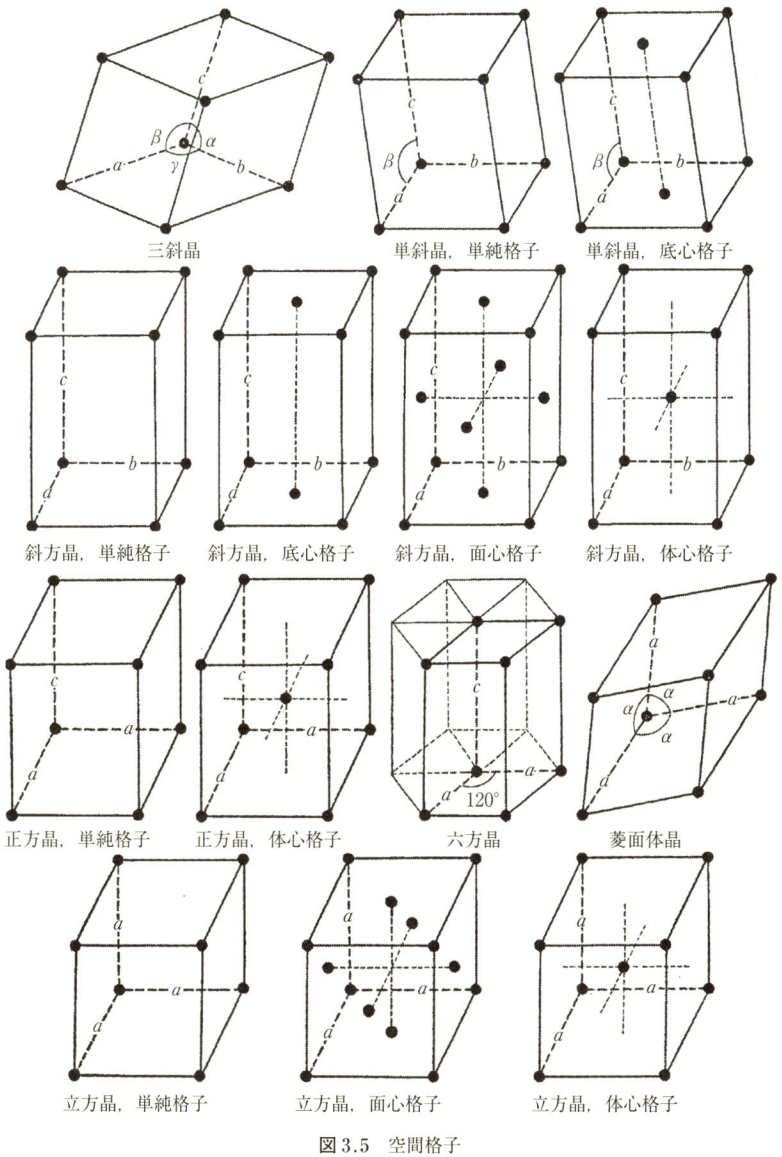

図 3.5　空間格子

る．これらの空間格子は，図 3.4 のように決めた結晶軸の長さと軸間の角度により区別される．図 3.5 は 14 個の空間格子を示し，表 3.1 は結晶系と空間格子の結晶軸の長さと角度をまとめたものである．面心は各格子面の中心にも格子点を

加えた構造，体心は各格子の三次元的な中心に格子点を加えた構造，底心は対向する一組の面の中心に格子点を配置した構造である．なお，図 3.5 で特に指定のない角度は 90 度である．前述のように，これらの空間格子は対称性が高く扱いやすいことから選んでおり，複数の格子点を含む構造単位は基本単位格子ではない．

3.3 結晶の面と方位

天然の単結晶，たとえば水晶はある特定の面で囲まれている．また，Si 集積回路をつくる基板は，Si の特定の面が現れるようにスライスしてある．結晶をいろいろな向きに切ったときの断面を表す方法を考える．一般的な場合について定義するため，三斜晶系を取り上げ，図 3.6 に示すような結晶軸を定義する．ここで，$\boldsymbol{a}$, $\boldsymbol{b}$, $\boldsymbol{c}$ は基本並進ベクトルであり，その長さ a, b, c を格子定数（lattice constant）という．この結晶軸を x 軸，y 軸，z 軸として，図 3.6 に示すような pa, qb, rc で交わる面を考える．このとき，pa, qb, rc で面を定義することはできるが，a, b, c は定数なので，p, q, r を指定すれば特定の面を指定できる．しかしこのままでは，たとえば座標軸（基本並進ベクトル）のどれかまたは 2 本に平行な面を指定するために無限大が必要になり，また x 軸，y 軸，z 軸を $(1/3)a$, $(1/2)b$, $(1/3)c$ で切るような面は分数が現れるので不便である．そのため，p, q, r の逆数をとり，さらにその比を次のような整数で表し，その整数の中で最も小さい数の組 (h, k, l)

$$\frac{1}{p} : \frac{1}{q} : \frac{1}{r} = h : k : l \qquad (3\text{-}2)$$

によって特定の方位の面を表すことにする．これをミラー指数（Miller index）といい，この面を (hkl) 面と表記する．本書で出てくる物質の大部分，すなわち Si などの半導体や多くの金属は立方晶系に属する．立方晶系のミラー指数を用いて代表的な面を図示すると，図 3.7 のようになる．また図 3.8 のように平行な面は同等であり，結晶学的には同じ面方位として扱う．

ある格子点を原点とすると，任意の格子点

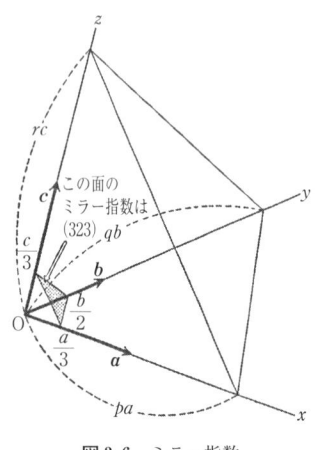

図 3.6 ミラー指数

3.3 結晶の面と方位

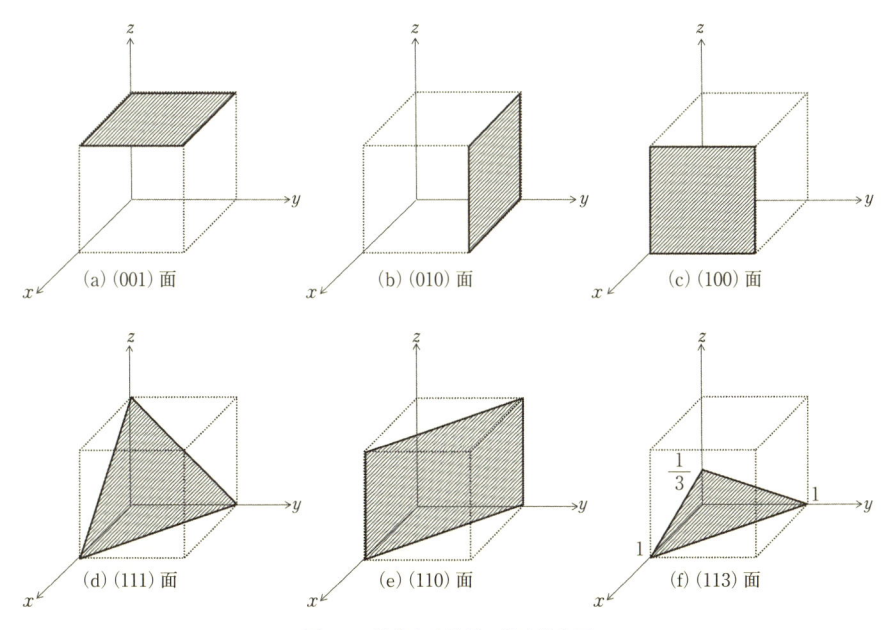

(a) (001) 面 (b) (010) 面 (c) (100) 面
(d) (111) 面 (e) (110) 面 (f) (113) 面

図 3.7 単純立方格子の代表的な面

は，

$$\boldsymbol{r} = n_1\boldsymbol{a} + n_2\boldsymbol{b} + n_3\boldsymbol{c} \quad (n_1, n_2, n_3 は整数) \tag{3-3}$$

で与えられる．結晶内の方位は，n_1, n_2, n_3 を公約数をもたない整数の組とし，$[n_1\ n_2\ n_3]$ と表される．立方晶系の場合の例を図 3.9 に示す．マイナス方向を表すときは，$\bar{1}$，$\bar{2}$ のように数字の上に横棒（バー）をつける．立方晶系では，結晶面と直交する方位は，結晶面の面指数と同じ整数の組の方位と一致する．

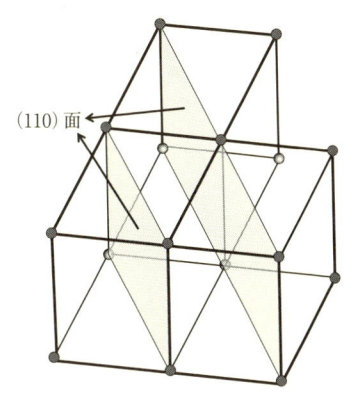

図 3.8 等価な面指数

本書で取り上げる結晶では，六方晶系もしばしば現れる．これは，同じ大きさの球を最密充填したときに，次節で述べるように，球の積み重ね方によって面心立方晶系になる場合と六方晶系となる場合があるためである．六方晶系では表示の見やすさのために，図 3.10 に示すように

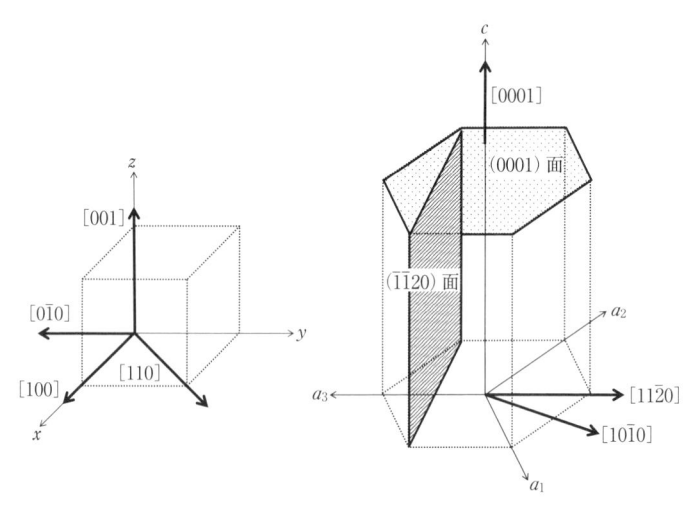

図 3.9　単純立方格子の代表的な方位

図 3.10　六方晶系の面と方位の表記法

ミラー指数を底面の 3 本の結晶軸と高さ方向の 1 本の軸の計 4 本の軸と交わる点によって，$(hkil)$ のように表す．独立な指数は 3 個であり，$h+k=-i$ である．

3.4　代表的な物質の結晶構造

ここでは，応用上重要な結晶構造を説明する．

3.4.1　最密充填構造（close packed structure）

原子の形状を球として最も密度が高くなるように積み重ねたときの原子配列を最密充填構造といい，面心立方格子と六方最密格子とがある．この違いの理由を図 3.11 に示す．まず，図 3.11(a) のように第 1 層として球を最密になるように配列する．次に図 3.11(b) のように第 2 層の球を第 1 層の 3 個の原子の中心の直上にくるように配列する．ここで第 3 層については，上から見た位置が第 1 層の球とも第 2 層の球とも重ならない c の位置に置く場合と，第 1 層の球と同じ d の位置に置く場合とに分けられ，それぞれ図 3.11(c) と (d) の構造ができあがる．(c) の構造を別の角度からみると，図 3.11(c′) に示すように面心立方格子となっており，図 3.11(c) の各層は (111) 面に対応する．(c) の中に示したくさび型の線は面心立方格子の単位格子を示し，くさびが細くなる方向が下の層に

3.4 代表的な物質の結晶構造

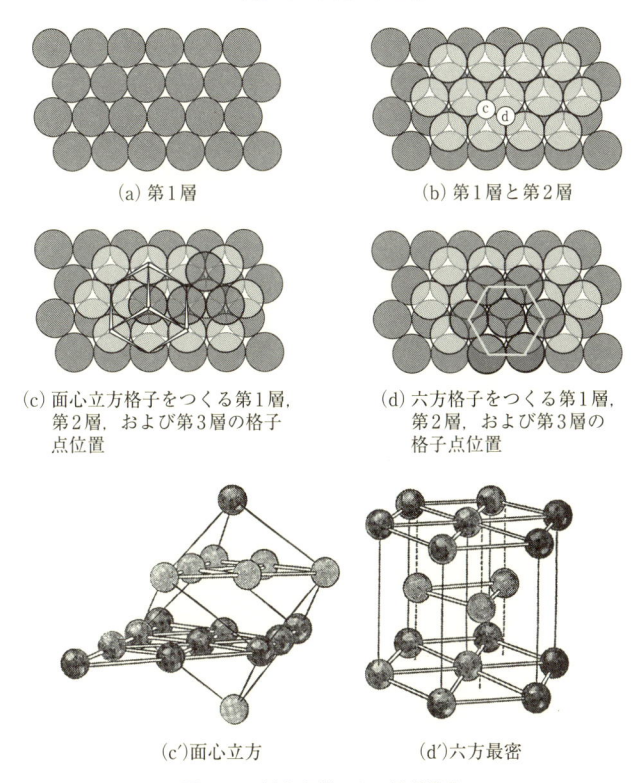

(a) 第1層

(b) 第1層と第2層

(c) 面心立方格子をつくる第1層，第2層，および第3層の格子点位置

(d) 六方格子をつくる第1層，第2層，および第3層の格子点位置

(c′) 面心立方

(d′) 六方最密

図3.11 最密充填による結晶構造

向かうように描いてある．面心立方格子は1個の単位格子に4個の格子点を含み基本単位格子ではない．しかし，立方体を単位格子とすると対称性がわかりやすく，格子定数から密度を算出したりするのも容易であるため，通常 (c) の構造は (c′) の面心立方格子として扱う．図3.11(d) に示す六方最密充填は，図3.11(d′) に示すように，そのままの向きで六方格子となっている．金属結合やファンデルワールス結合では特定の結合方位がないため最密充填構造をとりやすく，多くの金属や低温での希ガスは最密充填構造をもつ．

3.4.2 ダイヤモンド構造（diamond structure）

炭素（C）はIV族に属し，安定な結晶構造の1つはダイヤモンド構造である．同じIV族元素の半導体であるSiやGeの結晶も，ダイヤモンド構造をもつ．図3.12(a) は，面心立方格子に分類されるダイヤモンド構造の単位格子の原子配列

(a) 単位格子

(b) 1個のSi原子の
まわりの構造

(c) ダイヤモンド構造を
横から見たところ

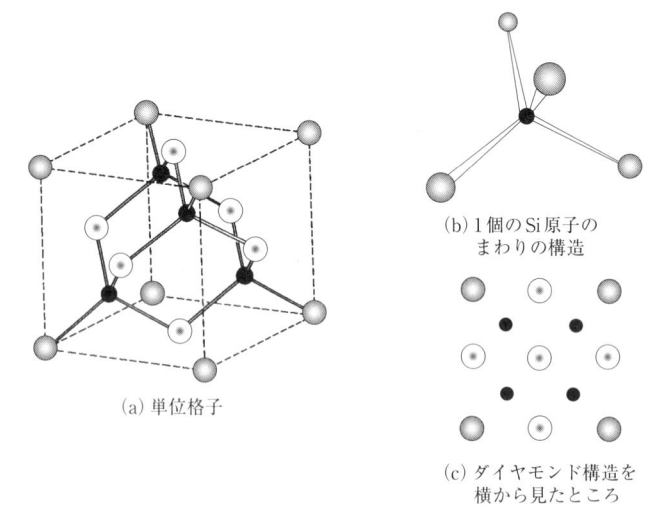

図3.12　ダイヤモンド構造

である．原子はすべてSi原子であり，立方体の各頂点，面心の他に，対角線の方向に格子定数の(1/4, 1/4, 1/4)だけシフトさせた位置にも存在する．図3.12(a)では，それら3種類のSi原子を区別できるように描いてある．格子点を立方体頂点と面心にとると，1つの単位格子には格子点を占める原子と(1/4, 1/4, 1/4)シフトした原子の計2個の原子が含まれる．1個のSi原子に注目すると，図3.12(b)に示すように，共有結合によって正四面体の頂点に位置する隣の4個のSi原子と結合している．4個の共有結合は互いにクーロン斥力がはたらくため，柔軟性に乏しく，ダイヤモンド型結晶は最密充塡と比べて原子密度の低い，言い換えれば隙間の多い構造であるが，変形しにくいという性質を示す．図3.12(c)には構造の理解を助けるための側面図を示す．

3.4.3　閃亜鉛鉱型構造（zincblende structure）

閃亜鉛鉱型構造は，GaAsのようなIII族とV族の元素からなる化合物半導体や，閃亜鉛鉱として天然にも産出される硫化亜鉛（ZnS）のようなII族とVI族元素からなる化合物半導体で一般的な構造である．この構造は図3.13に示すように，ダイヤモンド型結晶の面心立方格子に一方の元素（たとえばGa）を，(1/4, 1/4, 1/4)シフトした位置にもう一方（たとえばAs）を配置したものであり，Si-Siの組をGa-Asの組に置き換えた構造と考えてよい．

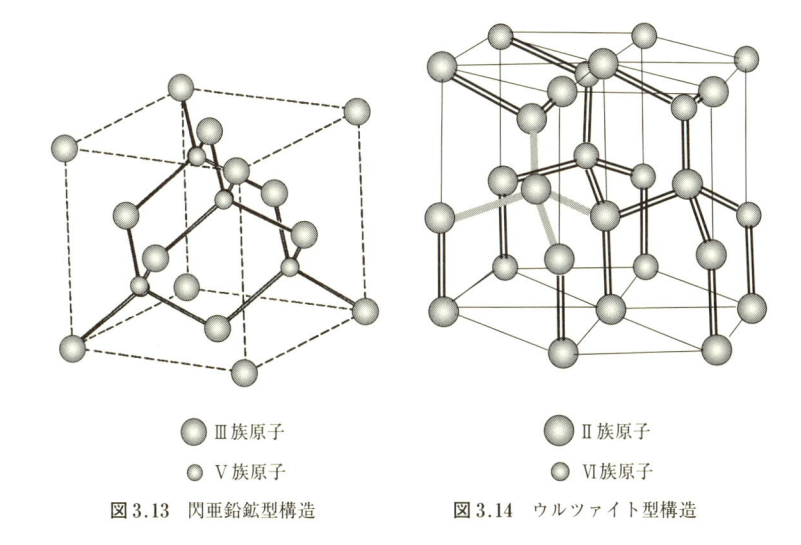

○ III族原子
○ V族原子
図 3.13 閃亜鉛鉱型構造

○ II族原子
○ VI族原子
図 3.14 ウルツァイト型構造

3.4.4 ウルツァイト型構造（wurtzite structure）

この結晶構造は図 3.14 に示すように，1 つの原子に注目すると隣の原子とは閃亜鉛鉱型と同じ構造の結合をつくっているが，図 3.11 と同様に積層順序が異なるために六方晶系となっている．II-VI族化合物半導体のほか，発光ダイオード（LED）の基本材料となっている GaN もこの構造に属する．

3.4.5 塩化ナトリウム型構造（sodium chloride structure）

イオン結晶の多くがこの構造をもつ．塩化ナトリウム型構造もダイヤモンド構造などと同じ面心立方格子をつくるが，機構は全く異なる．側面の構造に注目すると，図 2.5 に示したように同符号のイオンどうしはできる限り遠ざかり，異符号のイオンはできる限り近寄るように配列する．その結果として，図 3.15 に示すような原子配列となっている．

3.4.6 塩化セシウム型構造（cesium chloride structure）

図 3.16 に塩化セシウム（CsCl）型構造を示す．空間格子は単純立方格子であり，体心立方ではないことに注意する．頂点の Cs 原子は 8 個の単位格子によって共有されているため，1 個の単位格子中には 1 個の Cs 原子が含まれ，Cl 原子 1 個との組が結晶基である．

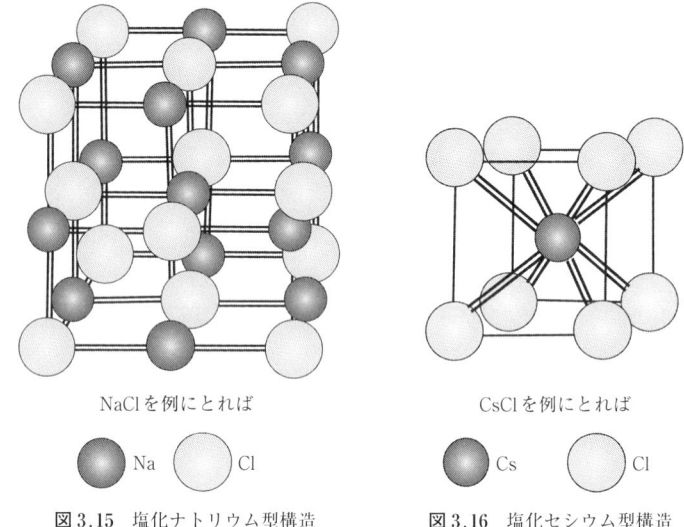

図3.15 塩化ナトリウム型構造　　図3.16 塩化セシウム型構造

3.4.7　その他の結晶

以上は比較的単純な結晶構造であるが，多数の原子から結晶基が構成されている場合は非常に複雑な結晶構造となる．図3.17にルチル型酸化チタン（TiO_2）の結晶構造を示す．これは正方晶に属し，結晶基は2個のTi原子（8個の単位格子で共有する頂点の8個の原子と中心の1個の原子）と4個の酸素原子（2個の単位格子で共有する上下の面内の4個の原子と単位格子内の2個の原子）からなる．TiO_2は光触媒活性を示す物質の代表であり，超親水性による防雲，セルフクリーニング，あるいは色素増感太陽電池（半導体の替わりにTiO_2微粒子と色素を用いる）などへ広く応用されている．

3.4.8　準結晶（quasicrystal）

結晶は並進対称操作に対してすべての原子が重なることが定義であり，1回，2回，3回，4回または6回のいずれかの回転対称性をもつ．しかし1984年に，並進対称性をもたなくても原子配列の規則性が高く，5回対称性などの結晶とは異なる回転対称性を示す物質が発見された．図3.18(a)はAl-Cu-Fe系の合金でつくった準結晶の例で，5回対称の面が現れている．また図3.18(b)に，5回対称性をもち全空間を埋め尽くす規則構造が可能なことを示す．

図 3.17 TiO₂ の構造

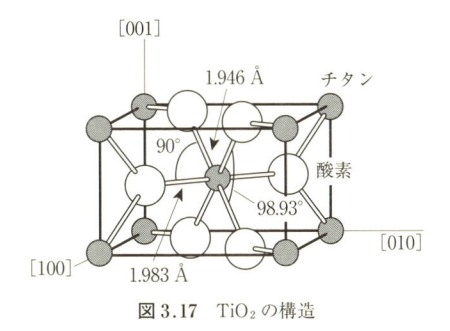

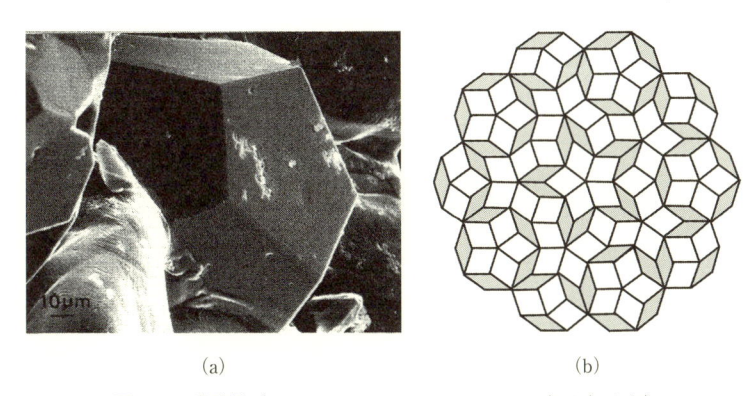

図 3.18 準結晶（Tsai et al., *Jpn. J. Appl. Phys.*, 26 (1987) より）

3.5 結 晶 欠 陥

　前節まで，結晶は完全に規則的な構造をとると仮定してきた．確かに，結晶は最もエネルギーの低い状態であるが，実際の結晶は何らかの不規則性，すなわち格子欠陥（lattice defect）をもつ．結晶欠陥はその次元数によって，点欠陥，線欠陥，面欠陥に分けられる．

3.5.1 点欠陥（point defect）

　点欠陥には，原子空孔（atomic vacancy），格子間原子（interstitial atom），置換原子（substitutional atom），不純物原子（impurity atom）がある．点欠陥の生成について，代表的な機構を図 3.19 に示す．絶対零度ではすべての原子が正

(a) フレンケル型欠陥　　(b) ショットキ型欠陥

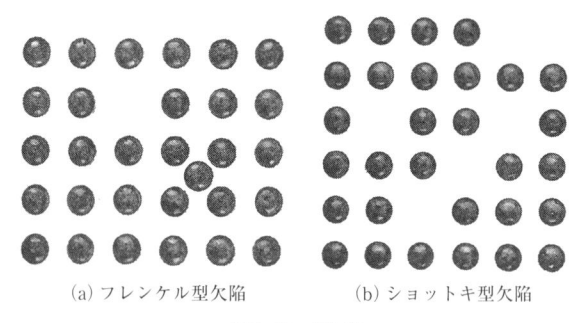

図 3.19　点欠陥

しい格子位置を占めている完全結晶が存在しうるが，温度が上昇すると，原子がある確率で本来の格子点からはずれた位置に存在する．この方がエントロピー（不規則さの程度）が増し，自由エネルギーとしては低くなるからである．図3.19(a) のように1個の原子が格子間へ移り，1個の空孔と1個の格子間原子が組で発生する欠陥をフレンケル（Frenkel）型欠陥と呼ぶ．このとき，通常の熱膨張以上の体積変化はない．さらに高い温度では，通常の熱膨張以上の体積変化が観測されることがある．これは，図3.19(b) に示すように原子空孔をつくることによる過剰原子が表面に到達し，原子空孔だけを内部生成するためである．この欠陥をショットキ（Schottky）型欠陥という．点欠陥が生成されると不純物拡散が容易になり，また NaCl などのハロゲン化アルカリ（alkali halide, alkali metal halide）では電気伝導度の増大や特定の波長の光吸収が観測される．

3.5.2　線欠陥 (line defect)

線欠陥は，転移（dislocation）と呼ばれる方が多い．もともとは結晶の塑性変形を説明しようとして発見された格子欠陥の1つである．塑性変形とは，力を加えて変形させた後，力を除いても変形が残る場合をいう．完全結晶には起こりにくいはずの塑性変形が容易に起こるのは，実際の結晶には転位が含まれているからである．

　転位の1つの型は刃状転位（edge dislocation）である．図3.20(a) は，結晶の一部を押して ABCD という面の一部分，AEFD を矢印 b 方向にすべらせたときの格子である．EF がすべった面とすべらなかった面の境界で，図3.20(b) のように上から1枚，余分な原子面が挿入されており，その下端に格子欠陥が線上に連なっている．刃状転移では，すべりの方向を向くベクトル b と転位線とが

3.5 結晶欠陥

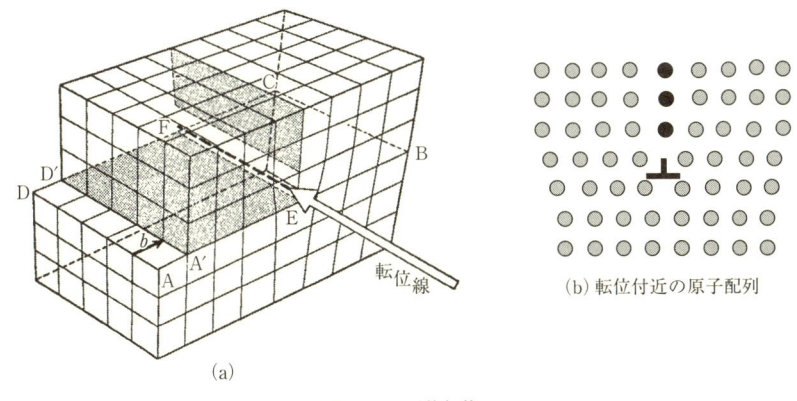

(a)

(b) 転位付近の原子配列

図 3.20 刃状転位

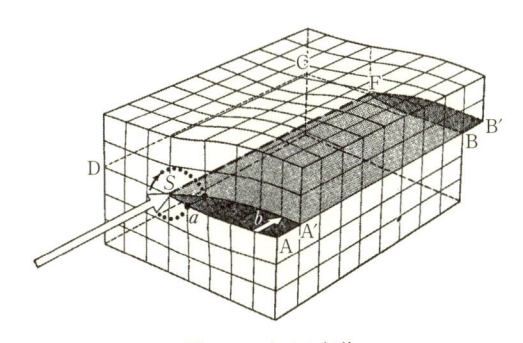

図 3.21 らせん転位

直交している．この b をバーガースベクトル（Burgers vector）という．

転位のもう１つの型は，らせん転位（screw dislocation）である．この転位では，図 3.21 に示すようにすべりの方向と転位線とが平行になっており，原子 a が転位線 SF のまわりを右回りに１回転すると，a は転位線の方向に b だけずれる．結晶成長では欠陥が核になって進行する場合がしばしばあり，図 3.22 のようにらせん転位を核として成長することも観察されている．

転位は隣の原子と結合を組み替えるだけで結晶中を動くことができるため，転移を含む結晶に外力を加えると，理論値より小さな力で結晶が変化する．また，転移は後に述べる結晶中の電子の移動度（電子の動きやすさ）を低下させたり，腐食が進行する核となったりする．転移には多数の原子が関わり，一度導入されると転位密度は容易に低下しない．そのため，転位密度は結晶品質の重要な指標

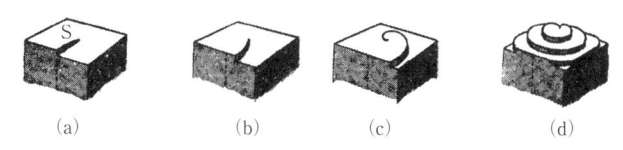

図 3.22 らせん転位と結晶成長
らせん転位がS点で表面に固定されている．蒸気から表面に固着した原子は階段部につき，階段が (a)→(b)→(c) のように前進する．S点が固定しているので，階段はらせん模様をつくる．

となっている．

3.5.3 面欠陥（plane defect）

図 3.11 で示したように，最密充塡の積層における原子の位置には3か所あり，その積層順によって面心立方晶または六方晶となる．真上から見た3か所の原子位置を占める層を A 層，B 層，C 層とすると，面心立方格子は A/B/C/A/B/C… という積層順序で形成され，六方晶系は A/B/A/B/A/B… という積層順になっている．ここで，立方晶系に A/B/C/A/B/A/B/C… のような積層が含まれていると欠陥となる．これを積層欠陥（stacking fault）という．同様な理由で，ダイヤモンド構造，閃亜鉛鉱型，ウルツァイト型においても積層欠陥は存在する．積層欠陥は，不正な位置の原子が面で存在するので面欠陥であるといえる．

3.6 結晶構造解析

ここまで述べてきた結晶構造は，主として X 線回折により解明されてきた．近年では電子顕微鏡や走査プローブ顕微鏡技術が発達し，それぞれ観察対象によって使い分けられている．

3.6.1 X 線回折（X-ray diffraction）

原子配列の間隔と同程度の波長をもつ電磁波は X 線領域となり，結晶に X 線が入射すると，散乱された X 線が散乱方向によって強めあったり弱めあったりする．ここでは，ブラッグ（Bragg）回折を用いた結晶構造解析法を述べる．ブラッグ回折とは，結晶の格子面から反射される X 線の回折である．図 3.23 に示すように，面間隔 d の結晶に X 線が入射角 θ で入射したとき，反射波が強め合う条件は，X 線の光路差が波長 λ の整数倍のときである．図 3.23 から，原子面

3.6 結晶構造解析

図中ラベル: 入射X線, 回折X線, d, θ, A, B, C, 2θ, $d\sin\theta$, 光路差は AB + BC = $2d\sin\theta$

図 3.23 ブラッグ反射

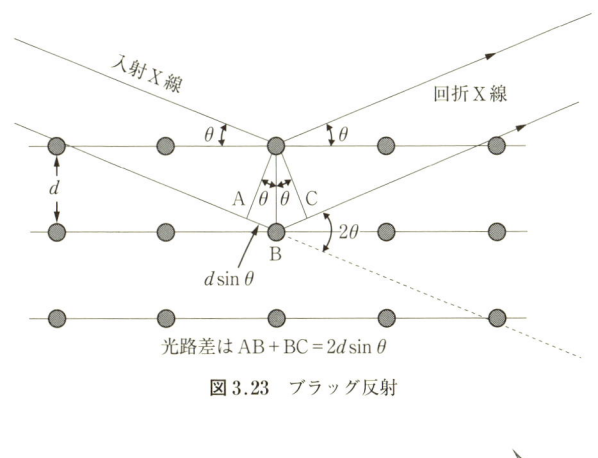

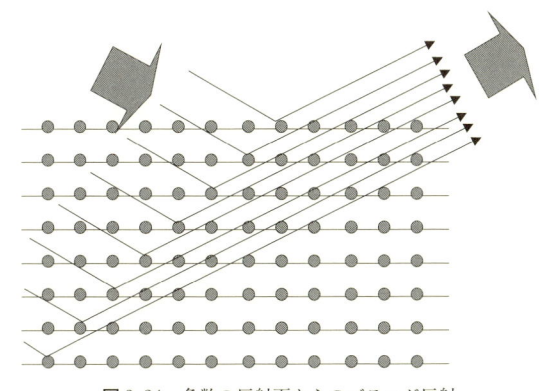

図 3.24 多数の反射面からのブラッグ反射

の第 1 層と第 2 層で反射した X 線の光路差は $2d\sin\theta$ であるので，強め合うのは

$$2d\sin\theta = n\lambda \tag{3-4}$$

のときである．ここで，図 3.23 では原子からの反射のように描いているが，X 線は電磁波であるから空間的に広がっており，反射は電荷密度の深さ方向の変化によって起こっている．また，図 3.23 のように 2 枚の格子面だけを考えると，(3-4) 式で決まる θ に近い角度であれば強め合い，反射波は緩やかな角度依存性しかもたないことになる．実際には図 3.24 に示すように多数の格子面からの反射波があって，(3-4) 式のブラッグ回折条件以外の角度では少しずつ位相の異なる反射を多数足し合わせることになり，強度はゼロになることがわかる．X

線は物質との相互作用が弱く結晶の奥深くまで入り込むため，(3-4) 式の条件を満たす反射波だけが鋭いピークで観測される．また，用いる X 線は 2.2 節で述べた電子の内殻準位間の電子遷移によって得られており，フォトンエネルギー（したがって波長も）の半値幅が非常に狭い．したがって回折角度が正確に求められるため，膨大な結晶構造のデータベースが構築されている．

X 線回折では，多数の回折ピークから結晶に含まれる様々な格子面間隔を測定し，そこから結晶構造を決定する．最も一般的な三斜晶系において，ミラー指数 (hkl) で表される格子面の間隔は，図 3.4 に示す記号を用いて一般的に次式のようになる．

$$d = \frac{abc\sqrt{1-\cos^2\alpha-\cos^2\beta-\cos^2\gamma+2\cos\alpha\cos\beta\cos\gamma}}{\sqrt{\sum a^2b^2l^2\sin^2\gamma+\sum a^2bckl(\cos\beta\cos\gamma-\cos\alpha)}} \quad (3\text{-}5)$$

ここで分母は (hkl) についてすべて足し合わせる．本書でよく出てくる立方晶系では，次式のようになる．

$$d = \frac{a}{\sqrt{h^2+k^2+l^2}} \quad (3\text{-}6)$$

(3-4) 式が満たされるときに，必ず回折ピークが現れるとは限らない．図 3.25 に単純立方格子と体心立方格子の場合の反射を示す．(3-4) 式で $n=1$ の場合を考える．(a) の単純立方格子では，基準面と (001) 面からの回折がブラッグ条件を満たせば強め合う．(b) の体心立方格子では，体心に属する結晶基が立方体頂点の結晶基と等価であり，基準面と (001) 面での反射波が強め合っても，(002) 面での反射波は光路差が (001) 面の反射の 1/2 であるため打ち消しあい，回折ピークとして現れないはずである．しかし，基準面と (002) 面（ここでは (001) 面と区別して用いている）からの反射がブラッグ条件を満たせば

(a) 単純立方格子　　　　(b) 体心立方格子

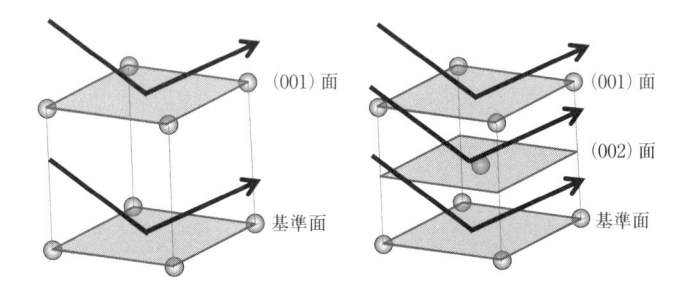

図 3.25 単純立方格子と体心立方格子の X 線回折

反射波は強め合うので，回折ピークとして現れる．一方，ダイヤモンド構造では結晶基が (1/4, 1/4, 1/4) の位置にも等価な原子をもつので，(002) 面がブラッグ条件を満たしても (1/4, 1/4, 1/4) 面の反射波が弱め合う条件となり，回折ピークも消滅する．したがって，基準面と (004) 面がブラッグ条件を満たしたときに初めて回折ピークが観察される．これらを結晶構造因子と呼び，回折像の解釈に必要となる．また，各原子のX線との相互作用は電子の電荷密度分布に依存し，正確な散乱強度を計算するときには，各原子の電子密度，すなわち原子構造因子も関係してくる．

3.6.2 電子顕微鏡

電子顕微鏡では，走査電子顕微鏡（SEM, scanning electron microscopy）と透過電子顕微鏡（TEM, transmission electron microscopy）が代表的なものである．SEM は収束させた電子線により試料表面を走査し，二次電子などを捕集することによって画像化する方式で，試料の立体像を観察するのに適している．一方，TEM は電子を波長の短い波として用い，高倍率の観察を可能としている．図 3.26 は Si 結晶の断面を TEM で観察したものであり，Si の原子構造とともに，意図的に導入された積層欠陥が明瞭に観察される．

図 3.26 周期積層構造を導入した Si 結晶の透過電子顕微鏡による像（Hibino et al. (1998) より）

3.7 結晶表面の原子構造

ここまで結晶の内部構造を扱ってきたが，物質には必ず表面または他物質との界面が存在する．表面は結晶内部（バルク，bulk）の周期構造が切断された欠陥とみることもできるが，結晶成長や各種の加工を行う場として重要である．界面は物質に新しい機能を付加する場であり，たとえば電子デバイスではほとんどの機能が界面によって付与されている．

金属結合結晶やイオン結晶の表面では，表面緩和（surface relaxation）という現象が起こる．金属結晶をある面で切ったとき，そのままの表面では電荷密度の急峻な変化が生じるため，その変化を緩和するよう，正電荷をもつ原子が内部に引き込まれるように変位する．イオン結晶では図 3.27 に示すように，陽イオン

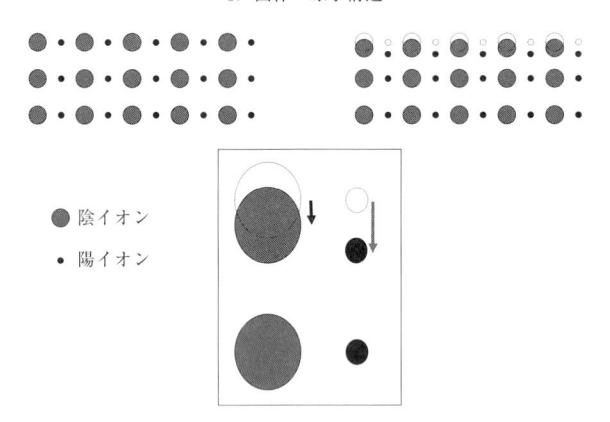

図 3.27　イオン結晶における表面緩和

と陰イオンはともに静電気力のバランスをとるために内部に引き込まれる．陰イオンは一般に陽イオンより大きいため，陽イオンの変位が大きい．

次に，ダイヤモンド型結晶などの半導体の表面構造を見る．物質をある面で切った瞬間に原子位置はそのまま保たれ，物質構成元素以外の元素が吸着していない清浄表面が現れたとする．共有結合による結晶では，特定の方位を向いた結合手が隣の原子と電子を共有しており，隣の原子が失われたことになるため，表面には結合相手のいない未結合手（dangling bond）が現れる．この未結合手の電子はエネルギーの高い状態のままであるため不安定であり，表面はできる限り未結合手を減らそうと結合の組み換えを行う．ダイヤモンド構造をもつ Si 結晶を図 3.28(a) に示すように (001) 面で切り，白丸で示した原子を取り去ったとする．このとき，最表面原子には図 3.28(b) に示すように 2 個の未結合手が現れる．未結合手はエネルギーの高い状態なので，図 3.28(c) のように隣の原子と結合し，2 個の Si 原子で 1 組となる構造（二量体，dimer）をつくる．その結果，未結合手を半分に減らすことができる．このように，表面は結合の組み換えを行ったり，原子を加えていくつかの未結合手をまとめることにより未結合手を減らす．このとき，本来の結合距離や結合方向からのずれに起因する歪が発生するため，一部の原子を取り去って切り目を入れることもある．以上のように，バルクとは異なる表面構造をつくることを表面再構成（surface reconstruction）という．

表面構造の解析手段として多くの手法が開発されているが，ここでは電子線回折（electron diffraction）と走査トンネル顕微鏡（scanning tunneling micros-

3.7 結晶表面の原子構造

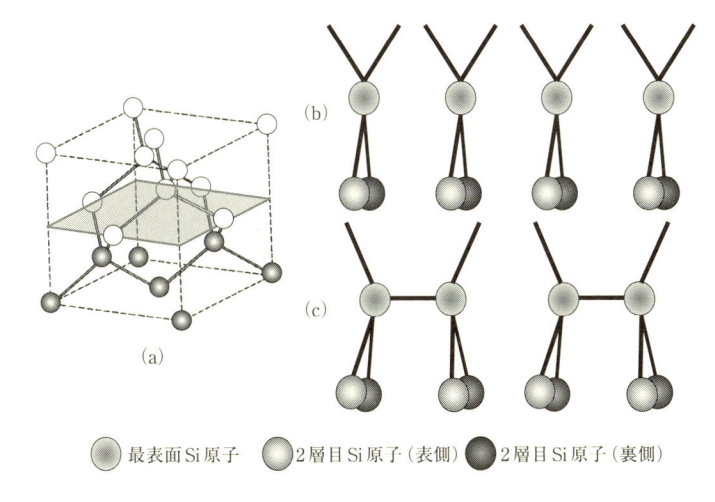

● 最表面Si原子　○ 2層目Si原子(表側)　● 2層目Si原子(裏側)

図3.28　ダイヤモンド型結晶 (001) 面における表面再構成

copy) を説明する．X線は物質との相互作用が弱く物質内部まで侵入することができるため，バルクの構造解析には適しているが，表面構造のように原子数の少ない構造解析には適していない．電子線は電子の波動性によりX線と同じく結晶の周期的な原子配列によって回折するが，物質との相互作用が大きいため表面層の原子配列の影響を強く受ける．図3.29 は，低エネルギー電子線回折 (low energy electron diffraction) の原理図である．表面の周期性により反射電子が強め合う条件は，行程差が波長の整数倍のときであり，周期を d，電子線の波長を λ，入射波と反射波の間の角度を θ とすると，

$$d \sin \theta = n\lambda \quad (n は整数)$$

となる．

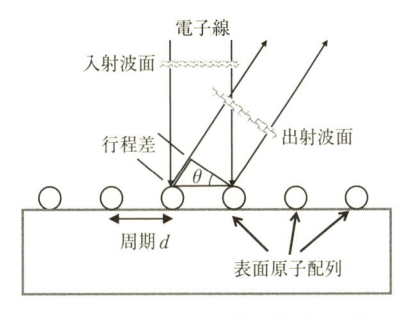

図3.29　低エネルギー電子線回折の原理

一方，走査トンネル顕微鏡の原理を図3.30に示す．先端を鋭く尖らせた探針に電圧をかけ，試料表面に近づけるとトンネル効果により電流が流れる．トンネル効果とは，図3.30にあるように，電子の運動エネルギーよりも高いエネルギー障壁を電子が透過する量子力学的現象で，透過確率は障壁が薄くなると急激に

40　　　　　　　　　　　　　　　　　　　　3. 固体の原子構造

トンネル電流

トンネル効果

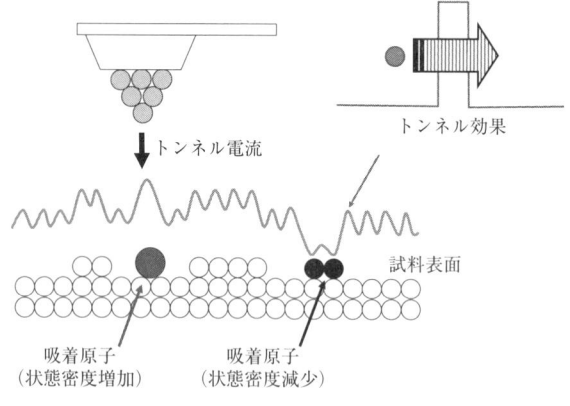

試料表面

吸着原子
（状態密度増加）

吸着原子
（状態密度減少）

図 3.30　走査トンネル顕微鏡の原理

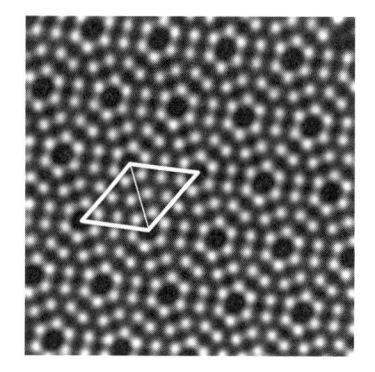

図 3.31　走査トンネル顕微鏡により観察
した Si(111) 表面

増加する．探針と表面の間に流れる電流が一定になるように探針の高さを制御しながら走査すると，表面原子の凹凸を画像化できる．正確には，表面の電子の密度または電子の空席の密度（状態密度）である．トンネル効果は距離に極めて敏感なので，トンネルする電流の大部分は最も接近した原子間を流れる．したがって，精度よく探針の位置と高さを制御すると，原子分解能で表面構造を観察することができる．図 3.31 は走査トンネル顕微鏡により観察した Si (111) 面の再構成表面で，図中に示したひし形を単位格子としている．

3.8　結晶成長

　Si 集積回路をはじめとする電子・光デバイスの発展は，高品質の結晶成長技術によって支えられてきた．Si は，図 3.32(a) に示す引き上げ法（Czochralski method）によって円筒形の単結晶を成長させ，スライスしてウェーハとして提供される．るつぼ内の Si 原料を溶かし，種結晶を接触させて引き上げることにより，大口径の Si 結晶を得る．3.5 節で述べた結晶欠陥密度が極めて低く，大

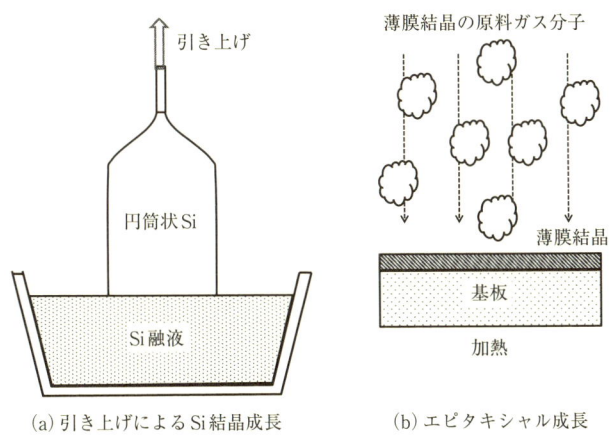

(a) 引き上げによる Si 結晶成長　　(b) エピタキシャル成長

図 3.32　結晶成長

面積ウェーハが安価に作製できることから，高集積化技術を牽引してきた主要技術の1つとなっている．

　半導体デバイスでは，基板を用いて，基板面によって結晶方位をそろえた単結晶薄膜を成長させるエピタキシャル技術が重要である．図 3.32（b）に示すように，加熱した基板に薄膜材料の原料となるガス分子を供給し，化学反応によって結晶を成長させる化学気相成長法（CVD, chemical vapor deposition）が多用されている．また，高真空中で固体原料から原料原子・分子を蒸発させ，基板に供給することで単結晶を得る MBE（molecular beam epitaxy）法なども広く用いられている．

【問　題】

1) 格子定数 a の立方晶系に属する結晶がある．結晶面のミラー指数が (hkl) であるとき，面間隔 d は，
$$d = \frac{a}{\sqrt{h^2+k^2+l^2}}$$
となることを示せ．

2) 金属銀は面心立方格子をもち，格子定数 a は 0.4086 nm（約 0.409 nm）である．銀 1 cm³ 中に含まれる原子数を求めよ．

3) 銀の原子量は 107.868（約 108）である．また，密度は 10.5 g cm⁻³ である．ここから格子定数を求めよ．

4) 図 3.12 に示す Si 結晶の格子定数は，0.54 nm である．Si の原子量を 28 として以下

に答えよ.
(1) Si 結晶の面心立方格子中に何個の Si 原子が存在するか.
(2) $1\,\mathrm{cm}^3$ の Si 結晶中に含まれる原子数（個/cm^3）を求めよ.
(3) Si 結晶の密度（$\mathrm{g\,cm}^{-3}$）を求めよ.

5) Ag と Si とは，同じ面心立方格子でも単位格子中の原子数が異なる．この理由を考えよ.

6) X 線構造解析を用いると，格子面の間隔が非常に正確に求められる理由を説明せよ.

7) Ag は面心立方格子で格子定数 a は $0.4086\,\mathrm{nm}$ である．Ag の（001）面に波長 $0.1542\,\mathrm{nm}$ の X 線が斜めから入射したとすると，面に対して何度のときに強め合うか.

4. 格子振動と格子比熱

　結晶中の原子は2章で述べた引力と斥力の平衡点に位置し，温度 T [K] では，各原子1個あたり $k_B T$ [J] の熱エネルギーをもっている．ただし，k_B はボルツマン定数である．固体中の原子の熱エネルギーは，格子振動（lattice vibration）のエネルギーに相当する．先に挙げた $k_B T$ は「およそ $k_B T$ 程度」という値であり，正確には高温の気体では1自由度あたり $k_B T/2$ のエネルギーが分配されるといえるが，室温の固体では振動が量子化された効果などにより正確に $k_B T/2$ とはなっていない．

　気体中の音波は気体分子の粗密が伝わる縦波であり，連続体モデルで記述できる．固体物性を取り扱う場合，連続体モデルと離散モデルとがある．格子振動を伝搬する波と考えたとき，波長や位相の空間的な変化（こちらについては後述）などの物理量が原子の間隔に比べて十分大きければ，連続体として取り扱える．格子振動の場合，波長の長い音波のような疎密波であれば，隣の原子とは集団で運動しているとみなせるので連続体モデルが成り立つ．しかし，後で出てくる光学モードと呼ばれる振動様式は，隣の原子と逆方向に動くので，連続体モデルを適用できない．また固体中では，図4.1の格子模型に示すように横方向にも復元力がはたらいているので，横波も存在する．

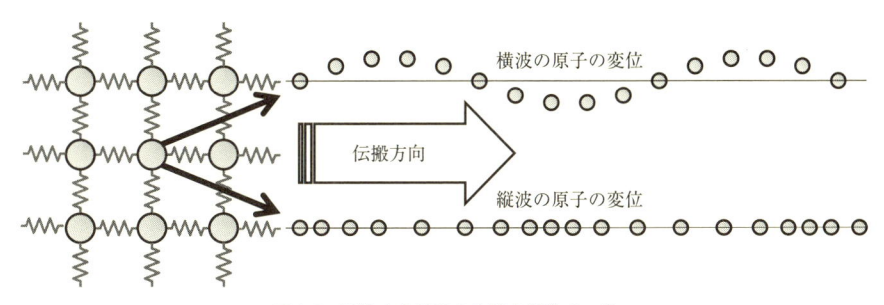

図4.1　固体中を伝搬する波の振動モード

4.1 連続媒質中の弾性波

4.1.1 一次元固体中の弾性波

最初に，連続体モデルによって固体の振動の伝搬を調べる．まず，一様で塑性変形のない弾性体の棒を考える．図4.2で，力が加わっていないときの棒 (a) において，位置 x と $(x+dx)$ の間にある微小固体を考える．ここで，dx は微小長さである．波が伝わってくると力を受け変位する．すなわち，x に $F(x)$ (x の正の向きの力であり (b) の方向の力は $-F(x)$ となる)，$(x+dx)$ に $F(x+dx)$ の力を受け，x は $u(x)$ だけ変位して $(x+u(x))$ へ移り，$(x+dx)$ は $u(x+dx)$ だけ変位して $(x+dx)+u(x+dx)$ に移る．ここで，

$$u(x+dx) = u(x) + \frac{\partial u}{\partial x} dx \tag{4-1}$$

を用いると，固体部分の伸びは $(\partial u/\partial x)dx$ と書ける．また，そのとき固体部分にかかっている力は右向きの力と左向きの力の差し引きであるから，$(\partial F/\partial x)dx$ となる．微小固体の密度を ρ，断面積を S とすると，微小固体の質量は $\rho S dx$ であるから，運動方程式（力＝質量×加速度）は，

$$\rho S dx \frac{\partial^2 u}{\partial t^2} = \frac{\partial F}{\partial x} dx \tag{4-2}$$

と書ける．

力と変位（伸び）の比はヤング率 (E) と呼ばれ，定義は「単位面積あたりの力／伸びの割合」である．E を微小固体部分の伸びと力の比で書き表すと，

$$E = \frac{F/S}{\frac{\partial u}{\partial x} dx / dx} = \frac{F}{S \frac{\partial u}{\partial x}} \tag{4-3}$$

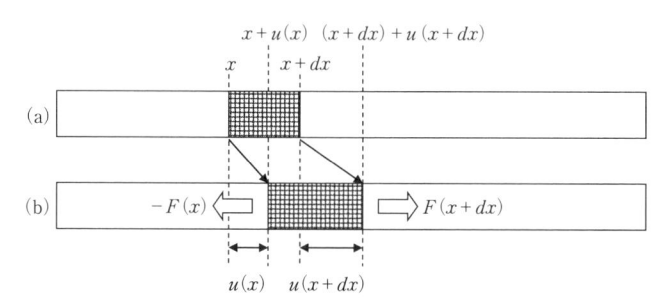

図4.2 縦波が伝搬している一次元弾性体の微小固体部分に加わる力と変位

$$F = ES \frac{\partial u}{\partial x} \tag{4-4}$$

となる．
　(4-2) 式を (4-4) 式を用いて書き直して整理すると，左辺は時間の微分項，右辺は位置の微分項となり，

$$\frac{\partial^2 u}{\partial t^2} = \frac{E}{\rho} \frac{\partial^2 u}{\partial x^2} \tag{4-5}$$

となる．これは，波動方程式の一般的な形である．振動数 ν，角振動数 $\omega = 2\pi\nu$ として，波数 k を次のように定義する．

$$k = \frac{2\pi}{\lambda} = \frac{\omega}{v} \quad \left(v = \sqrt{\frac{E}{\rho}} \text{ は波の伝搬速度} \right)$$

波の一般式は，次式で表される．

$$u(x, t) = \xi e^{-i(\omega t - kx)} + \eta e^{-i(\omega t + kx)} = \xi e^{-i\omega\left(t - \frac{x}{v}\right)} + \eta e^{-i\omega\left(t + \frac{x}{v}\right)} \tag{4-6}$$

ここで，第1項が前進する波，第2項が後退する波で，(4-6) 式はその重ね合わせである．また，波は時間に対する周期的変化と位置座標に対する周期的変化の両者を含む．両端が固定されているとすると，棒の長さを l として，境界条件は $x = 0$ と $x = l$ に対して $u = 0$ である．
　以下，(4-6) 式を (4-5) 式に入れ，さらに境界条件を適用して未定定数を求める．(4-5) 式の虚数部を採用すると，

$$u(x, t) = A \sin \frac{n\pi}{l} x \cdot \cos \frac{n\pi v}{l} t \quad (\text{ただし，} n = 1, 2, 3, \cdots) \tag{4-7}$$

と表される．振動の周期 T_n は，

$$\frac{n\pi v}{l} T_n = 2\pi \quad \therefore T_n = 2\frac{l}{nv} \tag{4-8}$$

ここから，振動数 ν_n と波長 λ_n を n で表すと，

$$\nu_n = \frac{1}{T_n} = \frac{nv}{2l} \tag{4-9}$$

$$\lambda_n = \frac{v}{\nu_n} = \frac{2l}{n} \tag{4-10}$$

となる．このように，境界条件によって n のとびとびの値に対応するとびとびの値の振動数が許される．
　もし棒が十分長く，n の値の変化に対して ν_n の変化が小さく，ν_n が連続的に変化しているとみなせる場合には，ν_n と $\nu_n + d\nu_n$ の間に存在する波の数，すなわち振動モードの数 $d\nu_n$ は (4-9) 式から，

$$dv_n = \frac{v}{2l}dn \quad \text{または} \quad dn = \frac{2l}{v}dv_n \tag{4-11}$$

と求められる．

4.1.2　三次元固体中の弾性波

前項の式を三次元に拡張する．まず，(4-5) 式は次のようになる．

$$\frac{\partial^2 u}{\partial t^2} = v^2 \left(\frac{\partial^2 u}{\partial x^2} + \frac{\partial^2 u}{\partial y^2} + \frac{\partial^2 u}{\partial z^2} \right) \tag{4-12}$$

いま一辺の長さが l の立方体の各面が固定されている場合，この立方体の定在波の式は，

$$u(x,t) = A \sin\frac{n_x\pi}{l}x \cdot \sin\frac{n_y\pi}{l}y \cdot \sin\frac{n_z\pi}{l}z \cdot \cos 2\pi\nu t \quad (n_x, n_y, n_z = 1, 2, 3, \cdots) \tag{4-13}$$

となる．この結果が方程式 (4-12) を満たすためには，(4-13) 式を (4-12) 式に入れて

$$\frac{\partial^2 u}{\partial t^2} = -(2\pi\nu)^2 u, \quad v^2\left(\frac{\partial^2 u}{\partial x^2} + \frac{\partial^2 u}{\partial y^2} + \frac{\partial^2 u}{\partial z^2}\right) = -v^2\left\{\left(\frac{n_x\pi}{l}\right)^2 + \left(\frac{n_y\pi}{l}\right)^2 + \left(\frac{n_z\pi}{l}\right)^2\right\}u$$

したがって，

$$\left(\frac{\pi}{l}\right)^2 (n_x^2 + n_y^2 + n_z^2) = \frac{4\pi^2\nu^2}{v^2} = \frac{4\pi^2}{\lambda^2} \tag{4-14}$$

この式から，一次元で求めた振動数の密度 dv_n を次に求める．これは，比熱を求めるときに重要となる．

まず，この立方体が十分大きく，$n_x, n_y, n_z = 1, 2, 3, \cdots$ は連続的に変化しているとみなせるとする．(4-14) 式を変形すると，

$$n_x^2 + n_y^2 + n_z^2 = \frac{4l^2}{v^2}\nu^2 \tag{4-15}$$

(n_x, n_y, n_z) という点を三次元座標軸上で考えると，半径 $\sqrt{n_x^2 + n_y^2 + n_z^2}$ の球のうち，x, y, z 軸の値がいずれも正の領域，すなわち球の 1/8 の領域内の整数の点に相当する．ここで振動数が ν のとき，半径 $\sqrt{n_x^2 + n_y^2 + n_z^2}$ は (4-15) 式右辺から $(2l/v)\nu$ に等しい．すなわち，(4-15) 式を「ほぼ」満たす (n_x, n_y, n_z) の数は，半径 $(2l/v)\nu$ と $(2l/v)(\nu + \Delta\nu)$ の球殻間の体積の 1/8 に等しい．以上から，振動数 ν と振動数 $\nu + \Delta\nu$ の間にある振動モード（n_x, n_y, n_z の組によって決まる振動の型）の数は，半径 $(2l/v)\nu$ の球と半径 $(2l/v)(\nu + \Delta\nu)$ の球の体積の 1/8 に等しいことがわかる．(n_x, n_y, n_z) はとびとびの値であるが，この極限として密度を振動数

4.1 連続媒質中の弾性波   47

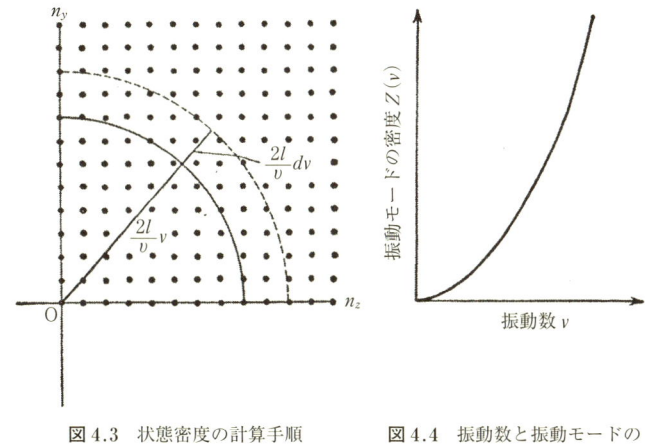

図 4.3 状態密度の計算手順　　**図 4.4** 振動数と振動モードの密度の関係

の微分 $d\nu$ で表現し，振動数 ν での状態密度を $Z(\nu)d\nu$ とする．図 4.3 はわかりやすいように二次元にして計算手順を示した図であるが，計算では球の表面積 $4\pi\{(2l/v)\nu\}^2$ に半径方向の長さの増分 $(2l/v)\Delta\nu$ をかけ，$1/8$ 倍することによって $Z(\nu)d\nu$ を求めることができる．その結果，

$$Z(\nu)d\nu = \frac{1}{8}\cdot 4\pi\left(\frac{2l}{v}\nu\right)^2\left(\frac{2l}{v}d\nu\right) = \frac{4\pi V}{v^3}\nu^2 d\nu \quad (\text{ここで，}V=l^3\text{（体積）})$$

(4-16)

となる．三次元連続媒質中では，振動モードの数は振動数 ν の 2 乗に比例し，図 4.4 のように ν とともに増加する．

一般に，三次元固体中を伝搬する波には，縦波（longitudinal wave）が 1 つ，横波（transverse wave）が 2 つ（変位が波の伝搬方向に互いに垂直）存在する．縦波の速度を v_l，横波の速度を v_t とすると，振動数 ν における振動モードの密度は，

$$Z(\nu)d\nu = 4\pi V\left(\frac{2}{v_t^3}+\frac{1}{v_l^3}\right)\nu^2 d\nu$$

(4-17)

と求められる．

4.2 結晶の格子振動

前節では固体を連続媒質として結晶中の振動モードを計算したが，実際は結晶格子に位置する個々の原子が平衡位置から変位し，その変位が図 4.1 に示すように結合力を通じて隣の原子に力を及ぼし伝搬する．本節では，原子の変位から格子振動モードの性質を調べる．なお，本節で結晶格子というときは原子の格子を表し，空間格子で定義していた「結晶基の代表点」を意味するものではないことに注意する．

結晶がある温度 T[K] に保たれているとすると，各々の原子はその平衡点のまわりで $k_B T$ 程度のエネルギーをもって熱振動している．この熱振動を実空間でみると非常に複雑になっているが，様々な時間的振動数（角振動数）と空間的振動数（波数）をもつ振動モードを合成したものであるので，格子振動の性質は振動数ごとに分解して調べるとわかりやすくなる．連続媒質では伝搬速度は一定であったが，原子（質点）の振動として扱うと速度が一定とはならないため，角振動数と波数の関係が重要となる．

4.2.1 一次元単純格子の振動

まず，1 種類の元素からなる物質の振動モードを計算する．図 4.5 に示すように，質量 m の原子が平衡状態にあるとき（振動していないとき）は，間隔 a で無限に並んでいる格子を想定する．このとき原子間隔 a は格子定数となる．各原子は，隣の原子と平衡状態のときの間隔からのずれに比例する力を受ける（フック (Hooke) の法則）．n 番目の原子は，$n-1$ 番目の原子からの左へ引っ張る力（あるいは右側へ押す力）と，$n+1$ 番目の原子からの右へ引っ張る力（あるいは左側へ押す力）を受ける．n 番目の原子の運動方程式は，u_n を変位として，

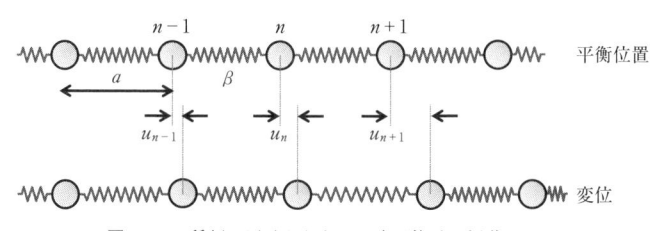

図 4.5　1 種類の原子からなる一次元格子の振動モード

4.2 結晶の格子振動

$$m\ddot{u}_n = m\frac{d^2u_n}{dt^2} = -\beta(u_n - u_{n-1}) + \beta(u_{n+1} - u_n) = \beta(u_{n-1} + u_{n+1} - 2u_n) \tag{4-18}$$

となる．これは，$m\alpha = F$（F は外力，α は加速度）という普通の式である．この解を求めるのに，次のような進行波を考える．

$$u_n = \xi e^{-i(\omega t - kna)} \tag{4-19}$$

ここで，ω は角振動数，k は波数，ξ は振幅である．また，kx ではなく，kna と入っていることに注意されたい．これは，原点から na 離れた n 番目の原子は角振動数 ω で振動すると同時に，n に依存して位相が少しずつ異なっていることを表す．k は単位長さあたりに含まれる波面の数（$=1/\lambda$）の 2π 倍で，

$$k = \frac{2\pi}{\lambda} = \frac{2\pi\nu}{\lambda\nu} = \frac{\omega}{v} \quad （\nu \text{ は振動数，} v \text{ は波の速度}） \tag{4-20}$$

と定義される．2π 倍となっている理由は，角振動数 ω と同様，波面 1 つあたりの位相が 2π だけ異なるためである．

進行波 (4-19) 式を運動方程式 (4-18) に入れると，

$$m\omega^2 = -\beta(e^{-ika} + e^{ika} - 2) = 2\beta(1 - \cos ka) = 4\beta \sin^2\frac{ka}{2} \tag{4-21}$$

が得られる．これから角振動数 ω と波数 k の関係，

$$\omega^2 = \frac{4\beta}{m}\sin^2\frac{ka}{2}, \quad \omega = \pm\omega_{\max}\sin\frac{ka}{2}, \quad \omega_{\max} = \sqrt{\frac{4\beta}{m}} \tag{4-22}$$

が導かれる．ω が常に正になるように，$\sin(ka/2)$ が負のときは負符号をとる．

図 4.6 に (4-22) 式をグラフにして表す．このグラフから，結晶中を伝搬する格子振動の角振動数（振動数）には最大値 $\omega_{\max}$ が存在し，$\omega_{\max}$ 以上の波は伝搬できないことがわかる．図 4.6 では波数軸上で，$-\pi/a \leq k \leq \pi/a$ と同じ k-ω の関係が繰り返されており，$-\pi/a \leq k \leq \pi/a$ を第 1 ブリルアン（Brillouin）帯，$\pi/a \leq k \leq 2\pi/a$ および $-2\pi/a \leq k \leq -\pi/a$ を第 2 ブリルアン帯，以下同様に第 3，第 4 ブリルアン帯と呼ぶ．ここで $\pi/a \leq k$，または $k \leq -\pi/a$ の領域について考察する．第 1 ブリルアン帯の端では，$k = \pi/a$，すなわち波長にすると $\lambda = 2a$ である．図 4.7(a) に原子平衡位置と図 4.7(b) に $k = \pi/a$ での波形を示す．第 1 ブリルアン帯の端では，隣り合う原子はちょうど反対方向に変位していて，定在波となっている．このことは，ブリルアン帯の端に近づくにつれて波は伝搬しにくくなることを意味する．さらに波数が増して第 2 ブリルアン帯へ入ると，図 4.7(c) に示すように，(4-22) 式の上では高い波数が存在しても実際には振動すべ

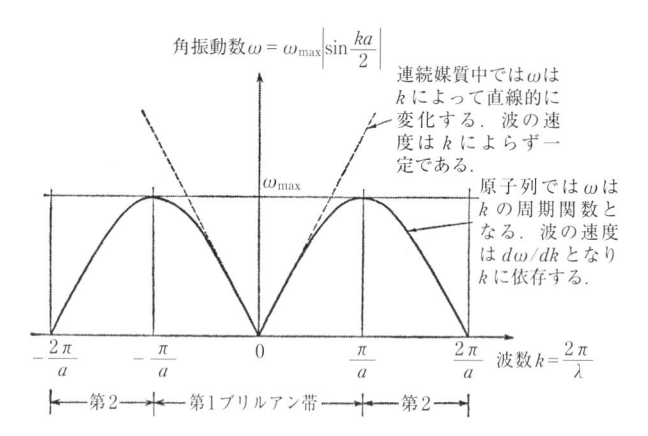

図4.6 1種類の原子からなる一次元格子を伝搬する波の角振動数ωと波数kの関係

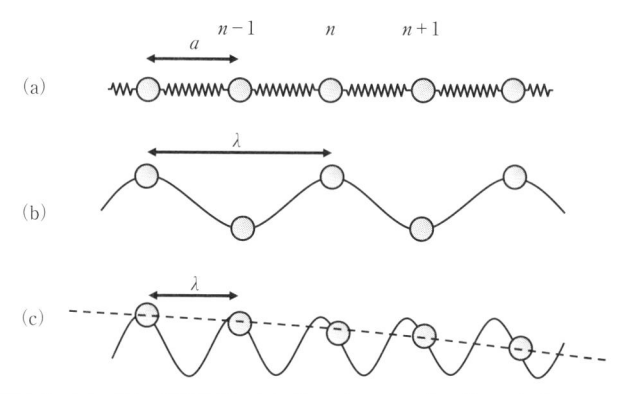

図4.7 (a) 原子の平衡位置，(b) 第1ブリルアン帯の端での振動モード，および (c) 第2ブリルアン帯の振動モード

き原子は存在せず，第1ブリルアン帯中の波長の長い振動モードと同じになる．格子振動では第2ブリルアン帯から先の高次のブリルアン帯は意味をもたないので，$-\pi/a \leq k \leq \pi/a$ だけを考えればよい．しかし，電子を波として扱うとき，電子はいくらでも高い波数をとることができるため，ブリルアン帯の概念は重要となる．

結晶中の波の波長λが大きく，格子定数aに比べて十分長ければ $ka=2\pi a/\lambda$ は十分小さく，$\sin(ka/2) \approx (ka/2)$ と近似できる．このとき (4-22) 式は，

$$\omega = \omega_{max}\sin\frac{ka}{2} = \sqrt{\frac{4\beta}{m}}\frac{ka}{2} = \sqrt{\frac{\beta}{m}}ka, \quad \text{あるいは} \quad v=\frac{\omega}{k}=\sqrt{\frac{\beta}{m}}a \quad (4\text{-}23)$$

と，速度が一定値となる．これは，波長の長い極限では連続媒質中の波と同様に扱ってよいことを意味する．

本項の最後に，波の位相速度と群速度について述べる．波数 k，角振動数 ω の波の位相速度は $v=\omega/k$ で与えられる．これは，(4-19) 式で表される波の特定の位相，たとえば $\omega t - kna = 0$ となるような位置が伝搬する速度である．一方，いくつかの波が合成されて波束をつくり，波束が進む速度を群速度という．群速度 v_g は，

$$v_g = \frac{d\omega}{dk} \tag{4-24}$$

で与えられる．

4.2.2　単位格子中に 2 個の原子を含む一次元格子の振動

ダイヤモンドは面心立方格子の各格子点に 2 個の原子が存在し，塩化ナトリウムは基本格子の中に 2 種類の原子からなる結晶基をもつ．原子配列については，図 3.12 と図 3.15 に示してある．このような原子配列における格子振動モードについて考察する．

図 4.8 に 2 種類の原子が交互に並んでいる一次元結晶の原子の格子を示す．偶数番目 ($2n$) の原子の質量を M，奇数番目 ($2n+1$) の原子の質量を m ($M>m$)，格子定数を a，力の定数を β とし，振動モードを計算する．前項の 1 種類のときと同じ方程式であるが，偶数番目と奇数番目とでは異なる質量に対する式となるので，連立方程式になる．各原子は，両隣の原子から力を受ける．このとき，ニュートンの運動方程式は次のようになる．

$$M\ddot{u}_{2n} = -\beta(u_{2n} - u_{2n-1}) + \beta(u_{2n+1} - u_{2n}) \tag{4-25a}$$

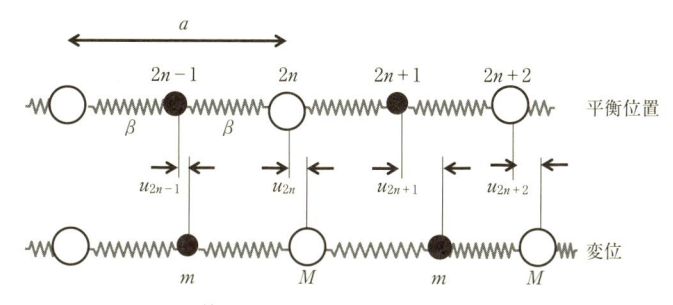

図 4.8　2 種類の原子からなる一次元格子の振動モード

$$m\ddot{u}_{2n+1} = -\beta(u_{2n+1} - u_{2n}) + \beta(u_{2n+2} - u_{2n+1}) \tag{4-25b}$$

解として次の進行波

$$u_{2n} = \xi e^{-i\{\omega t - 2nka\}} \tag{4-26a}$$

$$u_{2n+1} = \eta e^{-i\{\omega t - (2n+1)ka\}} \tag{4-26b}$$

を仮定し，(4-25a)，(4-25b) 式に入れると次の連立方程式となる．ここで ξ と η は振幅である．

$$-M\omega^2 \xi = \beta\eta(e^{ika} + e^{-ika}) - 2\beta\xi \tag{4-27a}$$

$$-m\omega^2 \eta = \beta\xi(e^{ika} + e^{-ika}) - 2\beta\eta \tag{4-27b}$$

この連立方程式の ξ と η がゼロでない解をもつには，ξ と η の係数行列式がゼロである必要がある．

$e^{ika} + e^{-ika} = 2\cos ka$ を用いると行列式は，

$$\begin{vmatrix} 2\beta - M\omega^2 & -2\beta\cos ka \\ -2\beta\cos ka & 2\beta - m\omega^2 \end{vmatrix} = 0 \tag{4-28}$$

これから ω^2 を求めると，

$$\omega^2 = \beta\left(\frac{1}{M} + \frac{1}{m}\right) \pm \beta\left\{\left(\frac{1}{M} + \frac{1}{m}\right)^2 - \frac{4\sin^2 ka}{Mm}\right\}^{\frac{1}{2}} \tag{4-29}$$

となる．右辺の符号の ＋ をとって ω_+^2，－ をとって ω_-^2 とし，正の角振動数だけを取り出すと，

$$\omega_\pm = \left[\beta\left(\frac{1}{M} + \frac{1}{m}\right) \pm \beta\left\{\left(\frac{1}{M} + \frac{1}{m}\right)^2 - \frac{4\sin^2 ka}{Mm}\right\}^{\frac{1}{2}}\right]^{\frac{1}{2}} \tag{4-30}$$

(4-30) 式から，基本格子に2個の原子を含む一次元格子では，波数 k の1つの値に対して2個の角振動数が存在することが導かれる．

図 4.9 に，ω_+ と ω_- を k に対して描いたグラフを示す．第1ブリルアン帯の両端付近の値を求めると，

$$k = 0 \text{ のとき} \quad \omega_+ = \left\{2\beta\left(\frac{1}{M} + \frac{1}{m}\right)\right\}^{\frac{1}{2}}, \quad \omega_- = 0 \tag{4-31}$$

$$k \approx 0 \text{ のとき} \quad \omega_+ = \left\{2\beta\left(\frac{1}{M} + \frac{1}{m}\right)\right\}^{\frac{1}{2}}, \quad \omega_- = \left(\frac{2\beta}{M+m}\right)^{\frac{1}{2}} ka \tag{4-32}$$

$$k = \frac{\pi}{2a} \text{ のとき} \quad \omega_+ = \left(\frac{2\beta}{m}\right)^{\frac{1}{2}}, \quad \omega_- = \left(\frac{2\beta}{M}\right)^{\frac{1}{2}} \tag{4-33}$$

となる．図 4.9 の高い角振動数の分岐は ω_+ に対応し光学的振動（optical vibration）と，低い角振動数の分岐は ω_- に対応して音響的振動（acoustic vibration）

4.2 結晶の格子振動

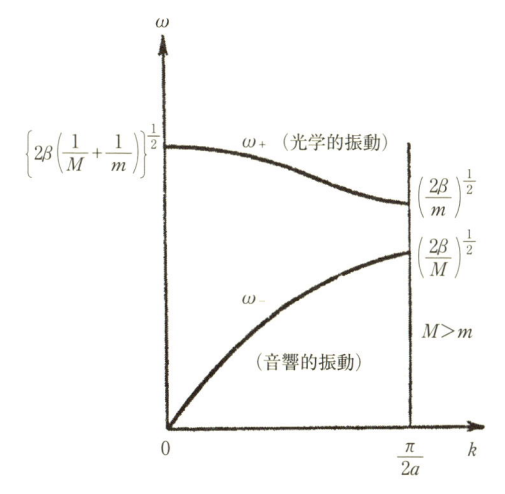

図4.9 2種類の原子からなる一次元格子の振動モード

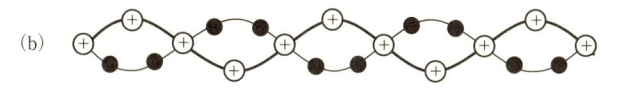

図4.10 (a) 音響的振動モードと (b) 光学的振動モード

と呼ばれている．イオン結晶の横波について描くと図4.10のようになる．

このような波動に，音響的あるいは光学的という名称がついている理由を述べる．まず，質量 M の重い原子の振幅 ξ と質量 m の軽い原子の振幅 η の比を調べる．ω_- 分岐については，(4-27a) 式に $k=0$ と $\omega_-=0$ とを入れると，

$$0 = 2\beta(\eta - \xi) \tag{4-34}$$

すなわち，ω_-（音響的振動）の振幅比は，

$$\frac{\xi}{\eta} = 1 \tag{4-35}$$

となる．(4-35) 式の符号から，質量 M の原子と質量 m の原子は同方向に変位しており，振幅が等しいことがわかる．

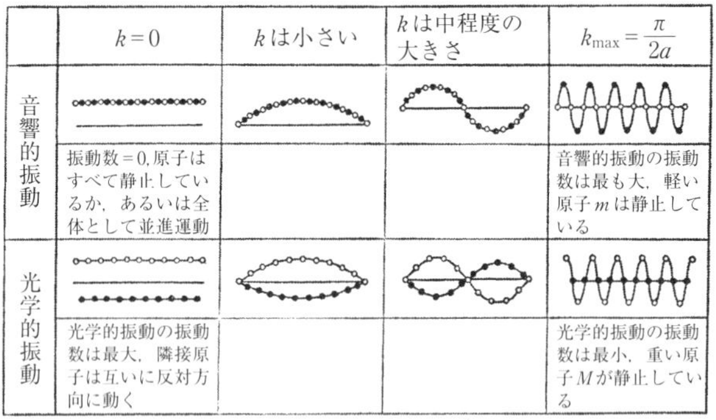

	$k=0$	k は小さい	k は中程度の大きさ	$k_{max}=\dfrac{\pi}{2a}$
音響的振動				
	振動数=0,原子はすべて静止しているか,あるいは全体として並進運動			音響的振動の振動数は最も大,軽い原子 m が静止している
光学的振動				
	光学的振動の振動数は最大,隣接原子は互いに反対方向に動く			光学的振動の振動数は最小,重い原子 M が静止している

図 4.11 様々な波数における音響的振動モードと光学的振動モードの原子の変位
●:重い原子 M, ○:軽い原子 m, $M:m=4:3$ の場合に相当する.

次に ω_+ 分岐について,(4-27a)式に $k=0$ と $\omega_+=\{2\beta(1/M+1/m)\}^{1/2}$ とを入れると,

$$-M\left\{2\beta\left(\frac{1}{M}+\frac{1}{m}\right)\right\}\xi=2\beta\eta-2\beta\xi \tag{4-36}$$

整理すると,ω_+(光学的振動)の振幅比は,

$$\frac{\xi}{\eta}=-\frac{m}{M} \tag{4-37}$$

となる.(4-37)式の符号から,質量 M の原子と質量 m の原子は反対方向に変位し,振幅は軽い原子の方が大きい.しかし,振幅と質量の積をとると等しくなるので,重心が静止しているような振動であることがわかる.$k=0$ 以外での振動モードを図 4.11 に示す.ω_- 分岐は固体中を音波が伝わるときの振動モードである.ω_+ はイオン結晶を想定すると,図 4.10 と図 4.11 からわかるように分極が振動しているモードになるため,電磁波と相互作用をもつ.実験的には,正負のイオンが分極をつくり,反転するような振動であるため,同じ振動数の電磁波を吸収する.これは遠赤外光に相当し,金属塩化物(たとえば NaCl)では,波長 50〜100 μm の赤外光領域に吸収とともに反射ピークを示すことが知られている.なお,ダイヤモンド構造をもつ Si のように単一原子からなる結晶では分極の振動は現れないが,光学的振動モードは存在する.

4.3 格子振動の量子化と観測

前節までの議論では，格子振動は古典的な力学によって記述される振動としてきた．しかし，格子振動はしばしば量子化されて観測される．量子化された格子振動をフォノン（phonon）という．格子振動を量子力学で扱う最も単純なモデルは図 4.12 に示す一次元調和振動子である．隣り合う原子間の結合力に対応する調和振動子のばね定数を k，ばねにつながれた原子の質量を m，調和振動子の固有振動数を ω_{ph} とすると，

$$\omega_{ph} = \sqrt{\frac{k}{m}} \tag{4-38}$$

であり，調和振動子の原子に対するポテンシャルを $V(x)$ とすると，

$$V(x) = \frac{k}{2}x^2 \tag{4-39}$$

がシュレディンガー方程式（A1-13）（付録参照）を一次元で表したときのポテンシャル項になる．計算が複雑になるので，詳細は他書（小出（1990）など）を参照してほしい．プランク定数 h を 2π で割った定数を $\hbar$ として，量子化されたエネルギー E_{ph} の結果を示すと，

$$E_{ph} = \left(n + \frac{1}{2}\right)\hbar\omega_{ph} \tag{4-40}$$

となる．この結果は，量子化された格子振動のエネルギーは $\hbar\omega_{ph}$ を単位としてとびとびの値をもつこと，また $n=0$，すなわち絶対零度でも $E_{ph}=(1/2)\hbar\omega_{ph}$ というエネルギーをもつことを示す．後者をゼロ点振動（zero-point vibration）あるいはゼロ点エネルギー（zero-point energy）と呼ぶ．

量子化された格子振動は，次節で述べる格子比熱の温度依存性や，低温ではあるが絶対零度より高い温度で電気抵抗がゼロになる超伝導現象の機構に深く関わっているほか，物質の光学遷移に付随して現れる．たとえば，物質にレーザー光を入射すると，入射光とは少し波長の異なる光が散乱されて出てくる．これをラマン散乱（Raman scattering）といい，入射光と散乱

放物型ポテンシャル

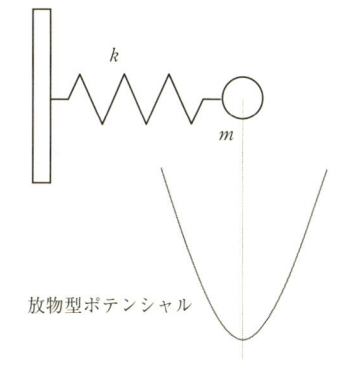

図 4.12 調和振動子と放物型ポテンシャル中の原子

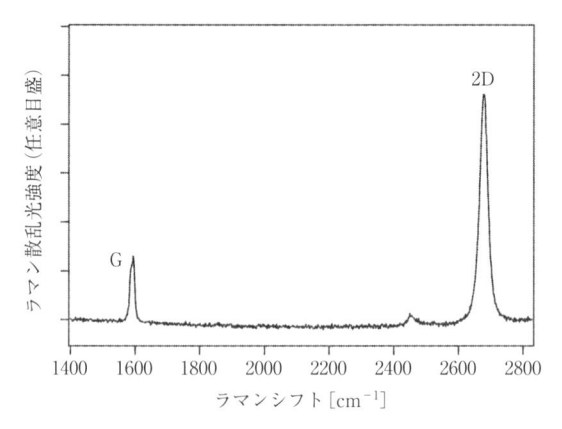

図 4.13　グラフェンのラマン散乱スペクトル

光のフォトンエネルギーの差（ラマンシフト）が，ある特定のフォノンのエネルギーに相当する．図 4.13 は，グラフェンという炭素原子一層の物質（13 章）で観測されるラマン散乱スペクトルの一例で，可視光のレーザー照射により，1590 cm^{-1} だけ低い波数の光が観測されている．ここで cm^{-1} を単位とする波数とは，1 cm あたりの波高の数をいう．図 4.13 の 1590 cm^{-1} に現れた G という信号は，グラフェンの炭素の六角格子の振動を量子化したフォノンのエネルギーに相当し，およそ 0.2 eV のエネルギーである．グラフェンは軽い炭素原子が強固な結合をつくっているため，(4-38) と (4-40) 式からわかるように大きなフォノンエネルギーをもつ．

4.4　固体の比熱

　格子振動，またはフォノンが関わる現象に物質の比熱がある．比熱は単位温度変化・単位重量あたりの熱容量で，固体では主として格子振動に起因するエネルギーの変化量に相当する．このとき，連続的な格子振動エネルギーと量子化されたフォノンエネルギーでは，異なるふるまいが理論的に導かれる．

4.4.1　固体比熱の古典論

　固体の熱容量（heat capacity）C は，物質の内部エネルギーを U，絶対温度を T としたとき，

4.4 固体の比熱

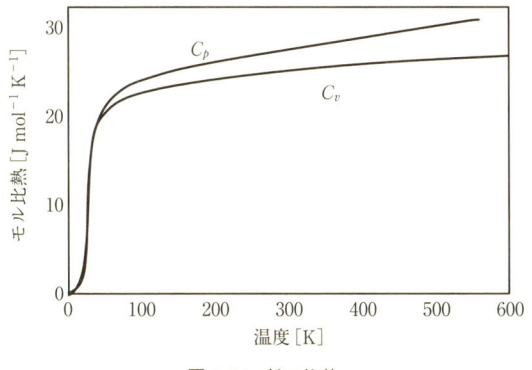

図 4.14 鉛の比熱

$$C = \frac{\partial U}{\partial T} \qquad (4\text{-}41)$$

で定義される．固体の比熱（specific heat）は通常，単位重量あたりの熱容量と定義され，単位は [J kg^{-1} K^{-1}] である．また，熱が出入りするときの条件により定積比熱（specific heat at constant volume）C_v と定圧比熱（specific heat at constant pressure）C_p とがある．定圧比熱は定積比熱に体積変化に伴う仕事量を加えたものになり，図 4.14 に示すように $C_v < C_p$ である．また，1 mol あたりの熱容量 [J mol^{-1} K^{-1}] で定義するときもある．固体の比熱に関わるのは，主として格子振動のエネルギーであるが，導電性物質では自由電子のエネルギーも比熱に関わる．また，特有の物質だけに現れる機構として，結晶内電子の励起，分子結晶における分子の回転，常磁性体のスピン配向，強磁性体や強誘電体のキュリー点での相転移（phase transition），結晶構造の相転移なども関係する．相転移とは，氷から水・水蒸気への変化のように比熱に不連続が発生する状態変化で，キュリー点では規則的な配向から無秩序な配向へ転移する．本節では，すべての固体に共通する格子比熱（lattice specific heat）を記述する．

図 4.14 より，固体の比熱の特徴を抽出する．通常の条件で実験的に得られる比熱は定圧比熱 C_p であるが，ここでは基本的な比熱である定積比熱 C_v に着目する．

①ある温度以上（図 4.14 で 100 K 以上）では，C_v はほぼ一定である．
②ある温度以下（図 4.14 で 100 K 以下）では，C_v は低温に向かって減少する．
③極低温（図 4.14 で数 K 以下）では，C_v は低温に向かって T^3 に比例して減少する．

格子比熱を古典論で扱ってみる．N 個の単一種類の原子からなる格子振動を考える．$3N$ の調和振動子の集まりとし，各振動子は平均して $k_BT/2$ の運動エネルギーと，平均して $k_BT/2$ のポテンシャルエネルギー，計 k_BT のエネルギーをもつとする．N 個の原子の内部エネルギー U は $3Nk_BT$ となり，1 mol あたりでは

$$U = 3RT \tag{4-42}$$

となる．ここで R は気体定数である．(4-42) 式と (4-41) 式から C_v は，

$$C_v = \frac{\partial U}{\partial T} = 3R \tag{4-43}$$

となり，比較的高温領域で比熱が一定になることを説明する．しかし，古典論では上記の②と③を説明することができない．この低温でのふるまいを説明するには，格子振動を連続的にエネルギーが変化する振動子としてではなく，とびとびのエネルギーをもつ量子化された振動子，すなわちフォノンとして扱う必要がある．

固体比熱の量子論にアインシュタインのモデルがある．これは，振動子がすべて同一の角振動数 ω_{ph} をもち，各振動子のエネルギーはそのフォノンエネルギーの整数倍 $E_{\text{ph}} = n\hbar\omega_{\text{ph}}$ であることを仮定した理論である．このようにフォノンの概念を導入すると，平均エネルギーが $\hbar\omega_{\text{ph}}$ を切るような低温では，エネルギーを全くもっていない振動子が増大する．これらの振動子は比熱に寄与しないので，比熱は急速に小さくなる．極低温では，ほとんどの振動子がエネルギーをもたないことになるため，低温で比熱が減少していくことを定性的には説明できるが，上記③のような減少ではなく，指数関数的な減少となる．これは，すべての振動子が同じ角振動数をもつとした仮定が現実と合っていないからである．そこで，様々な角振動数をもつ振動子を取り入れたデバイ (Debye) の理論が提案され，比熱の標準的なモデルとして確立している．

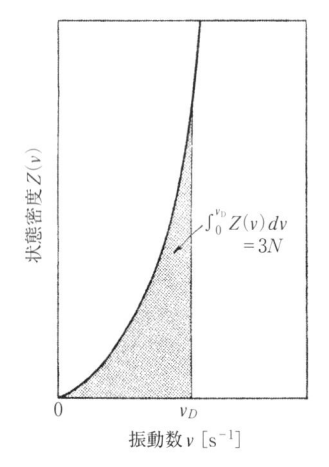

図 4.15 振動モードの上限

4.4.2 デバイの理論

デバイの比熱理論では，下記の2点を基礎に置く．

①結晶を均一な連続体として振動モードの密度

4.4 固体の比熱

を求める.

②結晶に含まれる原子の個数を N 個とすると,振動モードの総数は $3N$ 個に限られる.

4.1, 4.2 節で述べたように, 結晶中の原子は様々な角振動数で振動しているが, 振動数があまり大きくないときは連続媒質中の振動モードで置き換えてよい.

これらの仮定から, 振動数分布を次のようにして求める. まず, 連続媒質中の振動数分布(状態密度)として, すでに求めた (4-17) 式を用いる. 振動モードの総数を振動数の低い方から $3N$ 個に限るということは,図 4.15 に示すように,

$$\int_0^{\nu_D} Z(\nu) d\nu = \int_0^{\nu_D} 4\pi V \left(\frac{2}{v_t^3} + \frac{1}{v_l^3} \right) \nu^2 d\nu = 3N \tag{4-44}$$

ということである. 振動数が高いということはその振動モードのフォノンエネルギーが高いということであり,そういったフォノンが励起される確率は低くなるため, このような仮定が成り立つ. 積分の上限の振動数 ν_D は, この振動数までの振動モードを考えれば十分であることを意味する. (4-44) 式から ν_D を求めると,

$$\nu_D{}^3 = \frac{9N}{4\pi V} \cdot \frac{1}{\left(\dfrac{2}{v_t^3} + \dfrac{1}{v_l^3} \right)} \tag{4-45}$$

となる. ν_D はデバイ振動数と呼ばれ, 原子数と格子振動の伝わる速度に関係するが, その物理的意味については後で詳しく述べる. デバイの理論に基づき比熱を求める手順はやや複雑であり, また最終の式の見通しが悪いことから詳細は付録 A.2 節で述べ, ここでは求められた比熱の結果のみを記す. 比熱は内部エネルギーを温度で微分することによって求められる. 振動数 ν の振動子の平均エネルギーを $\langle E_\nu \rangle$, そのような振動子の状態数を $Z(\nu) d\nu$ とすると, その積が振動数 ν の振動子の総内部エネルギー U への寄与分である. U はそのような寄与分を積分し,

$$U = \int_0^{\nu_D} Z(\nu) \langle E_\nu \rangle d\nu \tag{4-46}$$

で与えられる. ここで, デバイ振動数 ν_D で決まる特性温度(デバイ温度)Θ_D を次式で定義する.

$$h\nu_D = k_B \Theta_D \tag{4-47}$$

(4-46) 式を温度 T で微分すると, 定積比熱 C_v はデバイ温度 Θ_D を用いて次のように表される.

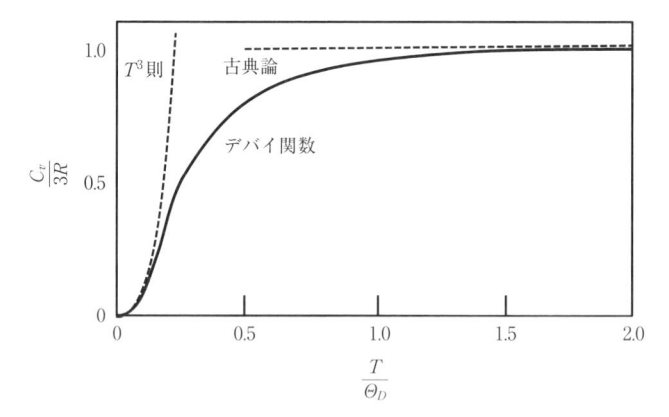

図 4.16 デバイ関数

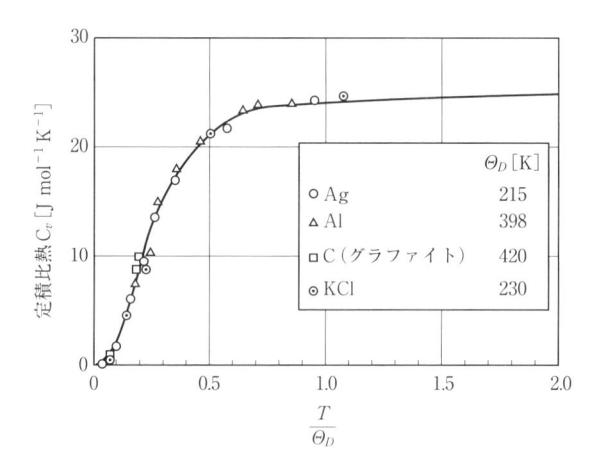

図 4.17 定積比熱のデバイ温度による規格化

$$C_v = 3R \cdot F_D\left(\frac{T}{\Theta_D}\right) \qquad (4\text{-}48)$$

ここで $F_D(T/\Theta_D)$ はデバイ関数と呼ばれ，図 4.16 に示す関数形をもつ．この関数形は，実験的に求められている C_v の特性，すなわち①ある温度以上でほぼ一定，②ある温度以下では低温に向かって減少，③極低温では低温に向かって T^3 に比例して減少する，という特性をすべて説明する．また，定積比熱 C_v はデバイ温度のみによって決まり，図 4.17 に示すように異なる物質であっても T/Θ_D に対して C_v をプロットすると 1 つの曲線に乗ることを示す．これらのことから

表 4.1 デバイ温度 Θ_D [K]

物質	Θ_D	物質	Θ_D	物質	Θ_D	物質	Θ_D	物質	Θ_D
Cs	44	Bi	117	Pt	229	Al	398	AgCl	183
Pb	88	Au	165	Zn	235	Fe	453	NaCl	281
Tl	96	Cd	168	Ti	278	Cr	630	SiO$_2$	470
Hg	97	Na	172	Cu	315	Si	658	CaF$_2$	474
I	106	Ag	215	Ga	320	Be	1160	FeSe	645
In	109	Ca	226	Ge	366	ダイヤモンド	2230	MgO	946

デバイの理論は広く認められており，また次に述べるように，デバイ温度は物質の格子の性質を示す物性値として重要とされている．

4.4.3 デバイ温度

デバイの理論では，物質のデバイ温度が決まれば比熱の温度依存性は同じ曲線で表され，実測でもそれが確かめられている．表 4.1 に色々な物質のデバイ温度を示す．この表から全般的傾向として，デバイ温度は固い物質ほど高く，軽い物質ほど高いことがわかる．また，Si やダイヤモンドのような共有結合性物質のデバイ温度は高いことがわかる．これは，格子の振動数が高い方まで分布しているほどデバイ温度も高くなることに相当する．すなわち，ダイヤモンドに代表されるように，軽い元素が共有結合のような強い結合力で格子をつくると格子振動数は高くなり，フォノンのエネルギーも高くなる．そのため，物質の温度を下げていくと，励起されなくなるフォノンの割合がより高温から増加し，低温に向かっての比熱の減少が高温から始まることになる．このように，デバイ温度は物質の結合力と関連するため，固体の弾性率などの性質とも関係している．

【問 題】

1) 銀の中を伝わる弾性波の速度は，
   縦波：$v_l = 3.6 \times 10^3$ m s^{-1}，横波：$v_t = 1.6 \times 10^3$ m s^{-1}
   である．銀のデバイ振動数 ν_D とデバイ温度 Θ_D を求めよ．
2) シリコン Si と閃亜鉛鉱 ZnS とでは，図 3.12 と図 3.13 に示すように原子位置に関しては同じ構造である．しかし，ZnS は波長が約 50 μm の遠赤外に吸収帯を示すのに対し，Si にはそのような吸収は観測されない．その理由を考察せよ．

5. 金属の伝導現象

金属は導電率（conductivity）や熱伝導率（thermal conductivity）が大きく光の反射率が高い．また，割れにくく塑性変形しやすい．これらは，金属を構成する原子が自由電子により結合し，自由電子が電気や熱を運んだり，電磁界と相互作用するためである．本章では，金属内の自由電子の状態を量子力学を用いて記述する．

5.1 金属内電子と金属の性質

まず，材料としての金属の性質を金属結合の機構から考察する．銀（Ag）の電子配置は表 2.1 に示すように，1s/2s/2p/3s/3p/3d/4s/4p/4d の各軌道まで電子が詰まって内殻をつくり，さらに 5s 電子が外殻電子となっている．多数の Ag 原子が接近すると，図 5.1 に示すように外殻電子の軌道どうしが重なり合い，電子のエネルギー準位は幅をもつようになる．Ag 原子では電子が入ることのできる外殻準位の数は電子数より多いため，電子は隣の原子に由来する準位に

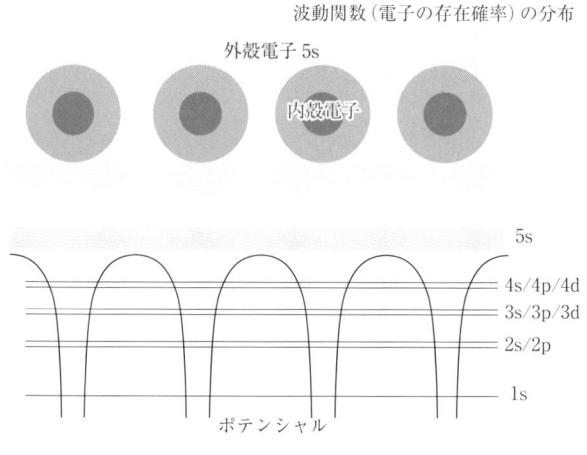

図 5.1 金属結合と自由電子

入ることができる．原子間の距離は，自由電子が両側の金属イオンを引き寄せることによって発生する引力と，隣の原子から電子を受け入れる余地のない内殻電子どうしの斥力のバランスによって決まる．外殻電子は原子間を移動でき，そのクーロン力によってAg原子（イオン）を結合させると同時に，電気や熱を伝える．自由電子による結合では，Siなどの共有結合と異なり方向性がないので，結合力は強くても変形しやすい性質が現れる．

5.2 金属内電子伝導の古典論

ここで，電子を古典的な粒子としたときの導電率を求める．導電率は抵抗率の逆数であり，電気回路で使う「抵抗」の逆数と似ているが，定義としては，微小部分（均一とみなせる大きさ）の抵抗の逆数を単位断面積と単位長さあたりに換算したものである．図5.2に示すような電界中の自由電子を考える．電界がかかると自由電子は電界の逆方向に加速され，ある距離を走行したのち格子振動や格子欠陥との衝突によって無秩序な方向に散乱される．これが「抵抗」であり，このとき格子に与えるエネルギーがジュール熱である．電子が抵抗を受けずに加速される時間を τ とし，τ 秒後に何らかの散乱により進行方向を曲げられるとする．ここで，どの方向にも一様に散乱されるとすると，散乱直後の平均速度は0となり，再び電界によって加速され始めることになる．電子電荷 $-q$，電子の質量 m，電界 F，電子密度 n として電流密度 i と導電率 σ を求めてみよう．

電子の電界方向の初速度をゼロとし，τ 秒後の平均速度を求める．運動方程式は，

$$m\frac{dv}{dt} = -qF \quad (5\text{-}1)$$

τ 秒後の速度は，

$$m\int_0^\tau \frac{dv}{dt}dt = -\int_0^\tau qF dt \quad (5\text{-}2)$$

から

$$v(\tau) = \frac{-q\tau F}{m} \quad (5\text{-}3)$$

平均速度 $\langle v \rangle$ は，

$$\langle v \rangle = \frac{-q\tau F}{2m} \quad (5\text{-}4)$$

と求められる．電流密度は $i = -qnv$ で

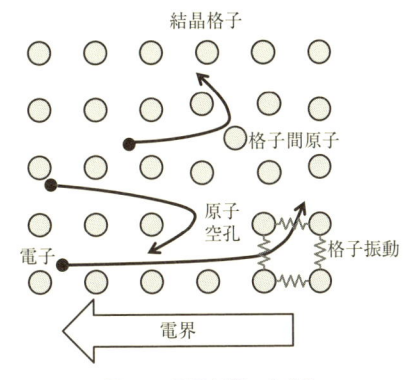

図5.2 電子伝導の古典論

与えられ，導電率 σ の定義は，
$$i = \sigma F \tag{5-5}$$
であるから，i と σ を求めると，
$$i = \sigma F = -qn\frac{-q\tau F}{2m} = \frac{nq^2\tau}{2m}F \tag{5-6}$$
$$\sigma = \frac{nq^2\tau}{2m} \tag{5-7}$$
と求められる．移動度（mobility）μ を
$$\sigma = qn\mu \tag{5-8}$$
によって定義し，μ を求めると，
$$\mu = \frac{q\tau}{2m} \tag{5-9}$$
が得られる．

　以上の仮定を逆にたどる．移動度 μ は電子1個あたりの電界に対する動きやすさである．(5-9)式から，もし電子の質量が軽ければ電界からの力によって加速されやすいため平均速度が速くなり，移動度は高くなる．古典的に扱う電子の質量は一定であるが，後で述べるように，結晶内電子を量子力学的に扱ったのち古典的な粒子とみなした近似（有効質量近似）では，物質によって質量が異なる．また(5-9)式は，散乱されるまでの時間 τ が長いほど電子は移動しやすいことを示す．散乱には，格子原子の熱振動，原子空孔や格子間原子，不純物，転移や結晶粒界などの欠陥が関係する．(5-8)式から電子密度 n が高く，移動度が高いほど導電率 σ は高くなることがわかる．なお，(5-7)式には電子電荷 $-q$ が2個含まれているが，1個は移動度に含まれ，電界から受ける力が q に比例するためである．もう1個の q は導電率に含まれ，物質中の電子が運べる電荷量が q に比例するためである．なお，移動度の単位は $[\text{m}^2\text{V}^{-1}\text{s}^{-1}]$（慣用では $[\text{cm}^2\text{V}^{-1}\text{s}^{-1}]$）であるが，これを $[(\text{m/s})/(\text{V/m})]$，すなわち単位電界あたりの速度と考えるとわかりやすい．

　古典論での扱いは実際の電子の状態を記述していないが，量子力学的に扱う電子の場合も(5-8)式と(5-9)式が成り立つと便利なため，電子の質量を有効質量（effective mass）に置き換えることによって古典的扱いを可能にしている．

　次に，自由電子による熱伝導を考える．物質に温度勾配が存在すると，高温部から低温部へ熱の流れが発生する．この熱は格子振動と自由電子によって運ばれ，熱伝導率 κ の格子成分を κ_{ph}，自由電子成分を κ_{el} とすると，

$$\kappa = \kappa_{ph} + \kappa_{el}$$

である．絶縁体では格子振動だけにより熱が伝わるが，金属では自由電子が寄与する熱伝導が支配的であり，$\kappa \approx \kappa_{el}$ としてよい．一般に，金属がデバイ温度以上であれば，熱伝導率と導電率の比は絶対温度に比例し，比例定数はすべての金属についてほぼ一定の値になるというヴィーデマン-フランツ則（Wiedemann-Franz law）が知られている．すなわち，

$$\frac{\kappa}{\sigma} = LT \tag{5-10}$$

が成り立つ．ここで T は温度であり，L はローレンツ数（Lorentz number）と呼ばれる定数である．

κ_{el} は，高温側から低温側へ移動する電子が，低温側から高温側へ移動する電子より高いエネルギーをもち，単位時間・単位面積あたりでどのくらいの数の電子が行き来するかを，導電率と同様に古典的に扱って求められる．単位時間あたりに単位面積を通過する熱 w について結果だけを記すと，温度勾配を $\partial T/\partial x$ として，

$$w = -\kappa_{el}\frac{\partial T}{\partial x} = -\left(\frac{1}{3}n\tau v^2 \frac{\partial E}{\partial T}\right)\frac{\partial T}{\partial x} \tag{5-11}$$

ここで，E は電子の熱エネルギーで，古典統計では3自由度をもつ電子は，

$$E = \frac{1}{2}mv^2 = \frac{3}{2}k_B T \tag{5-12}$$

である．したがって，

$$\frac{\partial E}{\partial T} = \frac{3}{2}k_B \tag{5-13}$$

(5-12), (5-13) 式を (5-11) 式に入れると，

$$\kappa_{el} = \frac{3}{2m}n\tau k_B^2 T \tag{5-14}$$

となる．(5-7) 式との比をとると，

$$\frac{\kappa_{el}}{\sigma} = 3\left(\frac{k_B}{q}\right)^2 T = LT \tag{5-15}$$

$$L = 3\left(\frac{k_B}{q}\right)^2 = 2.3\times 10^{-8}\ \mathrm{W\,\Omega\,K^{-2}} \tag{5-16}$$

表5.1に実験的に得られたいくつかの金属のローレンツ数を示す．これらの数値は電子を古典粒子として扱う方法が，ある条件下では成立していること

表 5.1 金属のローレンツ数

金属	$L[\mathrm{W\,\Omega\,K^{-2}}]$, 0℃
Ag	2.31×10^{-8}
Cd	2.42×10^{-8}
Sn	2.52×10^{-8}
Pt	2.51×10^{-8}
W	3.04×10^{-8}

を示唆する．一方で，電子の古典論では説明できない事実として金属の比熱がある．(5-12) 式から予測される自由電子の寄与は，

$$C_v = N_0 \frac{\partial E}{\partial T} = \frac{3}{2} N_0 k_B = \frac{3}{2} R \approx 12.5 \, \mathrm{J \, mol^{-1} \, K^{-1}} \qquad (5\text{-}17)$$

となり，実測の値よりはるかに大きくなる．ここで，R は気体定数である．この不一致は，電子が1個のエネルギー準位に1個しか入れないという性質があるためであり，1個1個の電子が温度上昇とともに連続的にエネルギーを増していくという考えが実態と合わないことによる．

量子力学の不確定性原理によれば，電子を粒子として扱って位置を正確に指定すると運動量（電子の速度）が不確定になり，また時間を正確に指定するとエネルギーが不確定になる．より正確には，電子の状態を量子力学で記述すると本質的に現れる揺らぎと，観測により状態が乱されることによる不確定性とがある．本節で述べた電子論は位置を確定させているが，多くの電気伝導現象や自由電子の熱的性質，電子による光吸収・発光などは電子を運動量の定まった波として記述する方が実際の実験結果とよく対応する．次節では，電子を量子力学的に扱い，位置ではなく運動量によって識別する扱いを記述する．

5.3　金属内に閉じ込められた電子の量子力学的扱い

本節では，前節と全く異なる方法で固体内電子を取り扱う．電子は確定した位置を運動するのではなく，波として結晶内に広がっており，その運動量は確定している．電子のエネルギー準位はとびとびの値になるが，結晶が十分大きければエネルギー準位は連続的に見える．しかし，電子は1個の準位に1個しか入ることができず，電子のエネルギー分布には古典的な気体分子のエネルギー分布とは全く異なる統計が現れる．

5.3.1　金属内電子のエネルギー準位

金属内の電子は，何も刺激しなければ飛び出してくることはない．これは，金属内の電子は低いエネルギー状態にあり，結晶の外は高いエネルギー状態しかないことを示す．すなわち，結晶内電子の最も単純なモデルは図 5.3(a) に示す箱型ポテンシャルであり，箱の中に電子は閉じ込められていて，外部は無限大のポテンシャルとなっているため飛び出すことはできない．図 5.3(b) はポテンシャルを表し，わかりやすくするため一次元で描いてある．ここでは一次元で計算し

5.3 金属内に閉じ込められた電子の量子力学的扱い

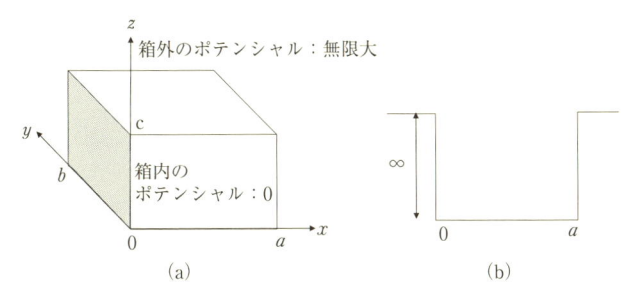

図 5.3 箱型ポテンシャルの金属モデル

た後，三次元に拡張する．まず，一次元の場合についてシュレディンガー方程式を解いてみる．

出発点となるシュレディンガー方程式は，付録の（A1-13）式に示した

$$\left\{-\frac{\hbar^2}{2m}\left(\frac{\partial^2}{\partial x^2}+\frac{\partial^2}{\partial y^2}+\frac{\partial^2}{\partial z^2}\right)+V(x,y,z)\right\}\varphi(x,y,z)=E\varphi(x,y,z) \tag{5-18}$$

である．

箱型ポテンシャルでは，電子に対するポテンシャルエネルギー $V(x,y,z)$ は，

$$\text{箱の中：} V(x,y,z)=0 \quad (0\leq x\leq a) \tag{5-19}$$

$$\text{箱の外：} V(x,y,z)=\infty \quad (x<0,\ a<x) \tag{5-20}$$

である．y と z についても同様である．付録 A.1.3 項に示したように，

$$\varphi(x,y,z)=X(x)Y(y)Z(z) \tag{5-21}$$

とおくと，$V(x,y,z)=0$ の領域内で（5-18）式は変数分離できる．ここからは箱の中だけに限定すると，

$$-\frac{\hbar^2}{2m}\frac{d^2X(x)}{dx^2}=E_xX(x) \tag{5-22}$$

が解くべきシュレディンガー方程式となる．境界条件は，箱の外では電子は存在できないことから，

$$x<0,\ a<x \text{ で } \varphi(x,y,z)=0 \tag{5-23}$$

であり，境界で連続的な関数であるためには，$\varphi(x,y,z)=0$ である必要がある．

$X(x)$ に対する境界条件は，

$$\varphi(0,y,z)=\varphi(a,y,z)=0,\ X(0)=X(a)=0 \tag{5-24}$$

$Y(y), Z(z)$ についても同様である．

（5-22）式を次のように変形する．

$$\frac{d^2X(x)}{dx^2}=-\frac{2mE_x}{\hbar^2}X(x) \qquad (5\text{-}25)$$

右辺の $X(x)$ の前につく定数が正のとき，(5-24) の境界条件を満たさない．その根拠は，

$$\frac{d^2X(x)}{dx^2}=\alpha^2 X(x) \qquad (5\text{-}26)$$

という型のシュレディンガー方程式の解は，$e^{\alpha x}$ のような単調な増加または減少関数となり，2点（箱の両端）で同時にゼロとなるような関数をつくれないからである．したがって (5-22) 式は，

$$\frac{d^2X(x)}{dx^2}=-k_x^2 X(x) \qquad (5\text{-}27)$$

$$k_x=\pm\sqrt{\frac{2mE_x}{\hbar^2}} \qquad (5\text{-}28)$$

と変形できる．

(5-27) 式の解として，

$$X(x)=Ae^{ik_x x}+Be^{-ik_x x} \qquad (5\text{-}29)$$

を仮定する．右辺第1項は x の正方向へ伝搬する波を，第2項は x の負方向へ伝搬する波を表す．(5-29) 式を (5-27) 式に入れると，

$$\frac{d^2}{dx^2}\{Ae^{ik_x x}+Be^{-ik_x x}\}=(ik_x)^2 Ae^{ik_x x}+(-ik_x)^2 Be^{-ik_x x}$$

$$=-k_x^2\{Ae^{ik_x x}+Be^{-ik_x x}\}=-k_x^2 X(x) \qquad (5\text{-}30)$$

となり，解となっていることがわかる．境界条件 (5-24) から，

$$X(0)=A+B=0 \qquad (5\text{-}31)$$

これから (5-29) 式の B を消去すると，

$$X(x)=Ae^{ik_x x}+Be^{-ik_x x}=A\{\cos k_x x+i\sin k_x x\}-A\{\cos(-k_x x)+i\sin(-k_x x)\}$$
$$=2iA\sin(k_x x)$$
$$(5\text{-}32)$$

ここで $A'=i2A$ とおいて，

$$X(x)=A'\sin(k_x x) \qquad (5\text{-}33)$$

のように整理される．

また，もう1つの境界条件である $X(a)=0$ と (5-33) 式から，

$$\sin k_x a=0,\ k_x a=n_x\pi \qquad (5\text{-}34)$$

であるので，

$$k_x=\frac{\pi}{a}n_x \quad (n_x=1,2,3,\cdots) \qquad (5\text{-}35)$$

が導かれ，k_x は整数 n_x で指定されるとびとびの値をもつことになる．この k_x は電子の波数であり，運動量は波数を用いて，

$$p_x = \hbar k_x = \hbar \frac{\pi}{a} n_x \tag{5-36}$$

と表される．

(5-33) 式の意味を再度考える．波動関数は電子の存在確率を表すことを思い出すと，時間に依存しない定常状態であれば，

$$|\varphi(x, y, z)|^2 \equiv \varphi^*(x, y, z)\, \varphi(x, y, z) \tag{5-37}$$

が，位置 (x, y, z) に電子を発見できる確率を表す．電子は，全空間について存在確率を足し合わせる（積分する）と，1 になるはずである．ここでは，箱の外での存在確率はゼロであるから，x 軸方向のみに注目すれば，$0 \leq x \leq a$ の領域で $|X(x)|^2 \equiv X^*(x)\, X(x)$ を積分すると 1 になるはずである．これを規格化という．

$$\int_0^a |X(x)|^2 dx = |A'|^2 \int_0^a \sin^2(k_x x)\, dx = 1 \tag{5-38}$$

公式である $\sin^2\theta = (1-\cos 2\theta)/2$ を用いて積分し，A' を求めると，

$$\int_0^a |X(x)|^2 dx = |A'|^2 \int_0^a \sin^2(k_x x) dx = |A'|^2 \int_0^a \frac{\left(1-\cos\left(\frac{2\pi}{a} n_x x\right)\right)}{2} dx$$

$$= |A'|^2 \int_0^a \frac{1}{2} dx = |A'|^2 \frac{a}{2} = 1 \tag{5-39}$$

$$\therefore A' = \sqrt{\frac{2}{a}} \tag{5-40}$$

以上から，

$$X(x) = \sqrt{\frac{2}{a}} \sin(k_x x) = \sqrt{\frac{2}{a}} \sin\left(\frac{\pi}{a} n_x x\right) \quad (n_x = 1, 2, 3, \cdots) \tag{5-41}$$

電子のエネルギー準位 E_{n_x} は，(5-22) 式と (5-35) 式から，

$$E_{n_x} = \frac{\hbar^2 k_x^2}{2m} = \frac{\hbar^2}{2m}\left(\frac{\pi n_x}{a}\right)^2 \tag{5-42}$$

(5-41) 式の波動関数の形と，箱の中での電子の存在確率を $n_x = 1, 2, 3, 4$ について描くと，図 5.4 のようになる．

一次元格子の自由電子モデルにおいて，(5-42) 式で表される電子の波数 $k_x = (\pi/a) n_x$ とエネルギー E_{n_x} の関係を描くと図 5.5 のようになる．結晶格子から何の影響も受けない（このような格子を空格子という）完全な自由電子では，エネルギーは波数の 2 乗に比例して一様に増加する．実際には，次章で述べるよ

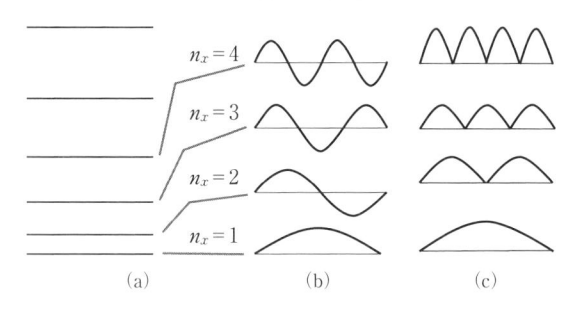

図5.4 箱の中に閉じ込められた電子の (a) エネルギー準位, (b) 波動関数の概形, および電子の (c) 存在確率

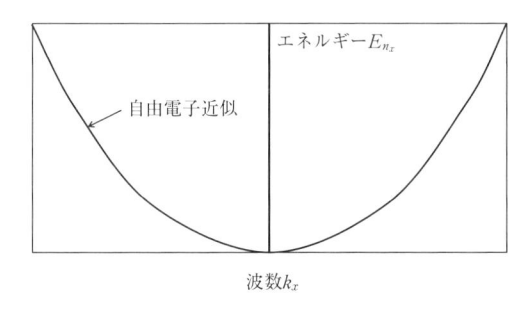

図5.5 一次元格子の自由電子モデルにおける電子の波数とエネルギーの関係

うに, 結晶格子の影響を受けてエネルギーのとびが現れる.

次に一次元の結果を三次元に拡張する. $\varphi(x,y,z)=X(x)Y(y)Z(z)$ において, $X(x), Y(y), Z(z)$ は対等である. したがって,

$$Y(y)=\sqrt{\frac{2}{b}}\sin(k_y y)=\sqrt{\frac{2}{b}}\sin\left(\frac{\pi}{b}n_y y\right) \tag{5-43}$$

$$Z(z)=\sqrt{\frac{2}{c}}\sin(k_z z)=\sqrt{\frac{2}{c}}\sin\left(\frac{\pi}{c}n_z z\right) \tag{5-44}$$

三次元の波動関数は, 以下となる.

$$\varphi(x,y,z)=\sqrt{\frac{8}{abc}}\sin\left(\frac{\pi}{a}n_x x\right)\sin\left(\frac{\pi}{b}n_y y\right)\sin\left(\frac{\pi}{c}n_z z\right) \quad (n_x, n_y, n_z \text{ は整数}) \tag{5-45}$$

また, (5-45) 式を $V(x,y,z)=0$ とおいた (5-18) 式に入れると容易に計算できるとおり, 三次元の箱の中の電子のエネルギー E_{n_x,n_y,n_z} は x, y, z に対して対等で

あり，足し合わせたものとなる．

$$E_{n_y} = \frac{\hbar^2 k_y^2}{2m} = \frac{\hbar^2}{2m}\left(\frac{\pi n_y}{b}\right)^2 \tag{5-46}$$

$$E_{n_z} = \frac{\hbar^2 k_z^2}{2m} = \frac{\hbar^2}{2m}\left(\frac{\pi n_z}{c}\right)^2 \tag{5-47}$$

$$E_{n_x,n_y,n_z} = E_{n_x} + E_{n_y} + E_{n_z} = \frac{\hbar^2}{2m}(k_x^2 + k_y^2 + k_z^2)$$

$$= \frac{\hbar^2 \pi^2}{2m}\left\{\left(\frac{n_x}{a}\right)^2 + \left(\frac{n_y}{b}\right)^2 + \left(\frac{n_z}{c}\right)^2\right\} \tag{5-48}$$

$$(n_x = 1, 2, 3, \cdots,\ n_y = 1, 2, 3, \cdots,\ n_z = 1, 2, 3, \cdots)$$

5.3.2　状態密度（state density）

上で計算したように，波数およびエネルギーはとびとびの値となる．離散的なエネルギー準位は，結晶が小さくなると，すなわちナノメートルスケール（1 nm＝10^{-9} m）になると，室温でも現れるようになる．このような微細なスケールを用いる技術をナノテクノロジーと呼ぶ（13 章参照）．

ここでは十分大きい結晶を考えると，(5-48) 式で表されるエネルギーの間隔は非常に小さなものとなる．たとえば (5-48) 式で，$a = b = c = 10^{-3}$ m とすると，

$$E_{n_x,n_y,n_z} = \frac{\hbar^2}{2m}\left(\frac{\pi}{a}\right)^2 \times 3 = \frac{(1.055 \times 10^{-34})^2}{2 \times 9.11 \times 10^{-31}} \times \left(\frac{3.14}{10^{-3}}\right)^2 \times 3 \times (n_x^2 + n_y^2 + n_z^2)$$

$$= 1.81 \times 10^{-31} \times (n_x^2 + n_y^2 + n_z^2) \tag{5-49}$$

単位は [J] であるが，固体内電子を扱うのに便利な eV で表すと，

$$E_{n_x,n_y,n_z} = 1.13 \times 10^{-12} \times (n_x^2 + n_y^2 + n_z^2)\quad [\text{eV}] \tag{5-50}$$

となる．後でもう一度検証するが，電子のエネルギー準位の間隔は十分に小さく，単位エネルギーあたりのエネルギー準位の密度で議論できることがわかる．状態密度 $Z(E)$ は，単位体積，単位エネルギーあたりの状態の数である．実際には，微小なエネルギー幅 dE の中にどれだけ状態数の増分 dN があるかということである．

$$Z(E) = \frac{dN}{dE} \tag{5-51}$$

注意してほしいのは，n_x, n_y, n_z は状態を指定する数字であり，個数を指定するものではない．ここでは個数を N で表す．1 個の状態に 1 個の電子だけが入れることを考慮し（スピンが異なるときは別の状態と考える），一次元での状態密度を n_x をパラメータとして書き表す．ある n_x で決まるエネルギー E_{n_x} よりエネ

ルギーの低い状態の数 N は，スピンを考慮して $N=2n_x$ である．すなわち，$dN/dn_x=2$ である．エネルギー E_{n_x} は $n_x{}^2$ に比例するから，n_x の増分に対するエネルギーの増分は $dE_{n_x}/dn_x \propto 2n_x \propto n_x$ となる．

$$\text{状態密度} \propto \frac{dN}{dE_{n_x}} \propto \frac{dN/dn_x}{dE_{n_x}/dn_x} \propto \frac{1}{n_x} \tag{5-52}$$

$$E_{n_x} \propto n_x{}^2, \text{ すなわち } n_x \propto \sqrt{E_{n_x}}$$

である．したがって，状態密度は $1/\sqrt{E_{n_x}}$ に比例することになる．

$$Z(E_{n_x}) \propto \frac{1}{\sqrt{E_{n_x}}} \tag{5-53}$$

これは，一次元の状態密度はエネルギーが高いほど低くなる，すなわちエネルギー準位の間隔が広がることを示している．このことは，図5.4からも明らかである．

一次元の状態密度については，n_x をパラメータとしてエネルギー準位と状態数の比例関係のみ求めたが，三次元の状態密度 $Z(E)dE$ についてもう少し詳しく見てみる．ここでは，$a=b=c$ とする．このようにしても，単位体積あたりの状態数という状態密度の定義から一般性を失うことはない．

まず，(5-48)式に $a=b=c$ をいれ，

$$E=E_{n_x,n_y,n_z}=\frac{\hbar^2\pi^2}{2ma^2}(n_x{}^2+n_y{}^2+n_z{}^2)=\frac{\hbar^2\pi^2}{2ma^2}n^2 \tag{5-54}$$

$$n^2=n_x{}^2+n_y{}^2+n_z{}^2 \tag{5-55}$$

とする．

dN と dE それぞれの n 依存性（べき乗）を調べる．n は，(n_x, n_y, n_z) という座標を考えたとき，原点からの距離に相当する．

図5.6のように，半径が n から $n+\Delta n$ になったときを考える．この中にある (n_x, n_y, n_z) の格子点の増加 dN は，増加した体積に比例する．球の表面積 $4\pi n^2$ と高さに相当する量 Δn の積をとり，さらに正の整数の (n_x, n_y, n_z) に限定すると，球の1/8だけが対象となるので，スピンも考慮し，

$$\Delta N=2\times\frac{1}{8}\times 4\pi n^2\Delta n, \text{ または } \frac{dN}{dn}=\pi n^2 \tag{5-56}$$

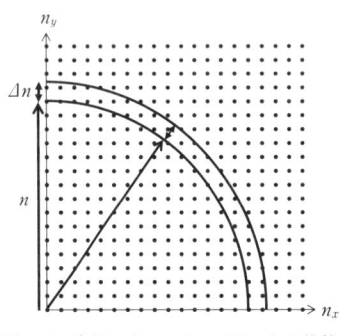

図5.6　半径 n と $n+\Delta n$ の間にある状態数の求め方

5.3 金属内に閉じ込められた電子の量子力学的扱い

$$\frac{dE}{dn} = \frac{d\left(\frac{\hbar^2\pi^2}{2ma^2}n^2\right)}{dn} = \frac{\hbar^2\pi^2}{2ma^2} \cdot 2n \quad (5\text{-}57)$$

$$\frac{dN}{dE} = \frac{\frac{dN}{dn}}{\frac{dE}{dn}} = \frac{\pi n^2}{\frac{\hbar^2\pi^2}{2ma^2} \cdot 2n} = \frac{ma^2}{\hbar^2\pi} \cdot n \quad (5\text{-}58)$$

(5-54) 式から

$$n = \frac{a\sqrt{2m}}{\hbar\pi}\sqrt{E} \quad (5\text{-}59)$$

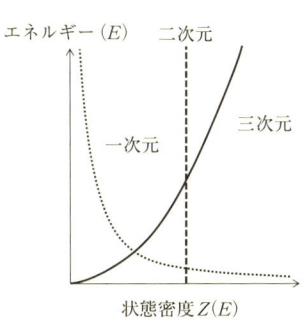

図 5.7 一次元,二次元,および三次元状態密度

状態密度は単位体積あたりなので,

$$Z(E)dE = \frac{1}{a^3}\frac{dN}{dE}dE = \frac{\sqrt{2}\sqrt{m^3}}{\hbar^3\pi^2}\sqrt{E}\,dE$$

$$(5\text{-}60)$$

と求められる.

図 5.7 に一次元,二次元,および三次元の状態密度をエネルギーを縦軸にとって示す.状態密度はエネルギーの関数なので,本来はエネルギーを横軸にとるべきであるが,金属や半導体の伝導を扱う上でエネルギーを縦軸にとることが多いため,ここでもそのようにしてある.

5.3.3 フェルミ-ディラック (Fermi-Dirac) 統計

金属内電子は特定の離散的なエネルギー準位(席)をもち,単位エネルギー・単位体積あたりのエネルギー準位の数密度が求められた.フェルミ-ディラック統計とは,それらの電子状態に,どのように電子が割り振られるかを示す統計である.三次元の箱に閉じ込められた電子のあるエネルギー準位 E_{n_x,n_y,n_z} に,電子が存在することのできる確率を温度の関数として表す.この関数をフェルミ-ディラック分布関数 (Fermi-Dirac distribution) と呼ぶ.導出は統計力学の教科書に譲り,要点のみ次に示す.

①多数の電子と多数のエネルギー準位があり,電子の全エネルギーを一定とする.

②各エネルギー準位には電子1個だけが入ることができる(異なるスピンには別々の準位を割り振る).

③電子は区別できない.個数だけを問題とする.全電子数は一定.

④上記の条件のもとで,これらの電子1個1個をエネルギー準位に配置させる

「組み合わせの数」を計算する．非常に多数の電子を扱う場合には，組み合わせの数が最も多い状態が，限りなく1に近い確率で現れる．

⑤熱力学の公式と照らし合わせて，状態の出現確率からある温度 T での分布に書き直す．

最終的にフェルミ-ディラック分布関数は次式となる．

$$f(E) = \frac{1}{e^{\frac{E-E_F}{k_B T}}+1} \tag{5-61}$$

ここで，$f(E)$ はエネルギー E の1個の準位に入っている電子の確率的な個数で，0と1の間の数である．E_F はフェルミ準位（Fermi level）またはフェルミエネルギー（Fermi energy）と呼ばれ（本書では両者を適宜用いている），準位を占める電子の確率的個数が1/2となるエネルギーで定義される．

フェルミ-ディラック分布関数で重要なのは温度依存性である．図5.8に各温度での概形を示す．ここでも縦軸をエネルギー，横軸を各エネルギー準位に電子が存在する確率としている．

(1) 絶対零度（$T=0$）のとき，図5.8(a) に示すように，

$$\begin{aligned} E \leq E_{F_0} \text{のとき} \quad f(E) &= 1 \\ E > E_{F_0} \text{のとき} \quad f(E) &= 0 \end{aligned} \tag{5-62}$$

$T=0$ でのフェルミエネルギー（E_{F_0}）以下では電子の存在確率は1，E_{F_0} 以上のエネルギーをもつ準位は空になっている．

(2) フェルミエネルギーに比べて熱エネルギーの平均が十分小さい低温

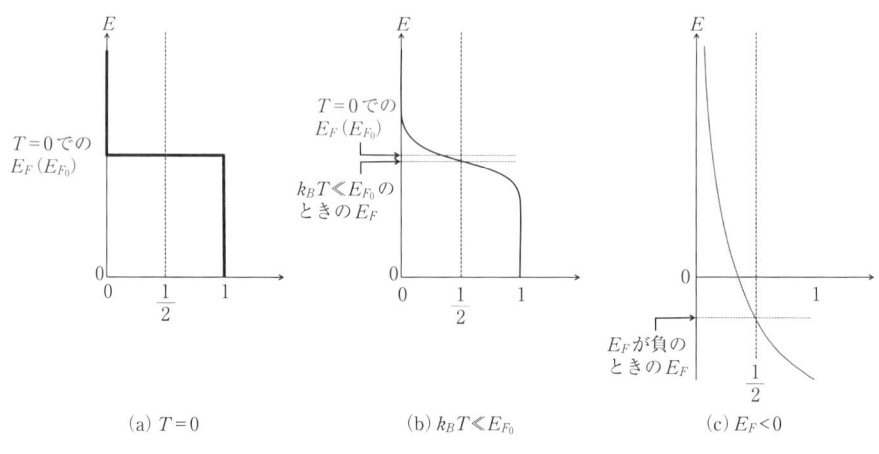

図5.8 フェルミ-ディラック統計

(a) $T=0$
(b) $k_B T \ll E_F$
(c) $E_F < 0$

5.3 金属内に閉じ込められた電子の量子力学的扱い

($k_B T \ll E_F$ が成り立つとき) では，図 5.8(b) に示すように,

$$
\begin{aligned}
&E < E_F \text{ のとき} \quad f(E) \approx 1 \\
&E_F < E \text{ のとき} \quad f(E) \approx 0 \\
&E_F \approx E \text{ のとき} \quad E \text{ が } E_F \text{ を横切る付近で } f(E) \approx 1 \text{ から} \\
&\qquad f(E) \approx 0 \text{ へ緩やかに変化する}
\end{aligned}
\tag{5-63}
$$

絶対零度から温度が上昇すると，E_F 付近の分布が緩やかになる．すなわち，E_F より少しエネルギーの低い状態にあった電子は，熱エネルギーをもらって E_F より少し高いエネルギー状態へ移る．われわれが普通に対象とする（たとえば室温）のは，この状態である．このとき，場合の数が最も多くなるようにエネルギーを各準位に分配すると，図 5.8(b) のような分布となっている．

(3) 温度が十分に高く，E_F が負になるときは，(5-61) 式の指数項の寄与が大きく，1 を省略できるので,

$$
f(E) = \frac{1}{e^{\frac{E-E_F}{k_B T}} + 1} \approx e^{\frac{E_F - E}{k_B T}}, \quad \text{ただし } E_F < 0
\tag{5-64}
$$

となる．図 5.8(c) に示すように，高いエネルギー状態まで電子が分布できるため，最低エネルギー状態でさえも電子の存在確率は 1 より小さくなる．(5-64) 式は古典統計またはボルツマン統計 (Boltsmann distribution) と同じ形になっている．

以上で注意すべきことは，分布関数はあくまであるエネルギー準位があるとき，その準位に電子が存在する確率であり，電子の個数ではない．たとえば，7 章で扱う半導体のフェルミ準位付近には電子が存在できないが，それは電子の状態密度がないからであり，もしも準位を 1 つつくったとしたら，フェルミ分布で決まる確率に従って電子が存在することになる．

ここで，金属内のフェルミエネルギー E_F を求める．E_F は電子の存在確率が 1/2 になるエネルギーであるから，電子密度が大きいほど高くなる．普通，十分大きな固体中の状態数は連続的に分布するとみなせるので，あるエネルギー E と $E+dE$ の間の状態に存在する電子数 $n(E)dE$ は，状態の数 $Z(E)dE$ と分布関数 $f(E)$ の積となる．

$$
n(E)dE = Z(E)dE \cdot f(E)
\tag{5-65}
$$

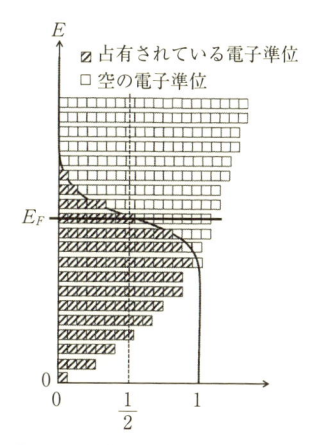

図 5.9 状態密度，フェルミ－ディラック統計，および電子数の関係

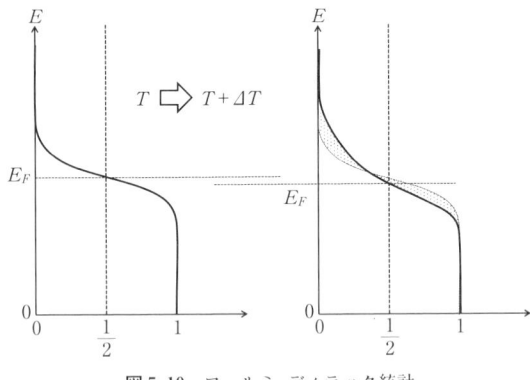

図 5.10 フェルミ-ディラック統計

全電子数は，上式を全エネルギーに関して積分したものである．図 5.9 に三次元での状態密度とフェルミ分布，および電子数の関係を示す．ハッチのかかった準位が電子数となる．

フェルミエネルギーは，(5-65) 式と自由電子密度 n から求められる．

$$n=\int_0^\infty f(E)Z(E)dE \tag{5-66}$$

(5-60)式と (5-61)式を用いて E_{F_0} を計算すると，

$$n=\frac{\sqrt{2}\sqrt{m^3}}{\hbar^3\pi^2}\int_0^{E_{F_0}}\sqrt{E}\,dE=\frac{(2m)^{\frac{3}{2}}}{3\hbar^3\pi^2}E_{F_0}^{\frac{3}{2}} \tag{5-67}$$

$$E_{F_0}=\frac{\hbar^2}{2m}(3\pi^2 n)^{\frac{2}{3}} \tag{5-68}$$

たとえば銀原子の場合，原子 1 個あたり 1 個の自由電子を出し，原子密度は $5.9\times10^{28}\,\mathrm{m}^{-3}$ なので，自由電子密度はそのまま $n=5.9\times10^{28}\,\mathrm{m}^{-3}$ としてよい．物理定数表（viii ページ）を用いて (5-68) 式を計算すると，$E_{F_0}=5.5\,\mathrm{eV}$ と求められる．

ここで自由電子による比熱を考える．古典論ではすべての自由電子が $(3/2)k_BT$ 程度のエネルギーをもつので，比熱は $(3/2)RT$ 程度になるはずであるが，実測値ははるかに小さな値である．これは，自由電子の量子論に

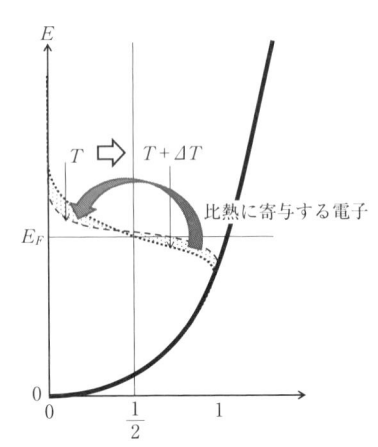

図 5.11 フェルミ-ディラック統計による金属の比熱の説明

より説明される．電子がフェルミ統計に従うとき，図 5.10 に示すように，温度が ΔT 上昇しても分布関数の変化はフェルミ準位近傍でしか起こらない．したがって，大半の電子は熱の吸収に寄与せず，図 5.11 に示すように，フェルミ準位近傍の電子が比熱に寄与するだけである．そのため，金属でも比熱は格子振動による寄与が大部分を占める．

5.4 金属の電気伝導の量子力学的扱い

電流が流れるということは，量子論的な金属模型ではどういうことかを考える．前節で扱った電子モデルは金属内に閉じ込められた電子なので，ここでは電流を記述するのに適したモデルとして図 5.12 に示す周期境界条件を適用する．出発点は 5.2 節と同様にシュレディンガー方程式

$$\left\{-\frac{\hbar^2}{2m}\left(\frac{\partial^2}{\partial x^2}+\frac{\partial^2}{\partial y^2}+\frac{\partial^2}{\partial z^2}\right)+V(x,y,z)\right\}\varphi(x,y,z)=E\varphi(x,y,z)$$

(5-18 再掲)

である．

周期境界条件では，電子に対するポテンシャルエネルギー $V(x,y,z)$ を

$$V(x,y,z)=0 \tag{5-69}$$

とし，一次元の方程式を考える．$Y(y)$，$Z(z)$ についても同様である．

$$-\frac{\hbar^2}{2m}\frac{d^2X(x)}{dx^2}=E_xX(x) \tag{5-70}$$

ここで，$X(x)$ に対する周期境界条件を次のようにおく．

$$X(x)=X(x+L) \tag{5-71}$$

三次元で表すと，

$$\varphi(x,y,z)=\varphi(x+L,y,z)=0 \quad (5\text{-}72)$$

このとき，L は結晶の格子定数に比べて十分大きいとする．

この境界条件の意味するところは，L が結晶格子に比べて十分大きければ，図 5.12 に示す L の長さをもつ領域は同じ性質をもち，したがって境界では滑らかに接続しているとしてよいということである．

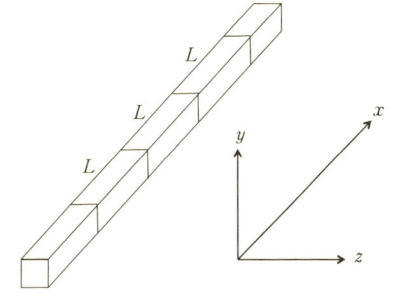

図 5.12 周期境界条件の金属モデル

(5-70) 式の解として,
$$X(x) = Ae^{ik_x x} \tag{5-73}$$
という進行波を仮定する．境界条件 (5-71) から，$Lk_x = 2\pi n_x$ すなわち
$$k_x = \frac{2\pi}{L} n_x \quad (n_x = \pm 1, \pm 2, \pm 3, \cdots) \tag{5-74}$$
が導かれる．$0 \leq x \leq L$ の領域で規格化すると,
$$A = \sqrt{\frac{1}{L}} \tag{5-75}$$
である．以上から,
$$X(x) = \sqrt{\frac{1}{L}} e^{ik_x x} = \sqrt{\frac{1}{L}} e^{i\frac{2\pi}{L} n_x x} \quad (n_x = \pm 1, \pm 2, \pm 3, \cdots) \tag{5-76}$$
三次元に拡張する場合も同様に，1 辺 L の立方体については体積を V として,
$$\varphi(x, y, z) = \sqrt{\frac{1}{V}} e^{i(k_x x + k_y y + k_z z)} \tag{5-77}$$
と書き表せる．箱の中に閉じ込められた電子は，右向きの進行波と左向きの進行波の足し合わせになっており，定在波をつくっているのに対して，周期境界条件から求められる波動関数は右向きまたは左向きの進行波である．(5-35) 式と (5-74) 式を比べると，周期境界条件の方が波数の間隔が広く密度が 1/2 になっているように見えるが，状態密度の計算では箱の中の電子は n_x, n_y, n_z の正の整数だけを数えるのに対し，周期境界条件では正負の整数を数えるので，同じ状態密度となる．

量子論的な金属モデルをわかりやすく説明するために，図 5.13 に示す二次元で考える．電界のない状態では，k_x と k_y はプラス（x, y の正方向への運動量をもつ電子）もマイナス（x, y の負方向への運動量をもつ電子）も同等に存在し，電子の平均的な運動はゼロである．したがって，k_x と k_y は原点を中心とするある半径の円の中に存在する．

今，x のプラス方向へ電界をかけたとする．すると電子は，マイナス方向への力を受ける．量子論的金属モデルでは，k_x の分布が負方向にずれたとして電子の運動を扱う．すなわち，電界中の電子はマイナス方向の運動量が増大すると考え，電流を記述する．結果はオームの法則となって古典論と同じになるが，電子に対する見方（描像）が異なる．

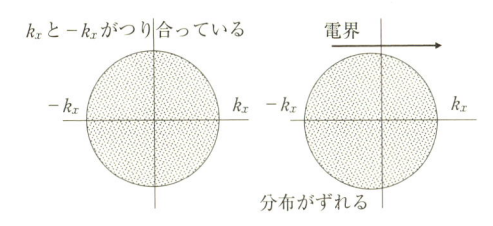

図5.13 電子を運動量で指定する量子力学的な電流の概念

5.5 仕事関数と電子放出

　真空中に置かれた金属から電子が飛び出す現象を，電子放出（electron emission）という．5.3節で用いた金属内の電子モデルでは，電子は無限大のポテンシャル障壁で金属内に閉じ込められているとした．実際には有限のポテンシャルであり，電子が何らかの原因でエネルギーを得ると，外部に飛び出すことができる．外部（真空とする）に飛び出す最低エネルギーを$q\phi$とすると，これは図5.14に示すように，金属内フェルミエネルギーE_Fと，金属外部で金属の影響が十分小さくなる距離だけ離れた場所でのポテンシャルエネルギー（真空準位）との差に相当する．電子に対する電位差ϕ（エネルギー差では$q\phi$）を仕事関数（work function）と呼ぶ．仕事関数の単位はV（エネルギー換算ではeV）であり，金属の仕事関数は2～6V程度で，多くの金属は4～5Vの値を示す．ただし，仕事関数は電子放出により測定されるが，表面の状態に敏感であり，わずかな汚染でも変動し，面方位にも依存するので注意を要する．

　仕事関数は電子放出効率に大きく影響するため，3.6節で述べた電子顕微鏡の電子源材料などにおいて重要である．また，8章で述べる金属-半導体接合においても重要であるが，この場合界面状態に強く依存するため，本来の仕事関数差によって決まるはずのエネルギー状態が仕事関数に無関係に決まったり，あるいは非常に弱い依存性しか示さなかったりすることがある．

　金属中の電子は真空中より低いエネ

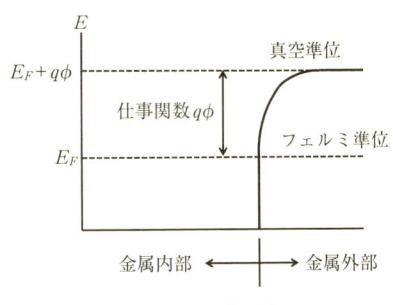

図5.14 仕事関数

ギー状態にあるが，何らかのエネルギーを得ると放出される．代表的な放出機構を以下に示す．

(1) 熱電子放出（thermionic emission）

高温の金属中で電子が熱エネルギーを得て，表面から放出される機構．高温に熱したフィラメントなど，手軽な電子放出源として広く用いられている．

(2) 光電子放出（photoemission）

紫外線やX線などのエネルギーの高い光によって電子が励起され，金属表面から外部に出てくる機構．この機構は，光電子分光（photoelectron spectroscopy）として，元素や結合状態，あるいは6章で述べる価電子帯の電子状態を調べるのに広く用いられている．

(3) 二次電子放出（secondary electron emission）

電子線を照射したときに，表面や金属内部で励起された電子が飛び出してくる機構．走査電子顕微鏡（3.6節）では，一般に二次電子を検知することにより物質の立体像を得る．

(4) 電界放出（field emission）

金属を負極として高電界を印加したときに，金属表面から直接電子が放出される現象．高輝度の微小電子源として，透過電子顕微鏡（3.6節）などに用いられている．

熱電子放出電流 i_s として，リチャードソン-ダッシュマン（Richardson-Dushman）の式

$$i_s = \frac{mqk_B^2}{2\pi^2\hbar^3}T^2 e^{-\frac{q\phi}{k_BT}} = AT^2 e^{-\frac{q\phi}{k_BT}} \tag{5-78}$$

$$A = \frac{mqk_B^2}{2\pi^2\hbar^3} = 120 \times 10^4 \text{ A m}^{-2}\text{ K}^{-2} \tag{5-79}$$

がよく用いられる．ここで，m は電子の質量，q は電子電荷，k_B はボルツマン定数，T は温度，ϕ は仕事関数である．この式は，フェルミエネルギーより $q\phi$ だけ高い運動エネルギーをもつ電子の数を計算することによって求められるが，導出については省略する．半導体と金属の接合を流れる電流の計算式などに広く用いられている．

【問　題】

1) 銀の格子定数は $a=0.41$ nm（$=4.1\times10^{-8}$ cm）である．銀の自由電子密度を求めよ．ただし，銀原子1個あたり，自由電子を1個放出しているとする．

朝倉書店〈電気・電子工学関連書〉ご案内

モータの事典
曽根 悟・松井信行・堀 洋一編
B5判 528頁 定価（本体20000円+税）（22149-7）

モータを中心とする電気機器は今や日常生活に欠かせない。本書は，必ずしも電気機器を専門的に学んでいない人でも，モータを選んで活用する立場になった時，基本技術と周辺技術の全貌と基礎を理解できるように解説。〔内容〕基礎編：モータの基礎知識／電機制御系の基礎／基本的なモータ／小型モータ／特殊モータ／交流可変速駆動／機械的負荷の特性。応用編：交通・電気鉄道／産業ドライブシステム／産業エレクトロニクス／家庭電器・AV・OA／電動機設計支援ツール／他

ペンギン電子工学辞典
ペンギン電子工学辞典編集委員会訳
B5判 544頁 定価（本体14000円+税）（22154-1）

電子工学に関わる固体物理などの基礎理論から応用に至る重要な5000項目について解説したもの。用語の重要性に応じて数行のものからページを跨がって解説したものまでを五十音順配列。なお，ナノテクノロジー，現代通信技術，音響技術，コンピュータ技術に関する用語も多く含む。また，解説に当たっては，400に及ぶ図表を用い，より明解に理解しやすいよう配慮されている。巻末には，回路図に用いる記号の一覧，基本的な定数表，重要な事項の年表など，充実した付録も収載。

電力工学ハンドブック
宅間 董・髙橋一弘・柳父 悟著
A5判 768頁 定価（本体26000円+税）（22041-4）

電力工学は発電，送電，変電，配電を骨幹とする電力システムとその関連技術を対象とするものである。本書は，巨大複雑化した電力分野の基本となる技術をとりまとめ，その全貌と基礎を理解できるよう解説。〔内容〕電力利用の歴史と展望／エネルギー資源／電力系統の基礎特性／電力系統の計画と運用／高電圧絶縁／大電流現象／環境問題／発電設備（水力・火力・原子力）／分散型電源／送電設備／変電設備／配電・屋内設備／パワーエレクトロニクス機器／超電導機器／電力応用

電子物性・材料の事典
森泉豊栄・岩本光正・小田俊理・山本 寛・川名明夫編
A5判 696頁 定価（本体23000円+税）（22150-3）

現代の情報化社会を支える電子機器は物性の基礎の上に材料やデバイスが発展している。本書は機械系・バイオ系にも視点を広げながら"材料の説明だけでなく，その機能をいかに引き出すか"という観点で記述する総合事典。〔内容〕基礎物性（電子輸送・光物性・磁性・熱物性・物質の性質）／評価・作製技術／電子デバイス／光デバイス／磁性・スピンデバイス／超伝導デバイス／有機・分子デバイス／バイオ・ケミカルデバイス／熱電デバイス／電気機械デバイス／電気化学デバイス

電子材料ハンドブック
木村忠正・八百隆文・奥村次徳・豊田太郎編
B5判 1012頁 定価（本体39000円+税）（22151-0）

材料全般にわたる知識を網羅するとともに，各領域における材料の基本から新しい材料への発展を明らかにし，基礎・応用の研究を行う学生から研究者・技術者にとって十分役立つよう詳説。また，専門外の技術者・開発者にとっても有用な情報源となることも意図する。〔内容〕材料基礎／金属材料／半導体材料／誘電体材料／磁性材料・スピンエレクトロニクス材料／超伝導材料／光機能材料／セラミックス材料／有機材料／カーボン系材料／材料プロセス／材料評価／種々の基本データ

電気電子工学シリーズ〈全17巻〉
JABEEにも配慮し，基礎をていねいに解説した教科書シリーズ

1. 電磁気学
岡田龍雄・船木和夫著
A5判 192頁 定価（本体2800円+税）（22896-0）

学部初学年の学生のためにわかりやすく，ていねいに解説した教科書。静電気のクーロンの法則から始めて定常電流界，定常電流が作る磁界，電磁誘導の法則を記述し，その集大成としてマクスウェルの方程式へとたどり着く構成とした。

2. 電気回路
香田 徹・吉田啓二著
A5判 264頁 定価（本体3200円+税）（22897-7）

電気・電子系の学科で必須の電気回路を，発学年生のためにわかりやすく丁寧に解説。〔内容〕回路の変数と回路の法則／正弦波と複素数／交流回路と計算法／直列回路と共振回路／回路に関する諸定理／能動2ポート回路／3相交流回路／他

4. 電子物性
都甲 潔著
A5判 160頁 定価（本体2800円+税）（22899-1）

電子物性の基礎から応用までを具体的に理解できるよう，わかりやすくていねいに解説した。〔内容〕量子力学の完成前夜／量子力学／統計力学／電気抵抗はなぜ生じるのか／金属・半導体・絶縁体／金属の強磁性／誘電体／格子振動／光物性

5. 電子デバイス工学
宮尾正信・佐道泰造著
A5判 120頁 定価（本体2400円+税）（22900-4）

集積回路の中心となるトランジスタの動作原理に焦点をあてて，やさしく，ていねいに解説した。〔内容〕半導体の特徴とエネルギーバンド構造／半導体のキャリア／電気伝導／バイポーラトランジスタ／MOS型電界効果トランジスタ／他

6. 機能デバイス工学
松山公秀・圓福敬二著
A5判 160頁 定価（本体2800円+税）（22901-1）

電子の多彩な機能を活用した光デバイス，磁気デバイス，超伝導デバイスについて解説する。これらのデバイスの背景には量子力学，統計力学，物性論など共通の学術基盤がある。〔内容〕基礎物理／光デバイス／磁気デバイス／超伝導デバイス

7. 集積回路工学
浅野種正著
A5判 176頁 定価（本体2800円+税）（22902-8）

問題を豊富に収録し丁寧にやさしく解説〔内容〕集積回路とトランジスタ／半導体の性質とダイオード／MOSFETの動作原理・モデリング／CMOSの製造プロセス／ディジタル論理回路／アナログ集積回路／アナログ・ディジタル変換／他

9. ディジタル電子回路
肥川宏臣著
A5判 184頁 定価（本体2900円+税）（22904-2）

ディジタル回路の基礎からHDLも含めた設計方法まで，わかりやすくていねいに解説した。〔内容〕論理関数の簡単化／VHDLの基礎／組合せ論理回路／フリップフロップとレジスタ／順序回路／ディジタル-アナログ変換／他

11. 制御工学
川邊武俊・金井喜美雄著
A5判 160頁 定価（本体2600円+税）（22906-6）

制御工学を基礎からていねいに解説した教科書。〔内容〕システムの制御／線形時不変システムと線形常微分方程式，伝達関数／システムの結合とブロック図／線形時不変システムの安定性，周波数応答／フィードバック制御系の設計技術／他

12. エネルギー変換工学
小山 純・樋口 剛著
A5判 192頁 定価（本体2900円+税）（22907-3）

電気エネルギーは，クリーンで，比較的容易にしかも効率よく発生，輸送，制御できる。本書は，その基礎から応用までをわかりやすく解説した教科書。〔内容〕エネルギー変換概説／変圧器／直流機／同期機／誘導機／ドライブシステム

13. 電気エネルギー工学概論
西嶋喜代人・末廣純也著
A5判 196頁 定価（本体2900円+税）（22908-0）

学部学生のために，電気エネルギーについて主に発生，輸送と貯蔵の観点からわかりやすく解説した教科書。〔内容〕エネルギーと地球環境／従来の発電方式／新しい発電方式／電気エネルギーの輸送と貯蔵／付録：慣用単位の相互換算など

17. ベクトル解析とフーリエ解析
柁川一弘・金谷晴一著
A5判 180頁 定価（本体2900円+税）（22912-7）

電気・電子・情報系の学科で必須の数学を，初学年生のためにわかりやすく，ていねいに解説した教科書。〔内容〕ベクトル解析の基礎／スカラー場とベクトル場の微分・積分／座標変換／フーリエ級数／複素フーリエ級数／フーリエ変換

電気・電子工学基礎シリーズ〈全21巻〉
大学学部および高専の電気・電子系の学生向けに平易に解説した教科書

2. 電磁エネルギー変換工学
松木英敏・一ノ倉 理著
A5判 180頁 定価(本体2900円+税) (22872-4)

電磁エネルギー変換の基礎理論と変換機器を扱う上での基礎知識および代表的な回転機の動作特性と速度制御法の基礎について解説。〔内容〕序章/電磁エネルギー変換の基礎/磁気エネルギーとエネルギー変換/変圧器/直流機/同期機/誘導機

5. 高電圧工学
安藤 晃・犬竹正明著
A5判 192頁 定価(本体2800円+税) (22875-5)

広範なる工業生産分野への応用にとっての基礎となる知識および技術を解説。〔内容〕気体の性質と荷電粒子の基礎過程/気体・液体・固体中の放電現象と絶縁破壊/パルス放電と雷現象/高電圧の発生と計測/高電圧機器と安全対策/高電圧応用

6. システム制御工学
阿部健一・吉澤 誠著
A5判 164頁 定価(本体2800円+税) (22876-2)

線形系の状態空間表現、ディジタルや非線形制御系および確率システムの制御の基礎知識を解説。〔内容〕線形システムの表現/線形システムの解析/状態空間法によるフィードバック系の設計/ディジタル制御/非線形システム/確率システム

7. 電気回路
山田博仁著
A5判 176頁 定価(本体2600円+税) (22877-9)

電磁気学との関係について明確にし、電気回路学に現れる様々な仮定や現象の物理的意味について詳述した教科書。〔内容〕電気回路の基本法則/回路素子/交流回路/回路方程式/線形回路において成り立つ諸定理/二端子対回路/分布定数回路

8. 通信システム工学
安達文幸著
A5判 180頁 定価(本体2800円+税) (22878-6)

図を多用し平易に解説。〔内容〕構成/信号のフーリエ級数展開と変換/信号伝送とひずみ/信号対雑音電力比と雑音指数/アナログ変調(振幅変調、角度変調)/パルス振幅変調・符号変調/ディジタル変調/ディジタル伝送/多重伝送、他

10. フォトニクス基礎
伊藤弘昌編著
A5判 228頁 定価(本体3200円+税) (22880-9)

基礎的な事項と重要な展開について、それぞれの分野の専門家が解説した入門書。〔内容〕フォトニクスの歩み/光の基本的性質/レーザの基礎/非線形光学の基礎/光導波路・光デバイスの基礎/光デバイス/光通信システム/高機能光計測

11. プラズマ理工学基礎
畠山力三・飯塚 哲・金子俊郎著
A5判 196頁 定価(本体2900円+税) (22881-6)

物質の第4状態であるプラズマの性質、基礎的手法やエネルギー・材料・バイオ工学などの応用に関して図を多用し平易に解説した教科書。〔内容〕基本特性/基礎方程式/静電的性質/電磁的性質/生成の原理/生成法/計測/各種プラズマ応用

15. 量子力学基礎
末光眞希・枝松圭一著
A5判 164頁 定価(本体2600円+税) (22885-4)

量子力学成立の前史から基礎的応用まで平易解説。〔内容〕光の謎/原子構造の謎/ボーアの前期量子論/量子力学の誕生/シュレーディンガー方程式と波動関数/物理量と演算子/自由粒子の波動関数/1次元井戸型ポテンシャル中の粒子/他

16. 量子力学 ―概念とベクトル・マトリクス展開―
中島康治著
A5判 200頁 定価(本体2800円+税) (22886-1)

量子力学の概念や枠組みを理解するガイドラインを簡潔に解説。〔内容〕誕生と概要/シュレーディンガー方程式と演算子/固有方程式の解と基本的性質/波動関数と状態ベクトル/演算子とマトリクス/近似的方法/量子現象と多体系/他

17. コンピュータアーキテクチャ ―その組み立て方と動かし方をつかむ―
丸岡 章著
A5判 216頁 定価(本体3000円+税) (22887-8)

コンピュータをどのように組み立て、どのように動かすのかを、予備知識がなくても読めるよう解説。〔内容〕構造と働き/計算の流れ/情報の表現/論理回路と記憶回路/アセンブリ言語と機械語/制御/記憶階層/コンピュータシステムの制御

18. 画像情報処理工学
塩入 諭・大町真一郎著
A5判 148頁 定価(本体2500円+税) (22888-5)

人間の画像処理と視覚特性の関連および画像処理技術の基礎を解説。〔内容〕視覚の基礎/明度知覚と明暗画像処理/色覚と色画像処理/画像の周波数解析と視覚処理/画像の特徴抽出/領域処理/二値画像処理/認識/符号化と圧縮/動画像処理

21. 電子情報系の 応用数学
田中和之・林 正彦・海老澤丕道著
A5判 248頁 定価(本体3400円+税) (22891-5)

専門科目を学習するために必要となる項目の数学的定義を明確にし、例題を多く入れ、その解法を可能な限り詳細かつ平易に解説。〔内容〕フーリエ解析/複素関数/複素積分/複素関数の微分/ラプラス変換/特殊関数/2階線形偏微分方程式

朝倉電気電子工学大系
それぞれの研究領域の高みへと誘う本格的専門書シリーズ

1. 気体放電論
原 雅則・酒井洋輔著
A5判 368頁 定価（本体6500円+税）（22641-6）

気体放電現象の基礎過程から放電機構・特性・形態の理解へと丁寧に説き進める上級向け教科書。〔内容〕気体論／放電基礎過程／平等電界ギャップの火花放電／不平等電界ギャップの火花放電／グロー放電／アーク放電／シミュレーション

2. バリア放電
八木重典編
A5判 272頁 定価（本体5200円+税）（22642-3）

バリア放電の産業応用を長年牽引してきた執筆陣により、その現象と物理、実験データ、応用を詳説。〔内容〕放電の基礎／電子衝突と運動論／バリア放電の諸現象／バリア放電の物理モデル／オゾン生成への応用／CO_2レーザーへの応用／展望

3. 磁気工学の有限要素法
高橋則雄著
A5判 320頁 定価（本体6000円+税）（22643-0）

電子物性の基礎から応用までを具体的に理解できるよう、わかりやすくていねいに解説した。〔内容〕量子力学の完成前夜／量子力学／統計力学／電気抵抗はなぜ生じるのか／金属・半導体・絶縁体／金属の強磁性／誘電体／格子振動／光物性

5. 結晶成長
西永 頌著
A5判 264頁 定価（本体5500円+税）（22645-4）

トランジスタやレーザー等を支える基盤技術である結晶成長のメカニズムを第一人者が詳しく解説。〔内容〕準備／結晶の表面／核形成／表面拡散と結晶成長／安定性／巨大ステップ／結晶面間の表面拡散／偏析／MCE／宇宙での成長／他

電子物性 ―電子デバイスの基礎―
浜口智尋・森 伸也著
A5判 224頁 定価（本体3200円+税）（22160-2）

大学学部生・高専学生向けに、電子物性から電子デバイスまでの基礎をわかりやすく解説した教科書。近年目覚ましく発展する分野も丁寧にカバーする。章末の演習問題には解答を付け、自習用・参考書としても活用できる。

電気データブック
電気学会編
B5判 520頁 定価（本体16000円+税）（22047-6）

電気工学全般に共通な基礎データ、および各分野で重要でかつあれば便利なデータを論文などの際に役立つ座右の書。データに関わる文章、たとえばデータの定義および解説を簡潔にまとめた

太陽電池の基礎と応用 ―主流である結晶シリコン系を題材として―
菅原和士著
A5判 212頁 定価（本体3500円+税）（22050-6）

現在、市場で主流の結晶シリコン系太陽電池の構造から作製法、評価までの基礎理論を学生から技術者向けに重点的に解説。〔内容〕太陽電池用半導体基礎物性／発電原理／素材の作製／基板の仕様と洗浄／反射防止膜の物性と形成法評価技術／他

電気電子情報のための線形代数
奥村浩士著
A5判 228頁 定価（本体3500円+税）（11145-3）

電気・電子・情報系の大学1,2年生・高専生に、線形代数がどのように活用されるのかを詳述。〔内容〕ベクトル／行列／行列式／連立一次方程式と行列の階数／一次変換／行列の対角化とその応用／スカラー積と二次形式／演習問題解答

事例で学ぶ数学活用法
大熊政明・金子成彦・吉田英生編
A5判 304頁 定価（本体5200円+税）（11142-2）

具体的な活用例を通して数学の使い方を学び、考え方を身につける。〔内容〕音響解析（機械工学×微積分）／人のモノの見分け方（情報×確率・統計）／半導体中のキャリアのパルス応答（電気×微分方程式）／細胞径分布／他

ISBN は 978-4-254- を省略

（表示価格は2015年4月現在）

朝倉書店
〒162-8707　東京都新宿区新小川町6-29
電話　直通（03）3260-7631　FAX（03）3260-0180
http://www.asakura.co.jp　eigyo@asakura.co.jp

13-15

2) 銀の抵抗率は，$\rho = 1.6 \times 10^{-8}\,\Omega\,\mathrm{m}$ である．導電率 $\sigma\,[\mathrm{S\,m^{-1}}]$ と移動度 $\mu\,[\mathrm{m^2 V^{-1} s^{-1}}]$ を求めよ．
3) 問題2) を用いて，電子が散乱を受けずに自由走行する平均時間を求めよ．
4) 銀の0Kでのフェルミエネルギーを求めよ．
5) 周期境界条件 $\varphi(x,y,z) = \varphi(x+L,y,z) = 0$ (y, z についても同様) で求めた状態の電子のエネルギーが次式で表されることを示せ．
$$E_n = \frac{\hbar^2}{2m}\left(\frac{2\pi}{L}\right)^2 (n_x^2 + n_y^2 + n_z^2)$$
またこのとき，最低エネルギー $n^2 = n_x^2 + n_y^2 + n_z^2 = 3$ には，何個の (n_x, n_y, n_z) の組が含まれているかを求めよ．さらに，$7 < n^2 = n_x^2 + n_y^2 + n_z^2 < 12$ を満たす n の組の数を示せ．

6. 固体のエネルギーバンド理論

　送電線や電子デバイスの配線に用いられているのは銅（Cu）であり，その抵抗率は室温で 1.7×10^{-8} Ω m 程度である．一方，半導体デバイスで絶縁層に使われているシリコン酸化膜（SiO_2）は 10^{16} Ω m 程度であるので，その差は 24 桁にも及ぶ．これは物質の性質の中でも際立っており，そのため極めて低消費電力で高性能の集積回路が実現している．この大きな抵抗率差を生み出しているのは，物質のもつバンド構造である．エネルギーバンドに関して，全く異なる下記の考え方がある．
　①原子の結合によるエネルギーバンドの発生
　②周期構造によるエネルギーバンドの発生
以下にその詳細を述べる．

6.1　結合力によるエネルギーバンドの発生

　2 章で述べたように，原子が接近し各原子の外殻電子がもつとびとびのエネルギー準位が隣の原子に属する電子のエネルギー準位と重なり合うと，エネルギー準位は分裂する．これは 2 原子であっても起こり，たとえば水素の共有結合では，高いエネルギー（反結合軌道）と低いエネルギー（結合軌道）に分裂し，双方の電子が低い準位を占めることによって結合力が生まれる．2 原子の分子では各エネルギー準位は幅をもたないが，多数の原子が集まると反結合軌道と結合軌道はほぼ連続的な準位が重なり合ったバンドを形成する．この過程を，共有結合の形成過程を例にして図 6.1 に示す．ここでは理解しやすいように平面的に描いてある．図 6.1(b) に示す 2 個の電子準位をもつ結合手に対して，1 個の電子しかない場合の共有結合を考える．最外殻の電子のエネルギー準位は，2 個の原子の接近に伴い分裂するが，電子準位の総数は一定であるため，2 個の高い準位と 2 個の低い準位が形成される．それぞれの原子に属していた電子 2 個は両者とも低い方の準位に入り，結合力が生まれる．図 6.1(c) に示すように多数の原子が接近すると，電子の席が重なり合い，エネルギーの高い状態と低い状態がやはり形成される．Si の場合，1 つの原子にそのような結合手が 4 個存在し，原子 1 個

6.2 周期構造によるエネルギーバンドの発生

(a) 孤立原子
(b) 2原子の接近による共有結合
(c) 多数の原子の接近による共有結合
(d) エネルギーバンドの形成

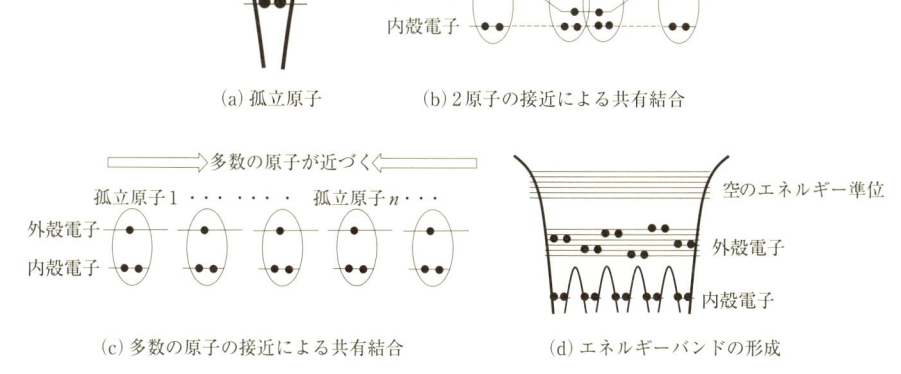

図 6.1 結合力によるエネルギーバンドの形成

あたり4個の高いエネルギー準位と4個の低いエネルギー準位が形成される．共有結合電子の波動関数は互いに遠ざかるように正四面体の頂点方向に広がるが，それぞれの波動関数の重なりは存在し，多数の原子が集まると，わずかにエネルギー間隔の異なる準位がほぼ連続的に集まったエネルギーバンドが形成される（図 6.1(d)）．このとき，内殻電子は外殻電子によって電気的に遮蔽されており，隣り合う原子であっても相互作用は小さく，内殻電子のエネルギー準位はわずかに変化するだけである．しかし，このわずかなエネルギーの変化を測定することによって，ある原子が同種または異種の原子とつくる結合状態を調べることができる．この方法は，X線光電子分光（X-ray photoelectron spectroscopy）として広く用いられている．

6.2　周期構造によるエネルギーバンドの発生

前節で述べたように，何らかの結合状態が生まれればエネルギーバンドは形成されるが，結晶中の電子のエネルギー状態は，周期ポテンシャル中の電子として表すことの方が一般的である．

前章では金属中の電子を自由電子として扱ったが，実際には金属を含む結晶中の原子は電子に対して周期ポテンシャルを形成している．電子はその中を運動するため，周期ポテンシャルの影響を常に受けているが，ここでは三次元周期ポテ

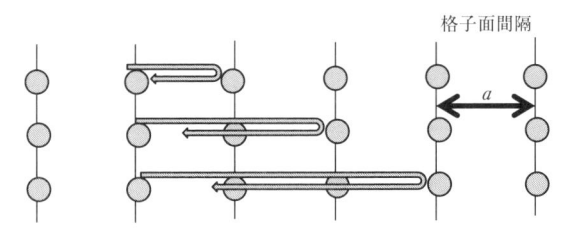

図6.2 周期ポテンシャル中の電子の全反射

ンシャル中を運動する電子とし，5.4節で述べた周期境界条件で記述される電子に格子間隔 a のポテンシャルの周期性のみを導入することにする．この場合，電子は次の進行波で表される．

$$\varphi(x, y, z) = Ae^{i(k_x x + k_y y + k_z z)} \tag{6-1}$$

このように波動として表される電子が周期ポテンシャル中を運動すると，3.6節で述べたX線構造解析と同様に干渉が起こる．図6.2のような結晶中を波長 λ（波数 $k = 2\pi/\lambda$）の電子が伝搬しているとき，

$$2a \sin \theta = n\lambda \tag{6-2}$$

のブラッグ回折条件を満たすと反射波は強め合う．図6.2では $\theta = 90°$ である．結晶格子は多数の反射面からなるため，(6-2) 式を満たす波長の電子，すなわち $k = 2\pi/\lambda$ の電子は理想的には全反射を受ける．しかし，反射された電子は再び反対方向へ全反射されるため，結局結晶中を伝搬できず，定在波となる．

一次元の定在波からバンド構造が形成される過程を調べる．全反射を受けるとき，(6-2) 式で $n=1$, $\sin \theta = 1$ の場合を考えると（図6.2），

$$k = \frac{2\pi}{\lambda} = \frac{\pi}{a} \tag{6-3}$$

進行波は，5.4節で述べたように，

$$X(x) = Ae^{ik_x x} = Ae^{i\frac{\pi}{a} n_x x} \quad (n_x = \pm 1, \pm 2, \pm 3, \cdots) \tag{6-4}$$

と記述され，右向きと左向きの進行波が存在する．したがって，定在波として

$$\varphi(+) = A(e^{ik_x x} + e^{-ik_x x}) = 2A \cos\left(\frac{\pi}{a}\right)x \tag{6-5}$$

$$\varphi(-) = A(e^{ik_x x} - e^{-ik_x x}) = 2iA \sin\left(\frac{\pi}{a}\right)x \tag{6-6}$$

の両者が発生する．図6.3に，結晶中の原子と (6-5)，(6-6) 式との関係を示す．(6-5) 式は，任意の原子位置を原点にとると，波動関数の極大（波動関数の

6.2 周期構造によるエネルギーバンドの発生

$$\varphi(+) = 2A\cos\left(\frac{\pi}{a}\right)x$$

最大振幅がプラスイオンの位置
→低いエネルギー

$$\varphi(-) = 2iA\sin\left(\frac{\pi}{a}\right)x$$

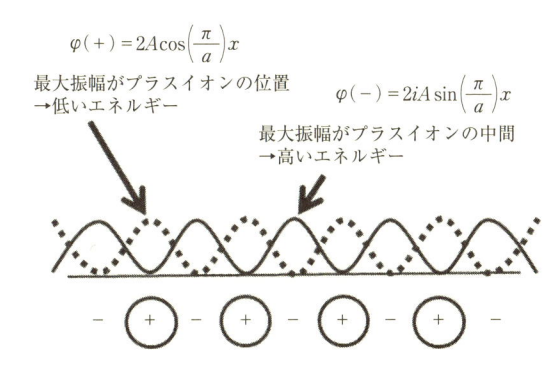

最大振幅がプラスイオンの中間
→高いエネルギー

図 6.3 周期ポテンシャルによるバンドギャップの発生

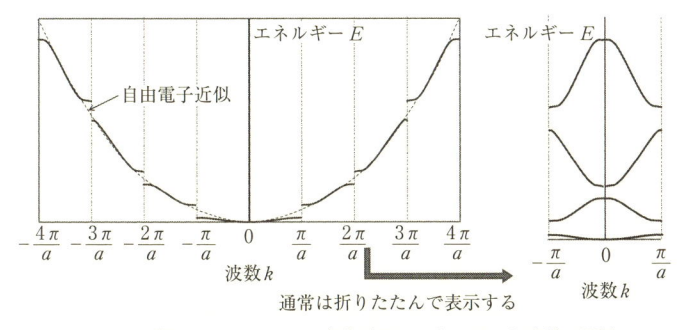

図 6.4 周期ポテンシャル中の自由電子のエネルギーと波数の関係

絶対値の2乗であることに注意）と原子位置が一致する．すなわち，負電荷の電子の存在確率が正電荷の原子位置で極大をとるので，エネルギーの低い状態である．一方 (6-6) 式は，波動関数の極大が原子間に存在するため，エネルギーの高い状態である．このようなエネルギー準位の分裂は，

$$k = 2n_x\frac{\pi}{\lambda} = n_x\frac{\pi}{a} \quad (n_x = \pm 1, \pm 2, \pm 3, \cdots) \tag{6-7}$$

で生じているため，波数とエネルギーの関係に図 6.4 に示すようなとびが現れる．以上をまとめると，電子のエネルギー準位は，周期性による全反射条件を満たす $k = n_x\pi/a$ で高いエネルギーと低いエネルギーに分裂し，したがって状態密度にも電子の存在できないエネルギー領域が発生する．これを禁制帯と呼び，その幅をバンドギャップ（bandgap）と呼ぶ．

6.3 固体内電子のバンド構造

　結晶格子の周期ポテンシャル中の電子には，許容されるエネルギーにとびが現れる．一般に，電子の波数 k，または運動量 $\hbar k$ とエネルギーの関係を電子のバンド構造という．図 6.4 に示すように，エネルギーのとびは $k=n_x\pi/a$ を満たす波数で生じる．エネルギー準位が連続している領域を，格子振動の場合と同じようにブリルアン帯（Brillouin zone）といい，$-\pi/a \leq k \leq \pi/a$ を第 1 ブリルアン帯，$-2\pi/a \leq k \leq -\pi/a$ および $\pi/a \leq k \leq 2\pi/a$ を第 2 ブリルアン帯，$-3\pi/a \leq k \leq -2\pi/a$ および $2\pi/a \leq k \leq 3\pi/a$ を第 3 ブリルアン帯と呼ぶ．バンド構造は，ブリルアン帯の端で折り返すと見やすく，また右向きと左向きの電子を 1 つのバンドにまとめられるため，図 6.4 右のように表示する．格子振動でもブリルアン帯は定義できたが，実際には原子は空間的にとびとびの位置にしか存在せず，第 1 ブリルアン帯しか意味をもたなかった．一方で電子の波動関数は，結晶全体に存在確率をもつ波なので，高次のブリルアン帯まで存在する．

　一次元結晶のブリルアン帯は区切られた線であり境界は点であったが，二次元結晶のブリルアン帯は平面の領域となり境界は線で表せる．結果だけ記すと，二次元立方格子に対して図 6.5 に示すブリルアン帯が描ける．ここで立方格子といっているのは，三次元正方晶は異なる長さの格子をもち，図 6.5 は三次元では立

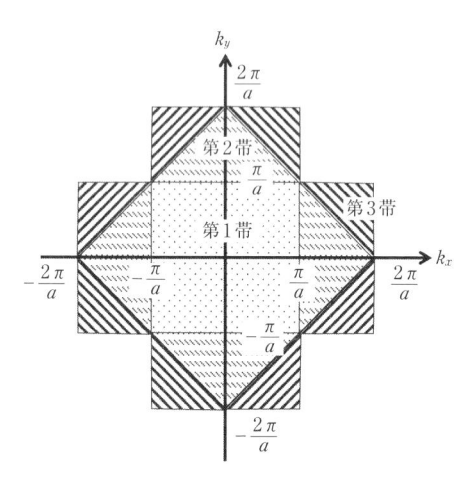

図 6.5　二次元立方格子のブリルアン帯

6.3 固体内電子のバンド構造　　87

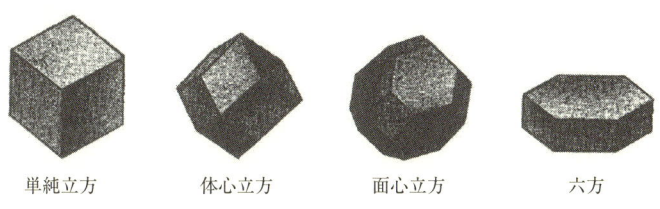

単純立方　　体心立方　　面心立方　　六方

図 6.6 三次元結晶の第1ブリルアン帯

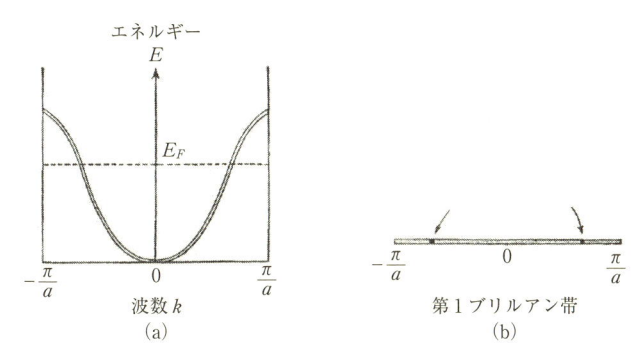

図 6.7 一次元結晶のフェルミ面
(a) 電子は，E-k 曲線にそってフェルミエネルギー E_F の準位まで満たしている．(b) 一次元格子では，等しいフェルミエネルギーをもつ波数 k の値は，ブリルアン帯上の点で示される（矢印）．

方晶に対応することを示すためである．立方格子の第1ブリルアン帯は $k_x=\pm\pi/a$ と $k_y=\pm\pi/a$ で囲まれた領域，第2ブリルアン帯は $k_x+k_y=\pm2\pi/a$，$k_x-k_y=\pm2\pi/a$ を満たす4本の直線と $k_x=\pm\pi/a$ および $k_y=\pm\pi/a$ の4本，計8本の直線で囲まれた領域となる．これらの直線上では，反射波が全反射条件を満たし，定在波が発生することが確かめられる．さらに三次元結晶では，ブリルアン帯は面で囲まれた空間となり，境界は多面体となる．いくつかの三次元結晶の第1ブリルアン帯だけを表示すると，図 6.6 のようになる．

　結晶内の電子状態は離散的な準位をもち，十分大きい結晶（たとえば $1\mu\mathrm{m}$ 以上）ではほぼ連続的に分布するが，単位体積・単位エネルギーあたりの状態の数は有限である．電子は低い準位から順に占め，フェルミエネルギーを境に占有数が1から0になる．このエネルギーをバンド構造図で示した面をフェルミ面と呼ぶ．図 6.7 に一次元結晶のフェルミ面を示す．この場合はフェルミ面はエネルギーと波数の関係を示す曲線状の点である．二次元結晶のフェルミ面は，図 6.8 に

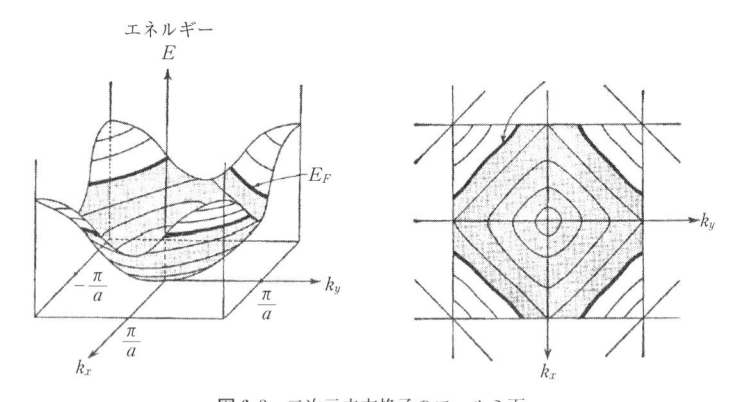

図6.8　二次元立方格子のフェルミ面
二次元立方格子では，等しいフェルミエネルギーをもつ k の値は，ブリルアン帯上の線で示される（右図矢印）．

示すように (k_x, k_y) を座標とする曲面上の線で，三次元ではエネルギーを描くことはできないが，(k_x, k_y, k_z) を座標軸とする面となる．

6.4　結晶内電子の運動と有効質量

　前節までは，周期ポテンシャル中の電子のエネルギー準位に関する取り扱いであった．ここでは，結晶ポテンシャル中の電子に電界が作用したときの電子の運動を考える．周期ポテンシャル中の電子は波動として扱われるが，電気伝導現象を記述する上で，古典粒子のように扱うと便利なことが多い．そのため，波動で扱われる電子の質量を有効質量で置き換えることにより，電子を粒子として扱う．ただし，この場合も電子は位置によって指定されているのではなく，波数（または運動量）によって指定されていることに注意する．

　速度が一定の波は $v=\lambda \times \nu = 2\pi/k \times \omega/2\pi = \omega/k$（速度＝波長×振動数）であるが，速度が波数によって異なるとき，波の速度 v は次式で与えられる群速度になる．

$$v = \frac{d\omega}{dk} \tag{6-8}$$

電子の波動関数は，角振動数 ω と波数 k は比例しておらず，特にブリルアン帯の端では傾きがゼロになっている．

　一方，波としての電子のエネルギー $E(k)$ は，

6.4 結晶内電子の運動と有効質量

$$E = \hbar\omega \tag{6-9}$$

したがって，(6-8) 式と (6-9) 式から

$$v = \frac{1}{\hbar}\frac{dE}{dk} \tag{6-10}$$

電界 F（エネルギーと区別するため F とする）の中で，状態 k の電子が dt の間に電界から受け取るエネルギー dE は，（力）×（移動距離）であるから，

$$dE = -qFvdt = -\left(\frac{qF}{\hbar}\right)\left(\frac{dE}{dk}\right)dt \tag{6-11}$$

一方，

$$dE = \left(\frac{dE}{dk}\right)dk = -\left(\frac{qF}{\hbar}\right)\left(\frac{dE}{dk}\right)dt \tag{6-12}$$

したがって，(6-12) 式から

$$\left(\frac{dE}{dk}\right)\frac{dk}{dt} = -\left(\frac{qF}{\hbar}\right)\left(\frac{dE}{dk}\right) \tag{6-13}$$

(6-13) 式から

$$\frac{dk}{dt} = -\frac{qF}{\hbar} \tag{6-14}$$

と書けるので，(6-10) 式を時間で微分し，(6-14) 式を用いることにより，

$$\frac{dv}{dt} = \frac{1}{\hbar}\frac{d^2E}{dk^2}\frac{dk}{dt} = -\left(\frac{1}{\hbar^2}\right)\left(\frac{d^2E}{dk^2}\right)qF \tag{6-14}$$

を得る．古典的な運動方程式，

$$\frac{dv}{dt} = -\frac{1}{m}qF \tag{6-15}$$

と比較すると，以下のように対応する．

$$m^* = \frac{\hbar^2}{\left(\dfrac{d^2E}{dk^2}\right)} \tag{6-16}$$

結晶中の波としての電子は，質量 m^* の粒子のように運動する．この m^* が有効質量である．以上は，

$$E = \frac{\hbar^2}{2m}k^2 \tag{6-17}$$

とはなっていないときでも成立する，一般性のある導出である．

図 6.9 は，5 章で扱った自由電子と本章で扱っている周期ポテンシャル中の電子のバンド構造，速度，有効質量を波数に対して描いた図である．自由電子では速度は波数に比例し，有効質量は一定値をとる．一方，周期ポテンシャル中の電

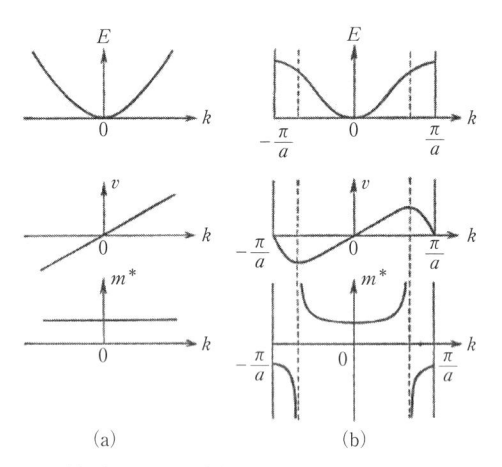

図6.9 (a) 自由電子と (b) 周期ポテンシャル中を運動する電子のエネルギー，速度および有効質量の波数依存性

子は，波数が小さいときは自由電子とよく似たふるまいを示すが，ブリルアン帯の端に近づくある点で，波数に対するエネルギーの二次微分が正から負に転じる．すなわち，(6-16) 式で表される有効質量が無限大になり，その点より大きい波数に対しては m^* が負になる．電子は正の質量と負の電荷をもつので，電界方向と逆向きの力を受けるが，質量が負で電荷も負の場合，電界方向の力を受けることになる．負の質量というのは扱いにくいので，このような粒子は正の質量と正の電荷をもつと考えた方がよい．このような粒子を，正孔 (positive hole) または単にホールと呼ぶ．その意味は，電子がほぼ詰まっているバンドにおいて，電子の抜けたエネルギー準位が，あたかも正の電荷をもつ粒子のようにふるまうということである．半導体デバイスにおいてホールは重要な役割を果たすため，次章以降で再度詳しく取り上げる．有効質量は電気伝導現象だけでなく，比熱や磁化率，光との相互作用など，多くの現象で電子の性質をよく記述する．

6.5 金属・半導体・絶縁体

物質を電気伝導によって分類すると，よく電子を通す導電体 (conductor)，電気抵抗の高い絶縁体 (insulator)，およびその中間的な導電率を示す半導体 (semiconductor) に分けられる．半導体は，抵抗率が導電体と絶縁体の中間であると同時に，その値が不純物や外部からの刺激によって大きく変化するという

6.5 金属・半導体・絶縁体

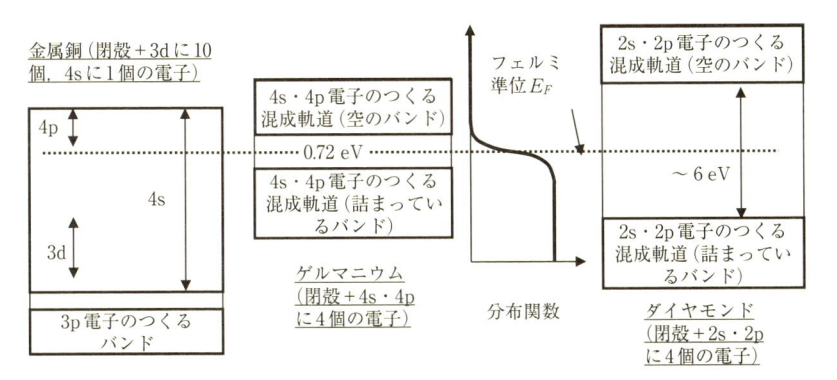

図6.10 金属，半導体，絶縁体のバンド構造

特徴がある．この性質は，バンド構造による．

本章で述べた電子のエネルギーバンドを，特に意味をもたない物質中の位置を横軸とし，縦軸を電子のエネルギー準位として描くことにする．図6.10に，金属の銅，ゲルマニウム，ダイヤモンドのエネルギーバンドを示す．描かれている銅のエネルギーバンドのうち，2番目にエネルギーの高いバンドは3p電子がつくっており，エネルギー準位は完全に詰まっている．3pバンドのつくるバンドの上には電子の準位がないバンドギャップがあり，さらにその上のエネルギーバンドは3d，4s，4p電子からなる混成軌道である．このバンドにおいては，3d軌道は完全に電子が詰まっており，4s軌道は一部が電子で占められている．すなわち，フェルミ準位はエネルギーバンドの中に位置する．この場合，連続的なエネルギーバンドの中で電子は自由に動くことができ，電気伝導性が高いという金属の性質を示す．

ゲルマニウムの場合，フェルミ準位近傍に4sと4p電子からなる2つのエネルギーバンド（sp³混成軌道）が形成され，その間にバンドギャップが存在する．電子は下のバンドを完全に埋める数だけ存在するので，下のバンドは電子の詰まったバンドとなり，上のバンドは空のバンドとなる．フェルミ準位はバンドギャップの中に位置する．この場合，もし純粋なゲルマニウムで低温であれば動ける電子はほとんどないことになるため，電気的には絶縁体であるが，室温では下のバンドから上のバンドに熱的に励起される電子が存在するため，ある程度の電気伝導性が現れる．このような物質を半導体と，また下側のバンド（充満帯）を価電子帯（covalent band），上側のバンドを伝導帯（conduction band）と呼

ぶ．

　ダイヤモンドでは，基本的にはゲルマニウムと同じバンドが形成されており，違いはゲルマニウムの 4s-4p 混成軌道の代わりに炭素の 2s-2p 混成軌道になっているだけである．しかし，バンドギャップが 6 eV 程度と，ゲルマニウムの 0.72 eV よりはるかに大きい．そのため，室温で励起される電子の数は極めて少なく，電気的には絶縁体となる．以上のように，半導体と絶縁体とに本質的な違いはなく，バンドギャップの大きさで分類されるだけである．一方でフェルミ–ディラック統計では，電子の存在確率の違いは極めて大きくなり，金属から半導体を経て絶縁体まで，抵抗率には 24 桁もの違いが生じている．

　なお，価電子帯と伝導帯とがわずかに重なり，価電子帯から伝導帯へ電子が移動したため，金属的性質をもつようになった物質も存在する．これらは半金属と呼ばれる．また，グラファイトから剥離された原子一層の二次元物質も，価電子帯と伝導帯とが連続したエネルギーバンド構造をもち，その境界のフェルミ準位で状態密度がゼロになるため，半金属的な性質をもつ．このような場合も含めて，電気伝導を決めているのは，第一にフェルミ準位近傍の状態密度である．

【問　題】

1) Si を酸化すると SiO_2 膜となる．Si あるいは SiO_2 に X 線を照射して，Si の内殻（たとえば 2p）電子を励起すると電子が表面から放出される．放出された電子は，Si と SiO_2 ではわずかに異なるエネルギーをもつ．その理由を考察せよ．Si が酸化されると Si 原子には電子を引き付けやすい酸素が結合し，Si は正に帯電することを考慮する．

7. 半導体の導電現象

　物質の性質を電子のバンド構造によって分類すると，フェルミ準位での状態密度がゼロかゼロでないかによって，絶縁体か金属かに分類される．その意味においては半導体は絶縁体であるが，バンドギャップが小さいために絶縁体とは大きく異なる特徴をもち，半導体として別に分類されている．その理由は，わずかな不純物の導入，熱，光照射などに敏感に反応して電気伝導が生じ，電子デバイス材料として特別な応用分野をもつからである．前章でも述べたように，超伝導を除く金属から絶縁体までの電気抵抗率差は24桁に達し，その中間に位置する半導体も電気抵抗率は容易に10桁に近い変化を示す．これが今日，半導体デバイスが日常生活から様々な産業まで広く使われている理由である．

7.1　半導体概論

　半導体はバンドギャップが小さく，キャリア（電気を運ぶ粒子で，ここでは電子またはホールを指す）が熱的に励起されたり，不純物（impurity）が導入されて生成されたりする物質である．構成元素により，IV族元素半導体（Si，Geなど），IV-IV族半導体（SiC，SiGeなど），III-V族化合物半導体（GaAs，GaP，InP，GaN，InN，InSbなど）およびその混晶（AlGaAs，InGaAs，InGaNなど多数の組み合わせ），II-VI族化合物半導体（ZnO，ZnS，ZnSe，ZnTe，CdS，CdSeなど）とその混晶（ZnSSeなど多数の組み合わせ）が代表である．また，$CuAlSe_2$，InGaZnの酸化物など，様々な元素からなる半導体材料も開発されている．さらに，結晶構造をもたない非晶質半導体も，安価で大面積のデバイスへ応用されている．

　半導体の特徴を決めるのは，バンドギャップとバンド構造である．半導体のフェルミ準位は，非常に高濃度の不純物を含む場合を除き，バンドギャップの中に位置する．不純物を全く含まない場合（真性半導体, intrinsic semiconductor）は，図7.1に示すように中央付近に位置する．真性半導体の室温でのフェルミ分布関数の値（電子の存在確率）は，フェルミ準位 E_F 付近で急速に1から0に遷移し，伝導帯下端ではほぼ0であるがわずかに裾が重なっている．また価電子帯

7. 半導体の導電現象

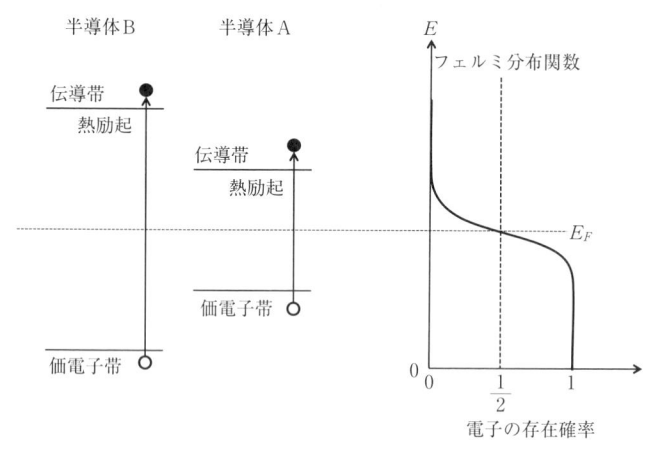

図7.1 半導体のバンドギャップ

上端についても同様に，フェルミ分布関数の値はほぼ1，すなわち電子はほぼ詰まっているので，ホールの存在確率はほぼ0であるが，わずかに裾が重なっている．フェルミ分布関数の裾は指数関数的に0または1に近づくので，バンドギャップの大きさが異なると電子またはホールの存在確率は大きく変化する．図7.1に示すように，真性半導体のキャリアは価電子帯から伝導帯への熱励起により発生し，定常状態でのキャリア密度は7.3節で計算するようにバンドギャップとフェルミ分布関数によって一定値をとる．

半導体の特徴を決めるもう1つの要素は，図7.2に示すような波数 k とエネルギー準位 E の関係である．6章のバンド理論では結晶のポテンシャルを平坦とし，電子は周期性の影響のみを受ける自由電子として扱ったが，実際には1つの結晶格子内に複数の原子を含み（たとえば面心立方格子をもつSiであれば単位格子中に8個），電子はそれらの原子がつくる複雑なポテンシャル中を運動する．したがって，バンド構造も図6.4に示したような単純なものではなく，1つの連続するバンドの中に複数の極小点または極大点をもつ．図7.2(a)は価電子帯の上端と伝導帯下端の波数が一致している場合で，直接遷移型半導体（direct transition semiconductor）と呼ばれる．図7.2(b)は価電子帯上端の波数と伝導帯下端の波数が異なっている場合で，間接遷移型半導体（indirect transition semiconductor）と呼ばれる．波数は運動量を決めるため，価電子帯上端の電子が伝導帯下端に光吸収などによって遷移するとき，直接遷移型では運動量が保存されるが，間接遷移型では保存されない．逆に，伝導帯下端の電子が価電子帯上端の

7.1 半導体概論

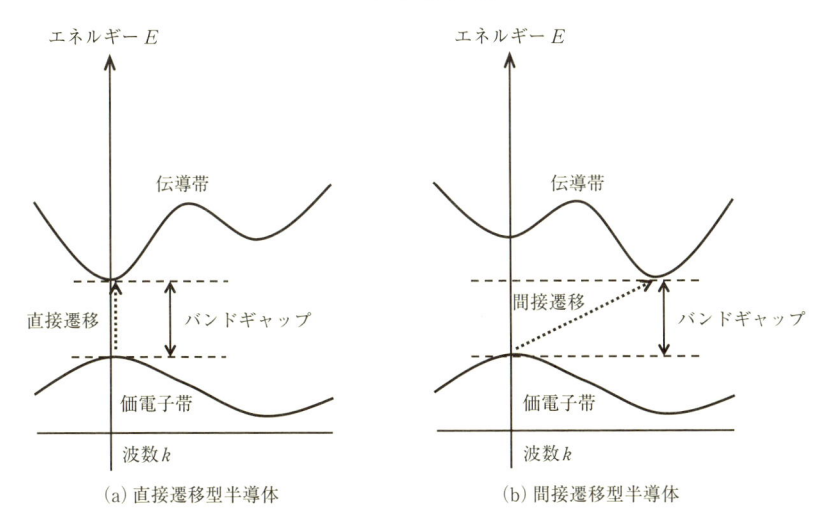

図7.2 半導体のバンド構造：直接遷移型と間接遷移型

表7.1 主要な半導体のバンドギャップとバンド構造

分類	通称名（化学式）	直接/間接	バンドギャップ[eV]
IV族（IV-IV）	シリコン（Si）	間接	1.12
	ゲルマニウム（Ge）	間接	0.67
	シリコンカーバイド（SiC）	間接	3.26 (4H-SiC)
		間接	2.93 (6H-SiC)
III-V	ガリウムヒ素（GaAs）	直接	1.43
	インジウムヒ素（InAs）	直接	0.35
	窒化ガリウム（GaN）	直接	3.39
	ガリウムリン（GaP）	間接	2.26
II-VI	硫化亜鉛（ZnS）	直接	3.6（閃亜鉛鉱型）
	酸化亜鉛（ZnO）	直接	3.37
	硫化カドミウム（CdS）	直接	2.42
カルコパイライト	$CuInSe_2$	直接	1.04

ホールと再結合して発光するときも同様である．すなわち，直接遷移型では光吸収や発光の遷移確率が高いのに対し，間接遷移型では電子が遷移するのにフォノンの助けなどが必要になるため遷移確率が低い．このバンド構造は，キャリアの寿命や発光効率を支配する要因であり，特に発光デバイスにおいて重要である．

　以上の半導体概要を構成元素によって分類し，バンドギャップとバンド構造によって特徴づけて表7.1に示す．

7.2 半導体の伝導型と導電率

半導体の電気的性質は導電率 σ によって特徴づけられるが，金属と異なるのは電子とホールという2種類のキャリアが関係することである．σ は，

$$\sigma = qn\mu_n + qp\mu_p \tag{7-1}$$

と表される．ここで，n と p は伝導帯の電子と価電子帯のホールの密度，μ_n と μ_p は電子とホールの移動度である．

導電機構を分類すると，図7.3のように3種類に分けられる．図7.3(a)に示す真性半導体は不純物を含まず，キャリアは熱エネルギーや光エネルギーなどによってのみ発生し，電子とホールは対になって発生するため，フェルミ準位はバンドギャップ中央に位置する．

図7.3(b)に示すn型半導体とは，電子を放出する不純物を含むものである．たとえば，リン (P) 原子が結晶中のSi原子を置換すると，P原子は外殻に5個の電子をもつため余った電子が伝導帯に放出される．バンド図でみると，P原子は価電子帯と伝導帯をSi原子と同様につくるのに加えて，伝導帯より少しエネルギーの低いエネルギー準位をバンドギャップ中につくる．このような準位をドナー (donor) 準位と呼び，電子を発生する不純物をドナー不純物と呼ぶ．ドナーが電子を放出すると，陽イオンとして半導体中に電荷（空間電荷）を発生させる．置換したP原子の濃度がSiの密度より十分小さいときは，ドナー準位に入っていた余分な電子のほとんどが伝導帯に励起される．これは，ドナー準位と伝導帯とのエネルギー差が小さいのに対し，状態密度は伝導帯下端付近の方がはるかに大きいためである．したがって，P原子とほぼ同じ密度の電子が伝導帯に発生する．添加されたP濃度が高くなると，伝導帯に励起されずドナー準位に留まる電子の割合が増加する．添加された不純物の原子密度と，実際に発生するキャリアの割合を活性化率と呼び，高濃度の不純物を含む半導体では活性化率が低下するほか，不純物以外の欠陥を含む場合にも活性化率が低下する．

図7.3(c)に示すp型半導体は，価電子帯中の電子を捕獲する不純物を含むものである．ホウ素 (B) 原子が結晶中のSi原子を置換すると，B原子は外殻に3個しか電子をもたないため電子が不足する．そのため，価電子帯上端より少し高いエネルギーにおいて，電子の入っていない空の準位をバンドギャップ中につくる．B原子の濃度がそれほど高くないときは，価電子帯の状態密度の方がはるかに大きいために，B原子は価電子帯の電子を捕獲して陰イオンとなり，価電子

7.2 半導体の伝導型と導電率

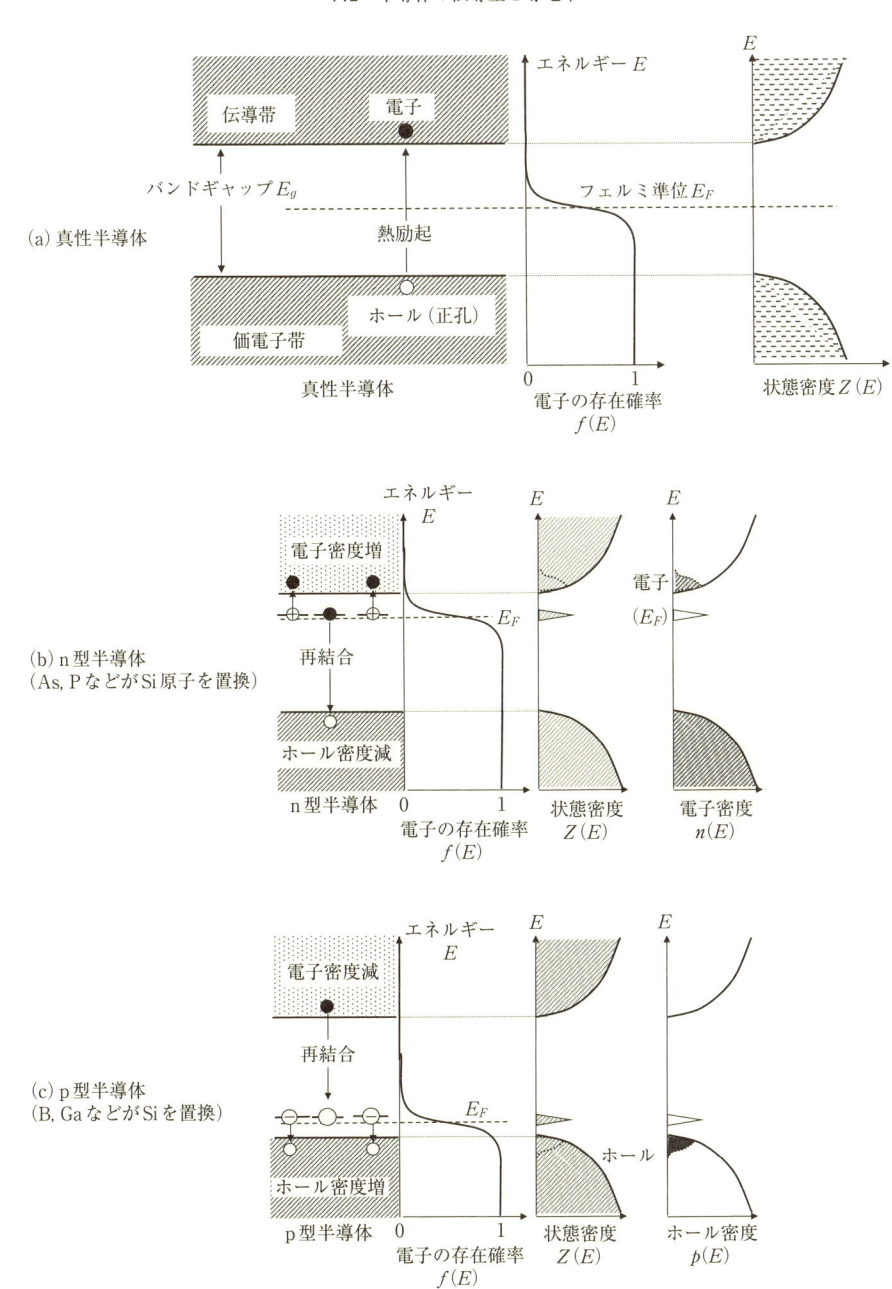

(a) 真性半導体

(b) n型半導体
（As, PなどがSi原子を置換）

(c) p型半導体
（B, GaなどがSiを置換）

図 7.3　半導体の伝導型

にホールを発生させる．このような不純物をアクセプタ（acceptor），電子を捕獲する準位をアクセプタ準位という．n型半導体における電子あるいはp型半導体におけるホールは，非常に高温での熱励起や高強度の光励起がない限り常に伝導の主体となっており，多数キャリア（majority carrier）と呼ばれる．逆にn型半導体におけるホールあるいはp型半導体における電子は，少数キャリア（minority carrier）と呼ばれる．不純物によって伝導型の決まっている半導体を，真性半導体との対比として外因性半導体と呼ぶこともある．また，半導体は不純物，熱励起，光励起，外部電界などによって正負の2種類のキャリアをもつことができるため，両極性伝導（ambipolar conduction）を示す物質と表現することもある．

7.3 半導体内のキャリア密度

7.3.1 真性半導体のキャリア密度

不純物やキャリアをつくる欠陥を全く含まない半導体，すなわち真性半導体のキャリア密度（carrier density）n（電子）またはp（ホール）は，5章で述べた状態密度$Z(E)dE$とフェルミ-ディラック分布関数から求められる．真性半導体の場合，図7.3(a)に示すようにフェルミ準位はバンドギャップ中央付近にあり，価電子帯と伝導帯に放物線で近似される状態密度が存在する．半導体のキャリア密度を求めるために，金属に対する状態密度の式（5-60）を，伝導帯の電子に対する状態密度関数$Z_c(E)dE$と価電子帯のホールに対する状態密度関数$Z_v(E)dE$にそれぞれ書き換える．伝導帯下端のエネルギーをE_c，価電子帯頂上のエネルギーをE_v，電子とホールの有効質量をそれぞれm_n^*，m_p^*とすると，

$$Z_c(E)dE = \frac{(2m_n^*)^{\frac{3}{2}}}{2\pi^2\hbar^3}\sqrt{E-E_c}\,dE \tag{7-2}$$

$$Z_v(E)dE = \frac{(2m_p^*)^{\frac{3}{2}}}{2\pi^2\hbar^3}\sqrt{E_v-E}\,dE \tag{7-3}$$

と書き換えられる．真性キャリア密度はフェルミ-ディラック分布関数との積を積分すれば求められる．ここで，室温では熱エネルギーは25 meV程度であり，フェルミ準位と伝導帯の最低エネルギー，または価電子帯の最高エネルギーとの差は十分大きいので，積分範囲では，

$$E - E_F \gg k_B T \quad （伝導帯） \tag{7-4}$$

7.3 半導体内のキャリア密度

$$E_F - E \gg k_B T \quad \text{(価電子帯)} \tag{7-5}$$

が成り立つ．n型のとき，フェルミ-ディラック分布関数（5-61）式は，

$$f(E) = \frac{1}{e^{\frac{E-E_F}{k_B T}} + 1} \approx e^{-\frac{E-E_F}{k_B T}} \tag{7-6}$$

と近似できる．自由電子密度 n および後述する有効状態密度 N_C は

$$n = \int_{E_C}^{\infty} Z(E) f(E) dE$$

$$= 2 \left(\frac{m_n^* k_B T}{2\pi \hbar^2} \right)^{\frac{3}{2}} \exp\left(-\frac{E_C - E_F}{k_B T}\right) \tag{7-7}$$

$$N_C = 2 \left(\frac{m_n^* k_B T}{2\pi \hbar^2} \right)^{\frac{3}{2}} \tag{7-8}$$

なので，

$$n = N_C \exp\left(-\frac{E_C - E_F}{k_B T}\right) \tag{7-9}$$

と表せる．(7-8) 式は，電子のエネルギー準位が E_C にのみあるとしたときの実効的な状態密度であり，有効状態密度と呼ばれる．この状態密度は簡単にキャリア濃度などを計算できることから，広く用いられている．

同様に，ホールに対しても自由電子と同じように扱い，ホールに対する有効状態密度を N_V として

$$p = N_V \exp\left(-\frac{E_F - E_V}{k_B T}\right) \tag{7-10}$$

$$N_V = 2 \left(\frac{m_p^* k_B T}{2\pi \hbar^2} \right)^{\frac{3}{2}} \tag{7-11}$$

と求められる．

ここで，(7-9) 式と (7-10) 式の積をとると，次の式が導かれる．

$$pn = N_V N_C \exp\left(-\frac{E_C - E_V}{k_B T}\right)$$

$$= N_V N_C \exp\left(-\frac{E_g}{k_B T}\right) \tag{7-12}$$

この積はフェルミエネルギーを含んでおらず，有効状態密度とバンドギャップ E_g のみを含む量である．この pn 積一定の法則は E_F が動いても成り立ち，不純物を添加した場合にも適用できるため，有用な関係式である．真性半導体の E_F はバンドギャップ中央に位置すると考えてよいので，真性キャリア密度を n_i として，(7-12) 式から，

$$n_i{}^2 = pn \tag{7-13}$$

と定義してよい．Si の室温での n_i は，$1.5\times10^{16}\,\mathrm{m^{-3}}$ または $1.5\times10^{10}\,\mathrm{cm^{-3}}$ である．

真性半導体のフェルミ準位は，これまで「中央付近に位置する」と書いてきたが，(7-8) 式および (7-11) 式でわかるとおり，有効状態密度は有効質量に依存するため，正確にはバンドギャップの中心ではない．もし $m_n^* = m_p^*$ であれば，価電子帯上端を基準として正確に $E_F = E_g/2$ となるが，$m_n^* < m_p^*$ であれば中央より上に位置する．ほとんどの半導体では $m_n^* < m_p^*$ であるので，真性半導体のフェルミ準位はバンドギャップ中央より若干高いエネルギーに位置する．

7.3.2 外因性半導体のキャリア密度

不純物を含む半導体のキャリア密度を，n 型半導体の場合について考える．p 型についても，定性的には全く同じ議論が成り立つ．

真性半導体のキャリア密度より高濃度の不純物を含むとき，キャリア密度は温度依存性に応じて 3 領域に分けられる．

(1) 低温領域

伝導帯下端とドナー準位の差が熱エネルギーよりはるかに大きいときは，ドナーから伝導帯へ一部の電子しか熱励起されず，残りの電子はドナーに留まる．熱励起の確率は温度上昇とともに高くなるので，キャリア密度は温度の上昇とともに増大する．

(2) 中温領域

ドナーに存在していた電子がほぼすべて伝導帯へ励起されているが，真性半導体としてのキャリア密度がドナー濃度より低い領域では，キャリア密度はドナー濃度で決まる．中間の温度領域では，キャリア密度は温度に依存せず一定値をとる領域が存在する．

(3) 高温領域

(7-9) 式で表される真性半導体の電子密度がドナー濃度を超えるほど高温になると，電子（この場合はホールも同時に）密度は (7-12) 式に従って指数関数的に増大

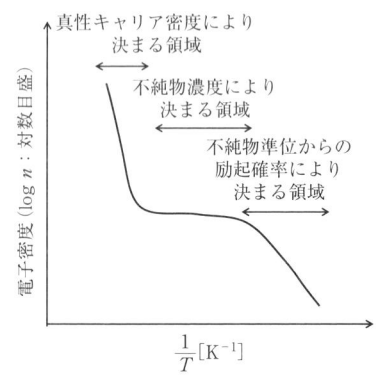

図 7.4 外因性半導体のキャリア密度の温度依存性

する.

　ここまでの議論を図7.4に図示する. キャリア密度 n を対数, 温度 T をその逆数で表すのは, たとえば (7-9) 式で両辺の対数をとるとわかるように, $\log n$ と $1/T$ が直線関係になるからである.

7.4　キャリア移動度

　導電率を決定するもう1つの重要な要素は移動度 μ_n（電子）と μ_p（ホール）である. 移動度はキャリアが結晶中を通るときの移動のしやすさであり, 電子の質量を有効質量 m_n^* に置き換えて (5-9) 式を再掲すると,

$$\mu_n = \frac{q\tau}{2m_n^*} \tag{7-14}$$

と表される. 移動度は, まず有効質量の軽い半導体ほど大きな値が得られる. また, 移動度は散乱を受けるまでの時間 τ が長いほど大きくなる. 散乱の主たる要因は格子振動による散乱 (フォノン散乱, μ_l) と不純物による散乱 (μ_i), および結晶品質があまりよくない場合の格子欠陥による散乱 (μ_d) である. それらの要因による移動度は,

$$\frac{1}{\mu} = \frac{1}{\mu_i} + \frac{1}{\mu_l} + \frac{1}{\mu_d} \tag{7-15}$$

のように表され, Si のように十分高品質が得られている場合は, 第3項は無視できる. μ_l は高温ほど低下し, 逆に μ_i 低下は低温で顕著となる. そのため, 移動度の温度依存性は図7.5に示すものとなる.

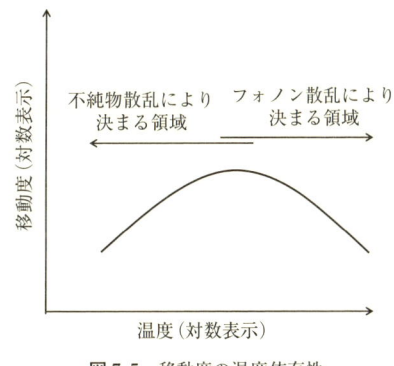

図7.5　移動度の温度依存性

7.5　キャリア密度と移動度の測定方法—ホール効果

　導電率 σ には, (7-1) 式に示すように, キャリア密度 n または p と移動度 μ_n または μ_p が含まれ, 単なる導電率の測定では両者の積が求まるだけでそれぞれの寄与は求められない. 半導体中のキャリア密度と移動度を同時に求める測定方法として, ホール効果を用いる方法が確立されている.

(a) ホール電流　　　　　　　　　　(b) 電子電流

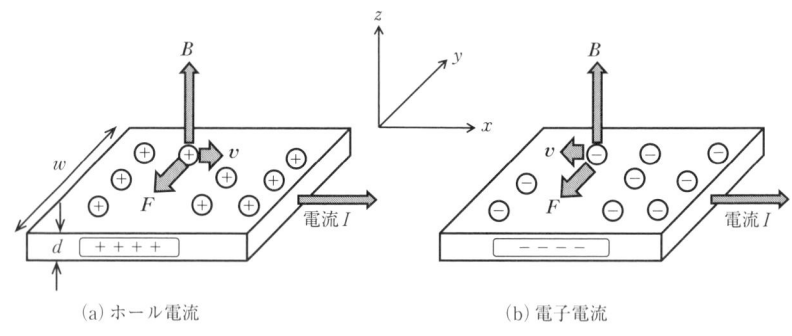

図7.6　ホール効果

　磁束密度 B, 電界 E（本節では E をエネルギーではなく電界とする）の中を速度 v で運動する荷電粒子，半導体では電子あるいはホールは，図7.6に示すように，

$$F = q(E + v \times B) \tag{7-16}$$

というローレンツ力 F を受ける．q は電荷素量で，電子に対しては $-q$，ホールに対しては q である．$v \times B$ はベクトル積で，v と B の角度を θ とすると，ベクトル積の大きさは $|v| \cdot |B| \sin\theta$ で，v と B の両者に垂直な方向を向いている．簡単のために，以下ではホールまたは電子だけが存在し，電流の向きと磁界の向きが垂直な場合を考える．このとき $|v \times B|$ は $|v| = v$, $|B| = B$ として vB となる．

　正の電荷をもつホール電流に対しては，図7.6に示すような (x, y, z) 軸を決めると，ホールにはたらく力 F は $v \times B$ の方向，すなわち $-y$ 方向であり，手前の面にホールが集まって y 方向に電界が発生する．これをホール効果（Hall effect，このホールは人名であり，キャリアのホールとは全く別物）という．この電界に対応する電圧（ホール電圧）を V_H とすると，定常状態では電流は x 方向に流れるので，(7-16)式のローレンツ力 F と V_H による電界からの力とがつり合っていると考えてよい．試料の幅を w, 厚さを d, 外部電流を I, ホール密度を p とすると，

$$qvB = \frac{qV_H}{w} \tag{7-17}$$

である．また，電流密度を i とすると，

$$i = qpv = \frac{I}{wd} \tag{7-18}$$

である．(7-17) 式と (7-18) 式から v を消去してホール電圧 V_H を求めると，

$$V_H = \left(\frac{1}{qp}\right)\left(\frac{IB}{d}\right) = R_H\left(\frac{IB}{d}\right) \quad (7\text{-}19)$$

(7-19) 式で $R_H(=1/qp)$ をホール係数と呼び，V_H，I，B，d は実測できる値であるので，ホール係数からキャリア密度が求められる．

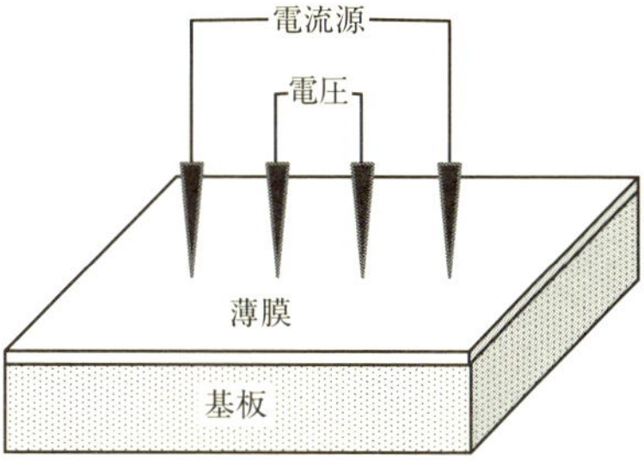

図 7.7 4 探針法

電子電流の場合，電子にはたらく力の向きは，同一方向の電流であればキャリアの流れる方向と電荷符号の両者が反転するため，(7-16) 式の力はホールと同じ $-y$ 方向になり，手前の面に電子が集まって $-y$ 方向に電界が発生する．したがって，電圧の向きによって多数キャリアが電子かホールかが判定できる．

導電率の測定には，半導体の場合は圧倒的に薄膜試料が多いため，図 7.7 に示す 4 探針法が簡便である．本法は，薄膜と電極との接触抵抗の影響を原理的には排除できる．ホール効果を測定するときに試料を工夫することにより，ホール係数と同時に導電率を測定する方法がよく知られている．

7.6 半導体内の電気伝導

半導体中のキャリア（電子，ホール）が電気伝導を担う場合には，電界による加速に基づくドリフト電流（drift current）と，キャリアの密度勾配に基づく拡散電流（diffusion current）とがある．

7.6.1 ドリフト電流

5.2 節で述べた金属中の電流の式と基本的に同じであるが，半導体では電子とホールの両者が電流に寄与する点が異なる．電流密度 i の式を再掲すると，

$$i = \sigma E = q(n\mu_n + p\mu_p)E \quad (7\text{-}20)$$

ここで，σ は導電率，q は電子電荷，n は電子密度，p はホール密度，μ_n は電子移動度，μ_p はホール移動度，E はここでは電界である．

7.6.2 拡散電流

8 章で詳しく述べる pn 接合やショットキ接合からキャリアが注入された場合，

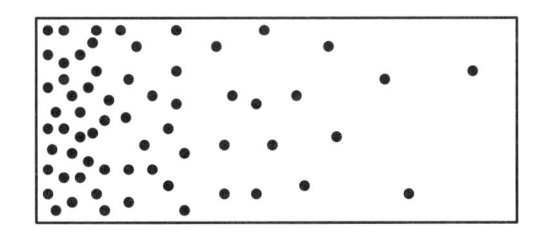

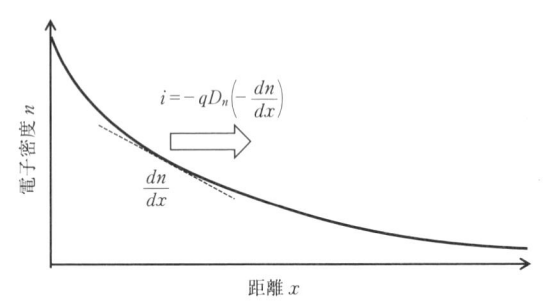

図7.8 電子密度勾配と拡散電流

あるいは半導体の一部分に光が照射されてキャリアが発生したとき，キャリア密度が場所によって異なった状態になる．一般論として可動物質に濃度勾配が発生すると，勾配に比例する物質の移動が起こる．たとえば水中にインクを垂らすと，インクの分子は濃度の高い場所から低い場所へ移動し，最後には均一に分布する．電子密度に勾配がある場合，拡散による電子電流密度は，

$$i = -qD_n\left(-\frac{dn}{dx}\right) = qD_n\frac{dn}{dx} \tag{7-21}$$

と表される．この式は，次の意味をもつ．

①電子の流れは密度勾配に比例し，密度の高い方から低い方へ向かうため，図7.8のようにxの正方向に濃度が下がっている（微分値が負）とき正の流れをもつ．

②拡散による電子の流れの比例定数（拡散係数，diffusion constant）をD_nとすると，電流の係数には$-qD_n$がつく．

ホールに対しても同様の式が成り立ち，

$$i = -qD_p\frac{dp}{dx} \tag{7-22}$$

である．また，拡散係数と移動度には次の関係がある．

$$D_n = \frac{k_B T}{q} \mu_n \tag{7-23a}$$

$$D_p = \frac{k_B T}{q} \mu_p \tag{7-23b}$$

拡散のしやすさは移動度が高いほど大きく，また電界によって移動するのではなく熱エネルギーによって移動するため，$k_B T$に比例することになる．

以上をまとめると，全電流密度iは，電子電流密度i_nとホール電流密度i_pの和となり，また各電流はドリフト電流と拡散電流とからなり，次式で表される．

$$i = i_n + i_p = \left(qn\mu_n E + qD_n \frac{dn}{dx} \right) + \left(qp\mu_p E - qD_p \frac{dp}{dx} \right) \tag{7-24}$$

7.7 過剰少数キャリアの生成と消滅および連続の式

半導体中の少数キャリアに注目する．熱平衡状態の少数キャリア密度は，不純物密度によって決まる多数キャリア密度と，電子密度とホール密度の積が一定という関係式（7-13）によって決まる．しかし前節で述べたように，異なる伝導型をもつ領域からのキャリア注入（たとえばp型領域に接するn型領域からの電子注入）や，光・電線などの外部刺激により少数キャリアが発生する．少数キャリアはもともとの密度が低いため，わずかな注入や励起によっても密度比としては大きな変化が現れ，半導体デバイスの基礎現象となっている．ここでは，p型半導体中の電子密度について調べる．数学的な取り扱いは簡素化し，直感的な理解を目的とする．

以下の議論では，n（電子密度）とp（ホール密度）は時間と空間座標の関数であり，一次元ではそれぞれ，$n(x, t)$，$p(x, t)$である．

まず，拡散によりキャリアが増加するか減少するかを考える．図7.9に示すように，xの正方向に濃度勾配があり，正方向に電子が流れている場合を考える．図7.9(a)では濃度勾配は下に凸，すなわち$d^2n/dx^2 > 0$であり，xと$x+dx$の間の微小領域に流入する電子の数と流出する電子の数を比べると流入する方が多い．したがって，電子密度は増加する．図7.9(b)では，一定の数の電子が流れているので流入量と流出量とは平衡している．一方，図7.9(c)では上に凸であり，xに流入してくる電子より$x+dx$から流出する電子の方が多いので，電子密度は減少する．すなわち，拡散によるキャリアの密度変化は密度分布の二階微分に比例し，密度の時間変化は次のように表せる．

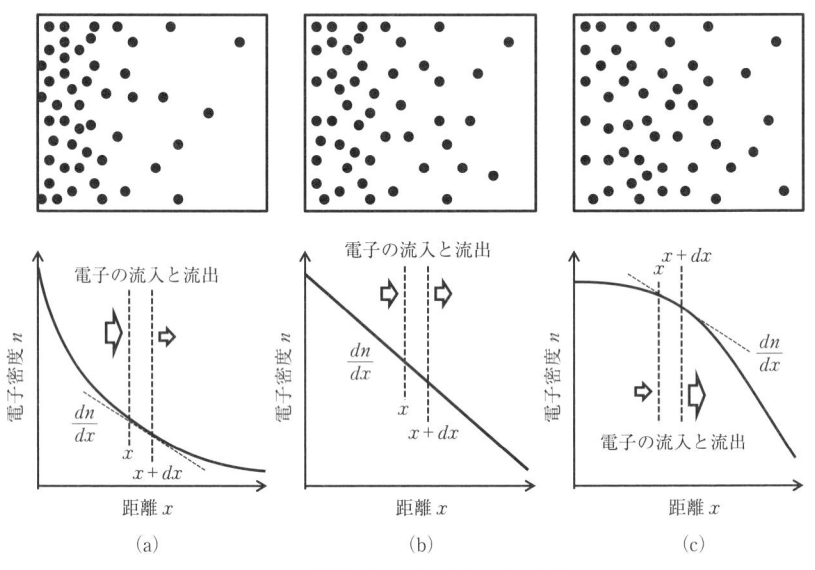

図 7.9 拡散電流と電子密度の時間変化

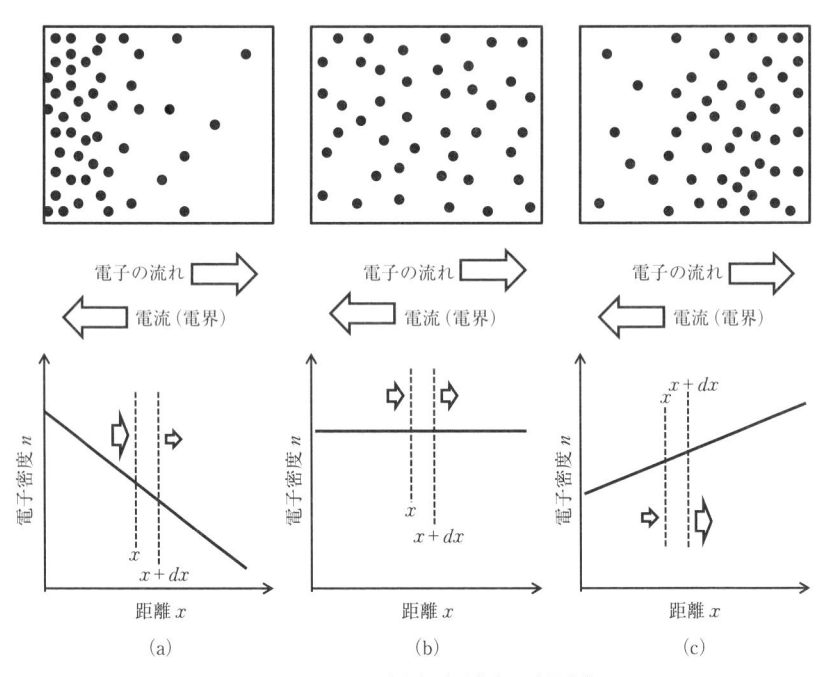

図 7.10 ドリフト電流と電子密度の時間変化

7.7 過剰少数キャリアの生成と消滅および連続の式

$$\frac{\partial n}{\partial t} = D_n \frac{\partial^2 n}{\partial x^2} \tag{7-25}$$

次に，キャリア密度分布があるときのドリフト電流を考える．図7.10に示す，微小領域に流入する電子数と流出する電子数の差を考えると，(a) 電子密度の傾きが負のときは増加，(b) 電子密度が一定のときは増減なし，(c) 電子密度の傾きが正のときは減少となる．電子の流れと電流方向は逆になるので，電界方向が負のときは電子密度の傾き（一階微分）の正負を入れ替えた値に比例した増加があり，次のように表される．

$$\frac{\partial n}{\partial t} = \mu_n(-E)\left(-\frac{\partial n}{\partial x}\right) = \mu_n E \frac{\partial n}{\partial x} \tag{7-26}$$

ホールに対しても同様の式が成り立つ．

次に，キャリアの生成と消滅を考える．半導体にバンドギャップ以上のフォトンエネルギーをもつ光を照射すると，価電子帯の電子が伝導帯に励起され，電子とホールの対が生成する．この生成速度を電子に対して g_n，ホールに対して g_p とする．価電子帯の電子が伝導帯へ励起されているときは，$g_n = g_p$ である．図

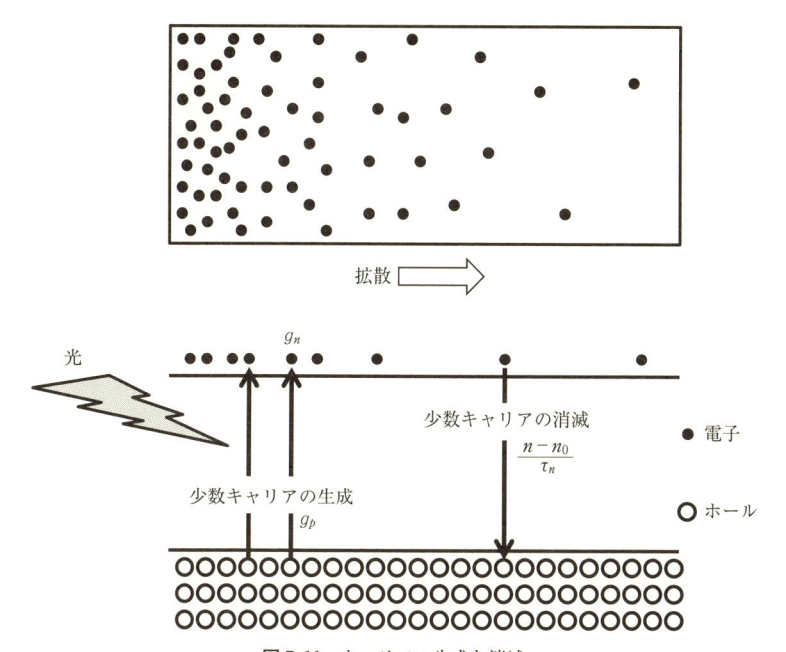

図7.11 キャリアの生成と消滅

7.11 に p 型半導体に光が照射されたときのバンドモデルを示す．p 型半導体内にはもともとホールが多数存在するので，生成したホールはその中に埋もれてしまうが，電子は少数キャリアとして熱平衡状態より過剰になり，ある寿命 τ_n（ホールに対しては τ_p）で熱平衡値 n_0（ホールに対しては p_0）に向かって減少する．この生成と消滅の速度は，g_n と τ_n とを用いて，

$$\frac{\partial n}{\partial t} = g_n - \frac{n-n_0}{\tau_n} \tag{7-27}$$

と表せる．

以上を総合すると，電子とホールに対するキャリア連続の方程式は次のように表される．

$$\frac{\partial n}{\partial t} = D_n \frac{\partial^2 n}{\partial x^2} + \mu_n E \frac{\partial n}{\partial x} + g_n - \frac{n-n_0}{\tau_n} \tag{7-28a}$$

$$\frac{\partial p}{\partial t} = D_p \frac{\partial^2 p}{\partial x^2} - \mu_p E \frac{\partial p}{\partial x} + g_p - \frac{p-p_0}{\tau_p} \tag{7-28b}$$

これらは半導体の導電現象を記述する基本式であり，様々な半導体デバイスの特性解析に用いられる．

【問　題】

1) n 型 Si の電子密度を調べたら，$3 \times 10^{22}\,\mathrm{m^{-3}}$ であった．ホール密度はいくらか．
2) n 型半導体のフェルミエネルギーは $E_F = E_C - k_B T \ln(N_C/n)$，p 型半導体のフェルミエネルギーは $E_F = E_V + k_B T \ln(N_V/p)$ と表されることを確認せよ．
3) 問題 2) を参考に，ドナー濃度 $N_D = 10^{23}\,\mathrm{m^{-3}}$ のときの室温（300 K）でのフェルミエネルギーを求めよ．ここで，ドナーはすべて電子を放出しているものとする．また，$N_C = 2(m_n^* k_B T/2\pi\hbar^2)^{3/2} = 2.5 \times 10^{24}\,\mathrm{m^{-3}}$ である．
4) 図 7.12 に示すように，一辺 $l = 1\,\mathrm{cm}$ の正方形で厚さ $1\,\mathrm{mm}$ の Si の薄片に対し，厚さ方向に $0.1\,\mathrm{T}$ の磁束密度を加え，対向する側面に $0.5\,\mathrm{V}$ の電圧をかけ，$10\,\mathrm{mA}$ の電流を流したところ，電流と垂直方向に手前側が正となる $1\,\mathrm{mV}$ の電圧が発生した．
    (1) キャリアは電子かホールか．
    (2) キャリア密度を求めよ．
    (3) 移動度を求めよ．

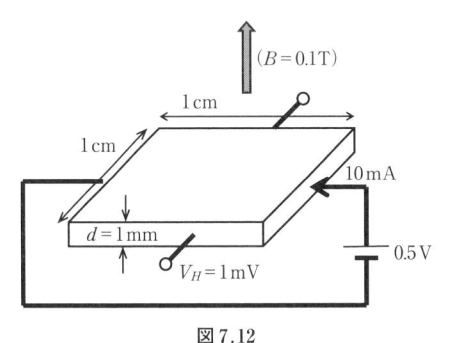

図 7.12

8. 半導体の接合論

 前章では半導体の基本的な性質を学んだ．その応用としての半導体デバイスの機能は，異なる性質をもつ半導体どうし，または半導体と金属や絶縁体との組み合わせから生まれる．すなわち，同種にせよ異種にせよ，界面（interface）の物性が機能の源であり，界面の制御がデバイス工学の中心的な技術である．この界面物性の重要性は半導体デバイスに限らず，無機・有機デバイスから機械デバイス，バイオテクノロジーなど様々な技術において共通する．
 半導体技術に戻ると，半導体の最大の特徴である両極性，すなわち電子がキャリアとなる n 型とホールがキャリアとなる p 型とを組み合わせた pn 接合（pn junction）が基本となる．本章では，pn 接合の性質を詳しく扱い，さらに様々な半導体の接合や金属と半導体の接合などを述べる．

8.1　pn 接合形成の定性的過程

 まず，pn 接合がどのように形成されるかを定性的に理解する．図 8.1(a) に示すように，p 型半導体と n 型半導体が離れて向かい合っている状態を考える．この状態では，p 型と n 型のどちらもイオン化した不純物とキャリアの電荷が打ち消しあうので電気的に中性であり，真空準位（vacuum level）から測った伝導帯の下端と価電子帯の上端は両者で同じである．ここで真空準位とは，半導体中の注目する点に微小な穴をあけ，電子を物質外に取り出したときのエネルギー準位の下端であり，無限遠まで電子を移動させるという意味ではない．一方，フェルミ準位は p 型では価電子帯近くに，n 型では伝導帯近くに位置するため，n 型側のフェルミ準位の方が p 型側より高い．
 次に図 8.1(b) に示すように，p 型半導体と n 型半導体の両端を導電性のワイヤで電気的に接続したときを考える．このとき，電子またはホールだけ一方から他方へ移動できるとする．電子について見ると，n 型側の伝導帯にある電子密度は p 型側の伝導帯にある電子密度より高いため，n 型側から p 型側へ電子が移動する．あるいは，n 型側のフェルミ準位が高いということは高い準位まで電子が詰まっているということである．もし p 型側に電子の入ることができる準位が

110　　　　　　　　　　　8. 半導体の接合論

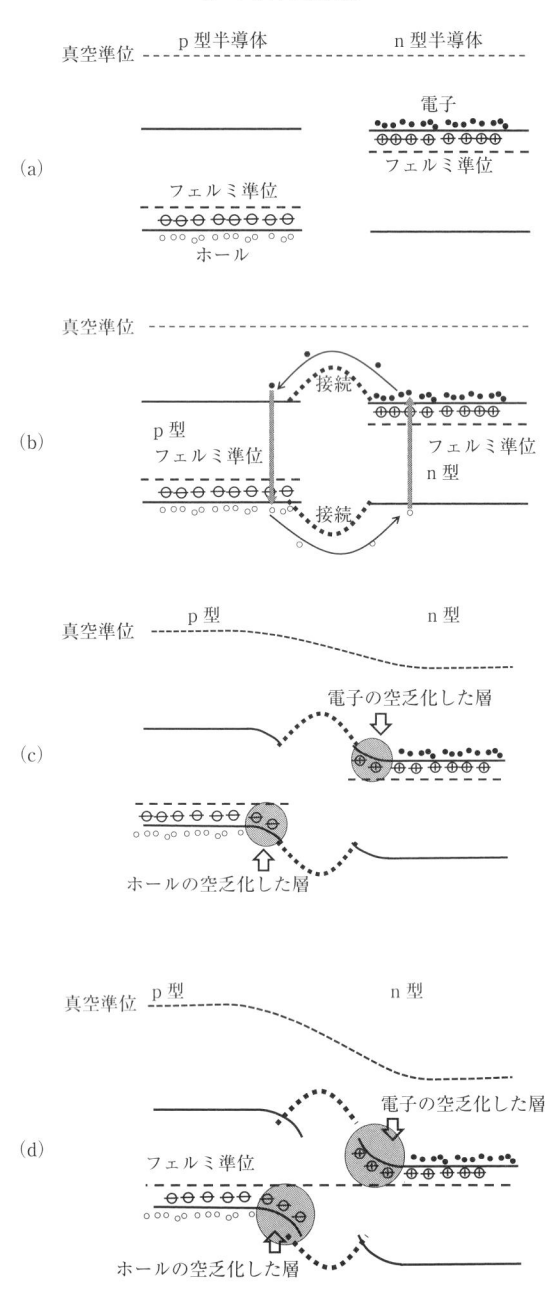

図8.1　pn接合の形成過程

あれば，n型側からp型側へ電子が移動する方が，p型側とn側型の両者を合わせた電子のエネルギーが下がると考えてもよい．ホールのエネルギーについては，電子のエネルギーの高い準位へ移動するほどエネルギーは下がるので，p型側からn型側への移動が起こる．

キャリアが移動した後のp型側を見ると平衡状態より電子密度が高くなっているので，7.7節で述べたように過剰少数キャリアである電子はホールと再結合（recombination）する．n型側においても，過剰少数キャリアであるホールは電子と再結合する．この結果は，n型側の電子がp型側のホールと再結合したことと同等である．その状態を図8.1(c)に示す．ここで，キャリアが移動したことによるp型側とn型側のポテンシャル（真空準位）変化を調べてみる．電子がn

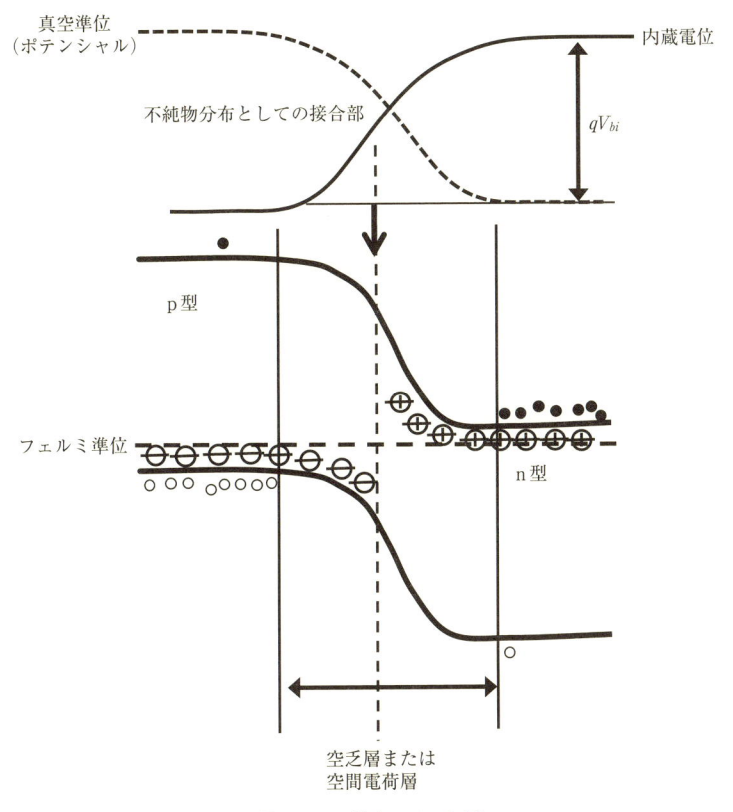

図 8.2 pn接合のバンド図

型側からp型側へ移動したということは，p型側の電子に対するポテンシャルが上がったことを意味する．あるいは，p型側でn型側から入ってきた電子がホールと再結合すると，負電荷のアクセプタだけが取り残されるため電気的中性が破れ，負電荷をもつ領域が形成された結果，電子に対するポテンシャルが上昇したと考えてもよい．したがって，電子がわずかに移動した後の真空準位は，図8.1(c)の破線のようになる．この段階では，まだn型側のフェルミ準位はp型側のフェルミ準位より高いため，電子およびホールの移動は継続する．

キャリアの移動は，図8.1(d)に示すように，フェルミ準位が一致したときに終了する．図8.1(d)の状態でp型半導体とn型半導体を接合させ，一体の半導体とすると，もはやキャリアの移動は起こらないので，図8.2に示すpn接合のバンドダイアグラムが得られる．

図8.2において，n型側では電子が再結合に使われた結果，電子は存在せずイオン化したドナーだけが存在する領域と，p型側ではホールは存在せずイオン化したアクセプタだけが存在する領域が現れる．この両者を，キャリアが存在しないという意味で空乏層（depletion layer），またはイオン化した不純物による固定された電荷（イオン化ドナーまたはイオン化アクセプタ）だけが存在するという意味で空間電荷層（space charge layer）と呼ぶ．p型とn型半導体のポテンシャルの差を内蔵電位（built-in potential, V_{bi}）または拡散電位（diffusion potential）と呼ぶ．図8.1と8.2は電子のポテンシャルを表しており，電気回路の電圧として見るときは符号が逆になる．

8.2 pn接合形成の定量的解析

前節で述べたpn接合形成の定性的理解に基づいて，拡散電位や空乏層幅を求める．pn接合の代表的な作製方法は図8.3に示すように，一方の伝導型を示す低濃度の基板（ここではp型とする）に対し，拡散やイオン注入（ion implantation）によって表面層に高濃度のもう一方の伝導型（ここではn型）となる不純物を導入して形成する．したがって，電子とホールの密度が等しくなる接合面付近では，不純物密度は傾斜して分布している．その傾斜を急峻につくることにより，多くの場合図8.4(a)に示すような階段型の不純物分布で近似できる．また，3.8節で述べたエピタキシャル成長（図3.32）により異なる伝導型の薄膜を成長させる場合は，急峻なpn接合界面が形成可能である．

図8.4(a)において，ドナー濃度をN_D，アクセプタ濃度をN_Aとし，どちら

8.2 pn接合形成の定量的解析

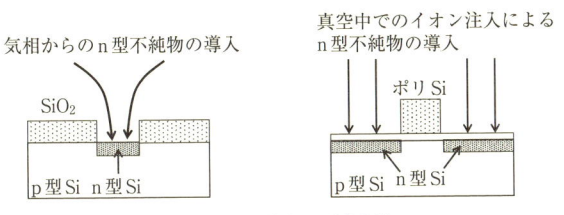

図8.3 pn接合の形成方法

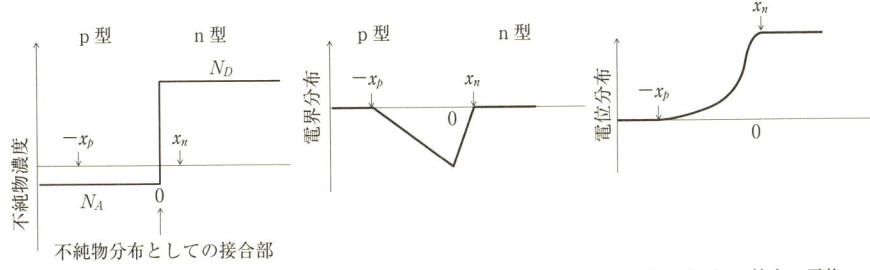

図8.4 階段型pn接合
(a) 階段型pn接合の不純物分布
(b) 階段型pn接合の電界
(b) 階段型pn接合の電位

の準位も十分に浅く，電子またはホールはすべて出払っている（励起されている）とする．この場合，n型半導体の自由電子密度 n_n または p型半導体のホール密度 p_p は，N_D または N_A に等しい．

最初に内蔵電位 V_{bi} を求めておこう．V_{bi} は，図8.1(a) と図8.2 との比較から，p型半導体のフェルミ準位（E_{Fp}）とn型半導体のフェルミ準位（E_{Fn}）の差であるから，前章の (7-9)，(7-10) 式を用いて次のように求められる（p型側とn型側の区別のため添え字が加わっている）．

$$n_n p_p = N_C \exp\left(-\frac{E_C - E_{Fn}}{k_B T}\right) N_V \exp\left(-\frac{E_{Fp} - E_V}{k_B T}\right)$$

$$= N_C N_V \exp\left(-\frac{E_C - E_V}{k_B T}\right) \exp\left(\frac{E_{Fn} - E_{Fp}}{k_B T}\right)$$

$$= N_C N_V \exp\left(-\frac{E_g}{k_B T}\right) \exp\left(\frac{E_{Fn} - E_{Fp}}{k_B T}\right) \tag{8-1}$$

これと (7-12)，(7-13) 式を用いて，内蔵電位が求められる．ここでは電位差をポテンシャル差とするために q をかけている．

$$n_n p_p = N_D N_A = n_i^2 \exp\left(\frac{E_{Fn} - E_{Fp}}{k_B T}\right) \tag{8-2}$$

$$qV_{bi} = E_{Fn} - E_{Fp} = k_B T \ln \frac{N_D N_A}{n_i^2} \tag{8-3}$$

次に，図8.4(a) の不純物分布に対する空乏層幅を求める．まず，ポアソンの方程式（Poisson's equation）から始める．空乏層内にはイオン化したドナーとアクセプタが存在する．この空間電荷による電位 $\varphi(x)$ は，

$$\frac{d^2\varphi(x)}{dx^2} = \frac{qN_A}{\varepsilon_s} \quad (-x_p \leq x \leq 0) \tag{8-4a}$$

$$\frac{d^2\varphi(x)}{dx^2} = -\frac{qN_D}{\varepsilon_s} \quad (0 \leq x \leq x_n) \tag{8-4b}$$

となる．ε_s は半導体の誘電率であり，$\varphi(x)$ は電子のポテンシャルではなく，電磁気学または電気工学でいう電位である．ここで，x_p と x_n は空乏層のp型側およびn型側の幅である．また，pn接合の両端より外側，$x \leq -x_p$ および $x_n \leq x$ では，キャリアが存在するにもかかわらず電流は流れないので，電界 F（電子のエネルギー準位 E と区別するために本章では F とする）が0とならなければならない．境界条件は，

$$F(-x_p) = 0 \tag{8-5a}$$
$$F(x_n) = 0 \tag{8-5b}$$

である．(8-4a)式を積分すると，電位勾配の負符号が電界であることを用い C_p を積分定数として，

$$F(x) = -\frac{d\varphi(x)}{dx} = -\frac{qN_A}{\varepsilon_s}x + C_p$$

(8-5a) 式を適用すると C_p が求まり，

$$F(x) = -\frac{qN_A}{\varepsilon_s}(x + x_p) \quad (-x_p \leq x \leq 0) \tag{8-6a}$$

同様に，

$$F(x) = \frac{qN_D}{\varepsilon_s}(x - x_n) \quad (0 \leq x \leq x_n) \tag{8-6b}$$

以上から電界分布を図8.4(b) に示す．

電位分布は基準点の取り方が任意であるが，p型半導体の空乏層の端 $x = -x_p$ を電位0とすると，(8-6a) 式から，

$$\varphi(x) = \frac{qN_A}{2\varepsilon_s}(x + x_p)^2 \quad (-x_p \leq x \leq 0) \tag{8-7a}$$

また，$x = x_n$ では内蔵電位 V_{bi} だけ電位が高くなっていることを用いると，

$$\varphi(x) = V_{bi} - \frac{qN_D}{2\varepsilon_s}(x - x_n)^2 \quad (0 \leq x \leq x_n) \tag{8-7b}$$

$x=0$ で滑らかに接続する条件から,

$$\varphi(0) = \frac{qN_A}{2\varepsilon_s}x_p{}^2 = V_{bi} - \frac{qN_D}{2\varepsilon_s}x_n{}^2 \tag{8-8}$$

また，空乏層内の電荷はつり合っているので，

$$N_A x_p = N_D x_n \tag{8-9}$$

これから，x_p と x_n，および全空乏層幅 $x_D = x_p + x_n$ が次のように求まる．

$$x_p = \sqrt{\frac{2\varepsilon_s N_D V_{bi}}{qN_A(N_A + N_D)}} \tag{8-10a}$$

$$x_n = \sqrt{\frac{2\varepsilon_s N_A V_{bi}}{qN_D(N_A + N_D)}} \tag{8-10b}$$

$$x_D = x_p + x_n = \sqrt{\frac{2\varepsilon_s(N_A + N_D)V_{bi}}{qN_A N_D}} \tag{8-11}$$

以上から電位分布を図 8.4(c) に示す．この空乏層は，p 型側が負の電荷，n 型側が正の電荷を蓄えており，外部電圧によって変化するので容量とみなすことができる．これを空乏層容量と呼び，次節で示すように外部電圧依存性を示す．

8.3 pn 接合の印加電圧に対する応答

8.3.1 空乏層容量

　pn 接合に順方向電圧，すなわち p 型側が正，n 型側が負になる電圧 V を印加したときのバンド図（電子に対するポテンシャル）を図 8.5(a) に，逆方向電圧を印加したときのバンド図を図 8.5(b) に示す．このとき，次の近似が成り立つとする．

　①空乏層内のキャリア密度は，両側の p 型および n 型の中性領域に比べて無視できる．これは，空乏層内でフェルミ準位はバンドギャップの中央付近に位置するため，真性半導体に近づくと考えれば，十分よい近似であることが理解できる．

　②したがって，pn 接合に印可された電圧はすべて高抵抗領域とみなせる空乏層にかかり，内蔵電圧 V_{bi} の変化として表せる．
以上を空乏層近似と呼ぶ．

　まず，外部電圧 V が印加されたときの空乏層幅を求める．上記の近似により，空乏層幅 x_D は (8-11) 式の V_{bi} を $(V_{bi} - V)$ で置き換えたものとなり，

$$x_D = x_p + x_n = \sqrt{\frac{2\varepsilon_s(N_A + N_D)(V_{bi} - V)}{qN_A N_D}} \tag{8-12}$$

116 8. 半導体の接合論

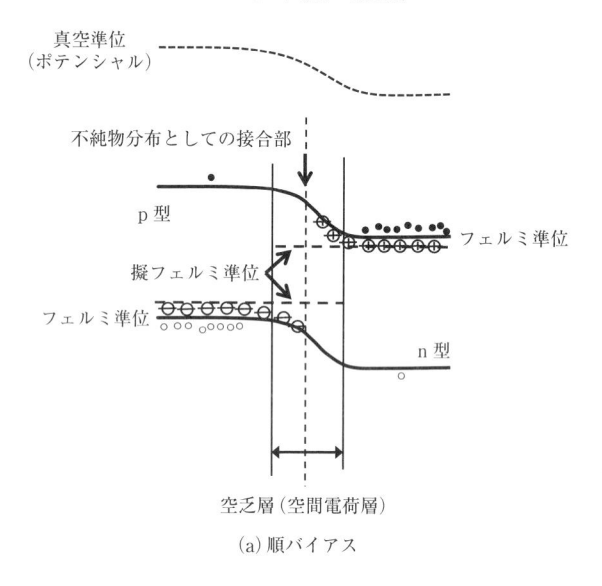

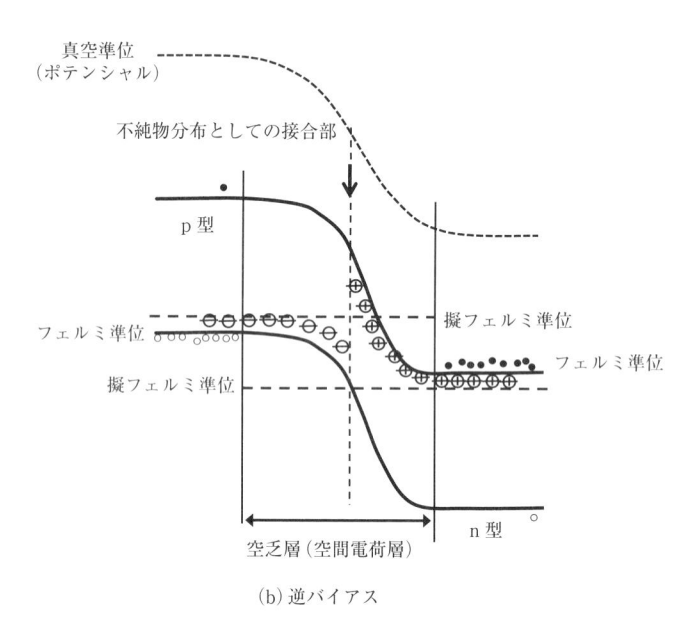

(a) 順バイアス

(b) 逆バイアス

図 8.5 電圧を印加したときの pn 接合

また，この pn 接合は,

$$Q = qN_A x_p = \sqrt{\frac{2\varepsilon_s q N_A N_D (V_{bi} - V)}{N_A + N_D}} \tag{8-13}$$

という電荷を蓄えており，空乏層容量 C_D は

$$C_D = \frac{dQ}{dV} = -\frac{1}{2} \frac{\frac{2\varepsilon_s q N_A N_D}{N_A + N_D}}{\sqrt{\frac{2\varepsilon_s q N_A N_D (V_{bi} - V)}{N_A + N_D}}} = -\frac{\varepsilon_s}{\sqrt{\frac{2\varepsilon_s (N_A + N_D)(V_{bi} - V)}{qN_A N_D}}} = -\frac{\varepsilon_s}{x_D} \tag{8-14}$$

と表される．すなわち，外部電圧によって変化する空乏層幅を電極間隔とするコンデンサと等価となる．ここで，見かけ上は負の容量となっているのは，順方向電圧を印加すると空乏層幅が縮まり，蓄えられる電荷量も減少するが，小信号に対する容量変化は増加することによる．(8-14) 式から，$1/C_D^2$ を V に対してプロットすると直線になり，外挿線と電圧軸との交点から V_{bi} を求めることができる．

8.3.2 pn 接合の電圧電流特性の定性的理解

pn 接合の整流特性の定性的理解を図 8.6 に示す．まず電子の移動を考えると，平衡状態では n 型領域の電子濃度は p 型領域の電子濃度より圧倒的に高いため，

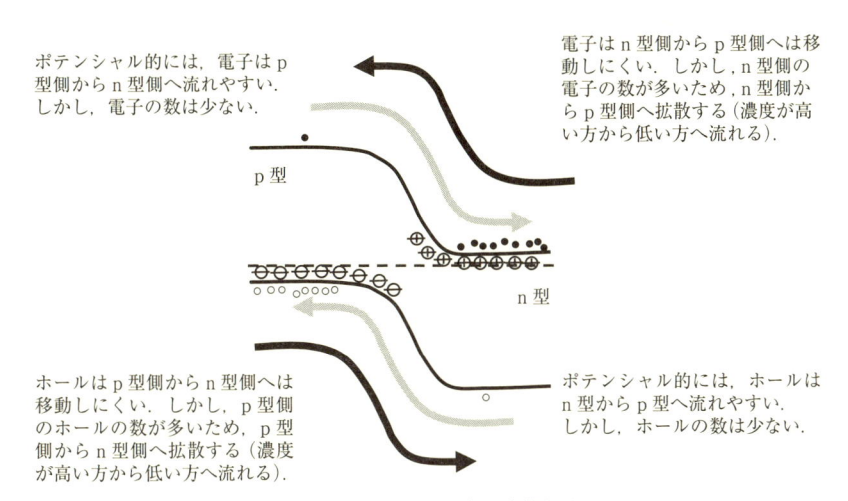

図 8.6 pn 接合の整流特性の定性的説明

$$I = I_0 \left\{ \exp\left(\frac{qV}{k_B T}\right) - 1 \right\}$$

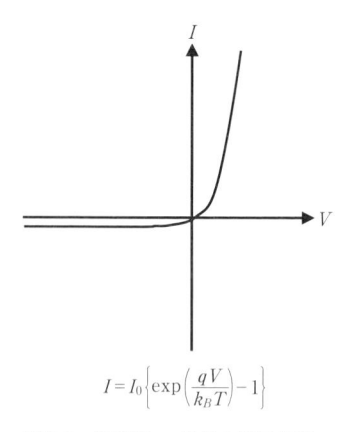

図 8.7 半導体 pn 構造の電圧電流特性

n 型側から p 型側へ拡散による電子移動が発生するが，その移動は空乏層のバリアによって制限される．一方，p 型側の電子は n 型側より濃度は低いが，空乏層中ではポテンシャルの低い方へ移動するので，p 型側の空乏層端に達した電子は速やかに n 型側へ移動する．すなわち，外部電圧がゼロのときは，濃度は高いが移動しにくい n 型側→p 型側の移動と，濃度は低いが移動しやすい p 型側→n 型側の移動がつり合って，電流は流れない．ホールについても，全く同様のつり合いが成り立っている．順電圧を印加すると，n 型側から p 型側へ移動する電子のバリアが減少し，移動する電子の数が急速に増大するのに対して，p 型側から n 型側へ移動する電子はほとんど変化しない．したがって，n 型側→p 型側の電子数は急増し，全電流は急増する．逆電圧を印加すると，n 型側→p 型側の電子に対するバリアが大きくなるため，移動する電子数は減少する．一方，p 型から n 型へ移動する電子は，ポテンシャル差が大きくなるため移動はより容易になるが，移動する電子数はもともと p 型領域の内部から空乏層の p 型領域の端へ拡散してくる電子の数によって制限されているため，低い逆方向電圧で電流がわずかに増加した後は一定値となる．ホールに対しても同様である．一般の pn 接合では，p 型領域のホール密度（p 型不純物濃度）と n 型領域の電子密度（n 型不純物濃度）は異なり，電子電流とホール電流のどちらかが支配的な場合が多い．

pn 接合の電圧（V）電流（I）特性を図 8.7 に示す．

8.3.3 pn 接合の電圧電流特性

pn 接合の電圧電流特性を数式で表すとき，8.3.1 項で述べた近似に加えてもう 1 つの近似をおく．

③電圧印加時はキャリアの注入が起こり，非平衡であるためフェルミ準位は定義できないが，図 8.5 中に示すように，n 型側のフェルミ準位は空乏層中をつらぬき p 型側の端まで電子に対するフェルミ準位としてふるまう．同様に，p 型側のフェルミ準位は空乏層中をつらぬき，n 型側の端までホールに対するフェルミ準位としてふるまう．このような非平衡状態のフェルミ準位を，擬フェルミ準位

8.3 pn接合の印加電圧に対する応答

(quasi Fermi level) と呼ぶ．擬フェルミ準位は，光照射下で過剰キャリアが発生しているような場合でも使われ，電子とホールのキャリア密度からそれぞれ逆算し，電子とホールに異なる見かけ上のフェルミ準位を定義する．

この近似を用いて，順方向電圧に対する電子電流を解析する．p型側の空乏層端にn型側のフェルミ準位で決まる擬フェルミ準位が現れ，p型端（電子の座標の原点とする）には擬フェルミ準位に依存する電子密度が発生する．以下，p型側の電子密度を n_p または $n_p(x)$，n型側のホール密度を p_n または $p_n(x)$ のように示す．p型の空乏層端での電子密度 $n_p(0)$ は，(7-9)に示した電子密度の式を変形して qV_{bi} により記述される．電圧が印加されていないときは，

$$n_p(0) = N_C \exp\left(-\frac{E_C - E_{Fp}}{k_B T}\right)$$

$$= N_C \exp\left(-\frac{E_C - E_{Fn} + qV_{bi}}{k_B T}\right)$$

$$= N_C \exp\left(-\frac{E_C - E_{Fn}}{k_B T}\right) \exp\left(-\frac{qV_{bi}}{k_B T}\right)$$

$$= n_{n0} \exp\left(-\frac{qV_{bi}}{k_B T}\right) \tag{8-15}$$

と変形できる．E_C, E_{Fn}, E_{Fp}, n_{n0} はそれぞれ，p型領域での伝導帯下端のエネルギー，n型領域でのフェルミ準位，p型領域でのフェルミ準位，電圧を印加していないときのn型領域での電子密度（ただし $n_{n0} \approx n_n$）であり，(8-3)式

$$qV_{bi} = E_{Fn} - E_{Fp} \tag{8-16}$$

を用いている．空乏層近似の②と③により，順電圧印加時のp型空乏層端での擬フェルミ準位は，(8-15)式の qV_{bi} を $q(V_{bi}-V)$ で置き換えたものとなる．すなわちp型空乏層端には，

$$n_p(0) = n_{n0} \exp\left(-\frac{q(V_{bi}-V)}{k_B T}\right)$$

$$= n_{p0} \exp\left(\frac{qV}{k_B T}\right) \tag{8-17}$$

という電子密度が現れる．ここで，n_{p0} は電圧を印加していないときのp型側の電子密度である．同様に，p_{n0} を電圧を印加していないときのn型側のホール密度として，印加電圧 V に対し

$$p_n(0) = p_{n0} \exp\left(\frac{qV}{k_B T}\right) \tag{8-18}$$

というホール密度がn型空乏層端に発生する．

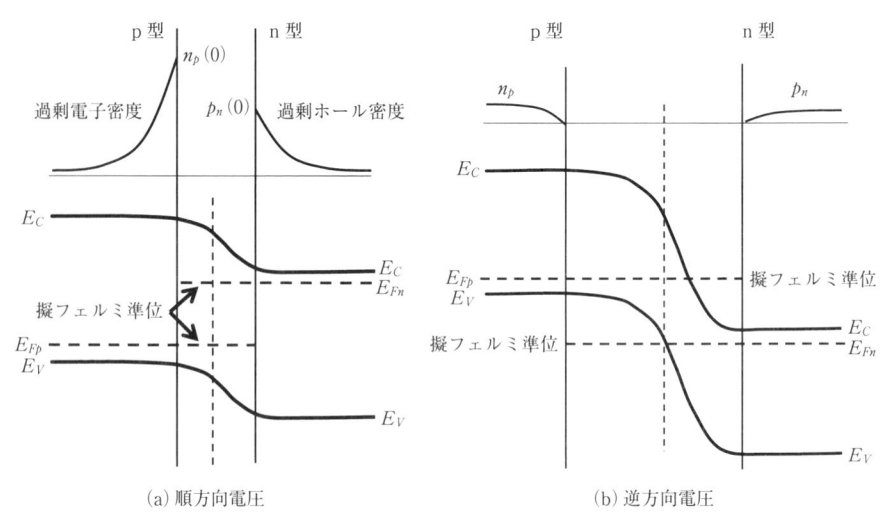

図8.8 pn接合の整流特性

　電流は，電子電流だけを考えると，p型空乏層端に現れた電子が拡散する速度によって決定される．図 8.8(a) に，順方向電圧印加時に p 型領域へ注入された過剰電子密度と n 型領域に注入された過剰ホール密度が，空乏層端から離れるに従って減衰する様子を示す．この分布は (7-28a) 式で表される拡散方程式により記述される．(7-28a) 式で，空乏層外では電界はなく，またキャリアの発生はない場合を考えると，

$$\frac{\partial n_p(x,t)}{\partial t} = D_n \frac{\partial^2 n_p(x,t)}{\partial x^2} - \frac{n_p(x,t) - n_{p0}}{\tau_n} \tag{8-19}$$

式を簡単にするために，p 型空乏層端を $x'=0$，p 型内部への向きを x' の正方向とすると，定常的な電流が流れているときは (8-19) 式左辺はゼロであるので，

$$\frac{\partial^2 n_p(x')}{\partial x'^2} - \frac{n_p(x') - n_{p0}}{D_n \tau_n} = 0 \tag{8-20}$$

$L_n = \sqrt{D_n \tau_n}$ とおき，$x'=0$ では (8-17) 式を，$x'=\infty$ では $n_p(\infty) = n_{p0}$ を境界条件として用いると，

$$n_p(x') = n_{p0} + n_{p0}\left(\exp\left(\frac{qV}{k_B T}\right) - 1\right)\exp\left(\frac{-x'}{L_n}\right) \tag{8-21}$$

電子による拡散電流 I_n は，

$$I_n = -qD_n\left(-\frac{dn_p(x')}{dx'}\right) \tag{8-22}$$

であるから，$x'=0$ での電流は，

$$I_n = \frac{qD_n n_{p0}}{L_n}\left(\exp\left(\frac{qV}{k_BT}\right)-1\right) \tag{8-23}$$

L_n は過剰電子が再結合によって失われていく長さを表し，拡散長（diffusion length）と呼ばれる．ホールに対しても同様に，

$$I_p = \frac{qD_p p_{n0}}{L_p}\left(\exp\left(\frac{qV}{k_BT}\right)-1\right) \tag{8-24}$$

が導かれ，全電流密度は，

$$\begin{aligned}I &= \frac{qD_n n_{p0}}{L_n}\left(\exp\left(\frac{qV}{k_BT}\right)-1\right) + \frac{qD_p p_{n0}}{L_p}\left(\exp\left(\frac{qV}{k_BT}\right)-1\right) \\ &= q\left(\frac{D_n n_{p0}}{L_n} + \frac{D_p p_{n0}}{L_p}\right)\left(\exp\left(\frac{qV}{k_BT}\right)-1\right) \\ &= I_s\left(\exp\left(\frac{qV}{k_BT}\right)-1\right)\end{aligned} \tag{8-25}$$

と求められる．ここで

$$I_s = q\left(\frac{D_n n_{p0}}{L_n} + \frac{D_p p_{n0}}{L_p}\right) \tag{8-26}$$

は逆方向電流で一定値となる電流に相当することから，飽和電流（saturation current）と呼ばれる．逆方向電流は，(8-25) 式で電圧 V を負にしたとき $\exp(qV/k_BT)$ がゼロに近づくため，電圧が k_BT/q より十分大きければ I_s となる．少数キャリアの分布は図 8.8(b) に示す n_p および p_n のようになっており，空乏層端で吸い込まれる少数キャリアの内部からの供給により電流が決まる．この少数キャリアの供給は，電圧がかかっていない領域での拡散過程であり，電圧に依存しないため飽和が起きているのである．

8.4　ヘテロ接合

ここまで，同種の半導体による pn 接合を扱ってきたが，半導体には様々なバンドギャップをもつものがあり，その組み合わせによって1つの種類では実現できない機能を得ることができる．異なる半導体を組み合わせたものをヘテロ接合（hetero junction）と呼ぶ．図 8.9 にヘテロ接合の3種類の型を示す．バンドギャップの大きい半導体をワイドギャップ（A），小さい半導体をナロウギャップ（B）とすると，(a) では半導体 A が B に対して電子・ホールのどちらもバリアとなるが，(b) と (c) では一方だけがバリアとなっている．(a) の組み合わせ

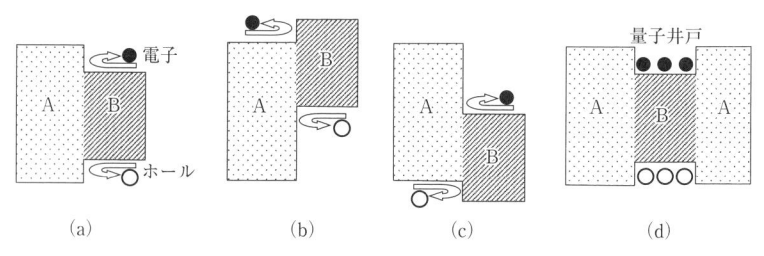

図 8.9 半導体ヘテロ接合の各種バンド関係
A：ワイドギャップ，B：ナロウギャップ．

に対して (d) のように ABA というヘテロ接合をつくると，電子とホールのどちらも中間のナロウギャップ半導体中に閉じ込められる構造となる．この構造は量子井戸（quantum well）と呼ばれ，高密度のキャリアを狭い層内に閉じ込めることができる．

8.5 ショットキ接合

金属と半導体の接合は，一般にショットキ接合（Schottky junction）と呼ばれ，pn 接合と同様の整流性を示す．ショットキ接合の形成過程の定性的説明を図 8.10 に示す．図 8.10(a) に示すような金属と半導体（ここでは n 型半導体とする）を考える．ここで，$q\phi_M$ は金属の仕事関数，χ は半導体の電子親和力である．両者を接近させ，表面を導線で接続する．pn 接合の形成過程と同様に，n 型半導体のフェルミ準位が金属のフェルミ準位より高ければ，図 8.10(b) に示すように電子は半導体から金属に移動し，n 型半導体の電子に対するポテンシャルが相対的に低くなるためフェルミ準位は低下する．金属のフェルミ準位の状態密度は非常に大きいので，電子を受け入れても負電荷をもつだけでバンドの曲がりは無視できる．したがって，電子の移動が終了した時点で導線を外すと，図 8.10(c) に示すようにフェルミ準位が一致した状態，すなわち金属と半導体は平衡状態になっており，このまま両者を接合させても電子の移動はない．その結果，ショットキ接合のバンド図は図 8.10(d) に示すものとなる．

ショットキ接合の半導体側は pn 接合とよく似ているが，金属のフェルミ準位での高い状態密度のため，金属と半導体の接合面でのポテンシャル差 $q\phi_B$ が外部電圧 V に対して一定に保たれ，異なる整流機構のモデルが適用される．すなわち，金属側に負電圧を印加したときに金属から半導体へ放出される電子電流

8.5 ショットキ接合

(a) 互いに独立しているときの半導体と金属

(b) 半導体と金属を導線で接続

(c) 電子の移動が終了したときのバンド図

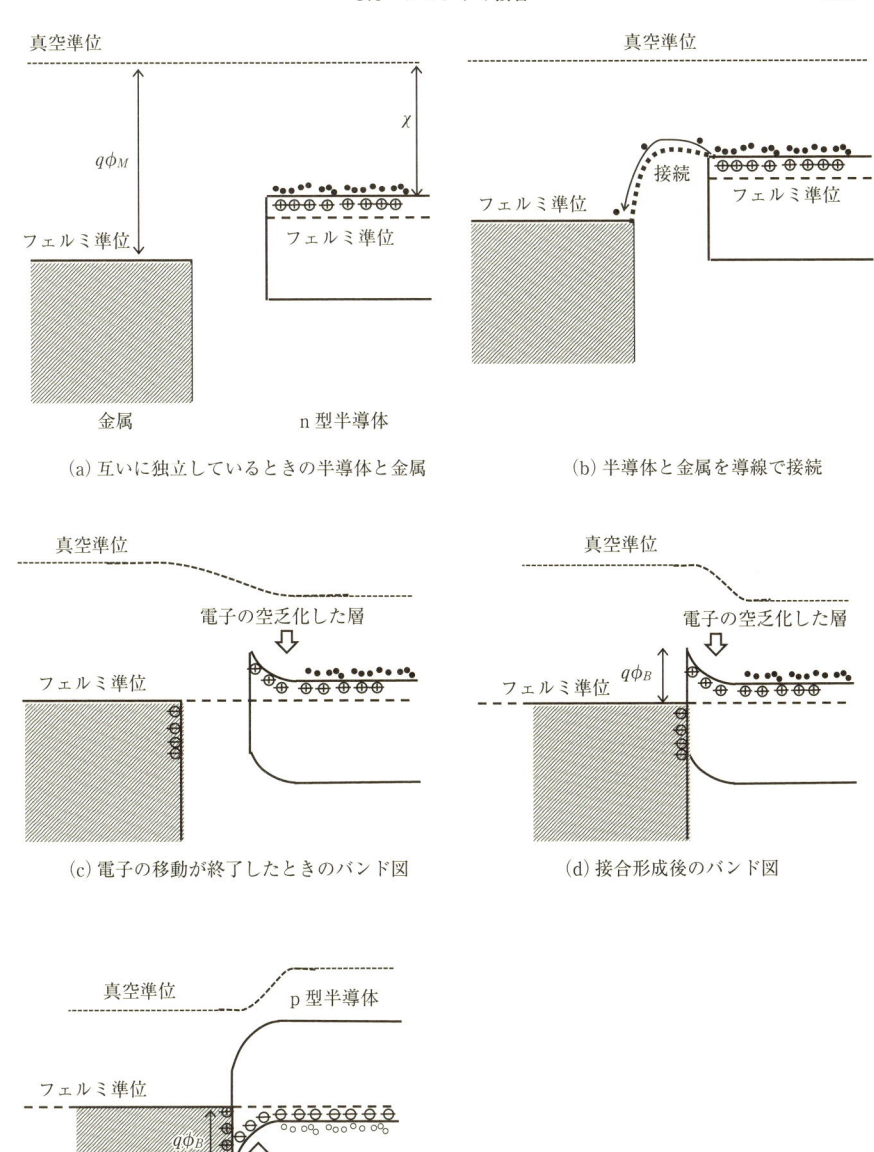

(d) 接合形成後のバンド図

(e) p型半導体に対するショットキ接合のバンド図

図 8.10 ショットキ接合の形成過程

を，5章で述べた熱電子放出として扱い，$V=0$ では半導体から金属へ流れる電子電流とつり合っているとするモデルである．結果のみを記すと，電流 i は，

$$i = AT^2 e^{-\frac{q\phi_B}{k_B T}} \left\{ \exp\left(\frac{qV}{k_B T}\right) - 1 \right\} \quad (8\text{-}27)$$

と表される．ここで $A = 120 \times 10^4 \text{ A m}^{-2} \text{ K}^{-2}$ は5.5節で述べたリチャードソン-ダッシュマン定数であり，ϕ_B はバリアハイト（barrier height）と呼ばれる障壁の大きさで，

$$q\phi_B = q\phi_M - \chi \quad (8\text{-}28)$$

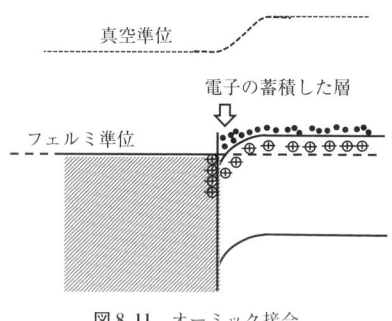

図8.11 オーミック接合

である．p型半導体に対しても，図8.10(e) に示すような同様のショットキ接合が形成される．

以上は $q\phi_M > \chi$ の場合であったが，$q\phi_M < \chi$ のときは図8.11に示すバンド図となる．このとき，金属と半導体との間にバリアは存在しないので，整流性はなく接触部での抵抗は小さくなる．このような接合をオーミック接合と呼び，その形成技術は半導体デバイスの直列抵抗を抑制するための重要な技術の1つとなっている．

ここまでの議論は理想化した金属-半導体接合の理論であるが，実際の接合では界面準位が重要な役割をもち，バリアハイトが ϕ_M によって理論通りには変化せず，場合によっては界面準位だけで決定されることも多い．

【問　題】

1) p型領域のアクセプタ濃度を $N_A = 10^{21} \text{ m}^{-3}$，n型領域のドナー濃度を $N_D = 10^{24} \text{ m}^{-3}$ としたときのpn接合ダイオードについて以下の問いに答えよ．ただし，不純物分布は階段接合とし，温度は300 K，Siの真性キャリア密度は $n_i = 1.5 \times 10^{16} \text{ m}^{-3}$ とする．
    (1) 内蔵電位 V_{bi} を求めよ．
    (2) p型側の空乏層幅 x_p とn型側の空乏層幅 x_n を求めよ．
    (3) 接合面積 S が $10\,\mu\text{m}$ 角（$S = 1.0 \times 10^{-10} \text{ m}^2$）のときの空乏層容量を求めよ．
2) p型Siにおいて，電子の拡散係数 $D_n = 5 \times 10^{-3} \text{ m}^2 \text{ s}^{-1}$，少数キャリア寿命 $\tau_n = 10^{-8}$ s のときの拡散長 L_n を求めよ．

9. 半導体デバイス

電子物性に関わる応用技術で，最も重要なのは電子デバイスである．1947年に発明されたトランジスタに端を発する半導体デバイスは，集積デバイスや光デバイスの発展を通して情報革命を引き起こした．さらに発電（太陽電池）や照明（発光ダイオード）など，エネルギー・環境も含めて，多くの分野で多大な影響力をもつに至っている．本書は電子物性全般を扱う教科書であり，紙数の関係で電子デバイスを網羅することはできないが，本書だけで概要を理解できるように最も主要なデバイスであるMOSFET（金属-酸化物-半導体-電界効果トランジスタ，metal oxide semiconductor field effect transistor）を中心に解説する．

9.1 金属-絶縁体-半導体接合

9.1.1 SiとSi酸化膜界面の性質

Si-MOSFETの主要構成要素は，金属-酸化物-半導体（MOS）構造である．酸化物とはSiを酸化して得られるSi酸化膜（SiO_2）のことであり，高い絶縁性と非常に高品質なSiとの界面特性が得られることから，MOSFETの高集積化を担ってきた．素子の微細化とともにSiO_2に高誘電率絶縁体を組み合わせた絶縁膜の使用に移行したが，MOS構造という名前はそのまま使われている．

半導体の表面は結合手の切れた状態であり，その表面に絶縁体膜を形成すると，一般には半導体と絶縁体膜の界面に高密度の欠陥が発生する．界面の欠陥は，少数キャリアの再結合中心やキャリアの捕獲中心（トラップ，trap）としてはたらく．そのため，ほとんどの半導体では外部電圧の変化が界面準位でのキャリアの捕獲・放出に使われ，半導体内部でのキャリア密度変化に使われず，電子デバイスとして利用できない．しかしSiO_2/Si界面は，SiO_2自体が絶縁体として特異的に優れていること，酸化によって界面が形成されるため欠陥や不純物が導入されにくいことなどから，例外的に欠陥密度の極めて低い界面が形成されている．このSiO_2/Si界面によって不安定な表面が保護され，外部電圧によるキャリア密度の制御が可能になり，Si集積回路技術発展の原動力となった．

9.1.2　金属-絶縁体-半導体接合のバンド構造

　図 9.1(a) に p 型半導体を用いた MOS 構造（MOS ダイオードともいう）とそのバンド図を示す．ここで，W_M は金属の仕事関数で，金属のフェルミ準位 $E_{F,M}$ と真空準位とのエネルギー差，W_S は半導体の仕事関数で，半導体のフェルミ準位 $E_{F,S}$ と真空準位とのエネルギー差，χ は半導体の電子親和力（electron affinity）で，半導体の伝導帯下端 E_C と真空準位とのエネルギー差でそれぞれ定義される．また，半導体の価電子帯上端を E_V とする．

　pn 接合のときと同様に平衡状態でのバンド図をつくる．図 9.1(b) のように金属と半導体を導線でつなぐと，$E_{F,M}$ が $E_{F,S}$ より高いため，金属から半導体へ電子が移動する．金属はフェルミ準位近傍での状態密度が高いので，電子が移動した後の正電荷は界面に蓄積している．$E_{F,M}$ と $E_{F,S}$ が一致すると電子の移動は止まり（図 9.1(c)），そのまま金属と半導体を酸化膜に接触させると電圧をかけていないときの MOS 構造のバンドが描ける（図 9.1(d)）．このとき界面に存在する電荷は，金属側では電子が抜けた後の正電荷 Q_M，半導体側では受け入れた電子とホールが再結合したことによって生成した負にイオン化したアクセプタの負電荷 Q_S である．半導体側の負電荷発生は，pn 接合の空間電荷層，または空乏層と同じ機構である．また，酸化膜中でのポテンシャルは簡単のため一定としている．

　次に，半導体を接地し金属側を電極として電圧 V_G を印加する．ここで V_G と表記したのは，MOSFET のゲート電圧（MOSFET の構造については 9.2 節で述べる）に相当するためである．以下，バンド図を用いて界面に誘起される電荷を調べる．

(1) 十分高い負電圧（$V_G \ll 0$，図 9.2(a)）

　金属側の負電圧により金属界面の正電荷は電子で埋まり，電子が蓄積される．半導体側では空間電荷層が消滅し，界面にはホールが蓄積する．この状態を蓄積状態という．

(2) 低い負電圧（$V_G < 0$，図 9.2(b)）

　金属側の負電圧が低いときには金属界面の正電荷は残っており，半導体側には空間電荷層が形成されている．この状態を空乏状態という．

(3) 低い正電圧（$V_G > 0$，図 9.2(c)）

　金属側の正電圧が低いときには金属界面の正電荷は増加するが，半導体側で金属側の正電荷に対応する電荷はすべて空乏層のイオン化アクセプタであり，キャリアはほとんど発生していない．この状態も空乏状態である．

9.1 金属-絶縁体-半導体接合

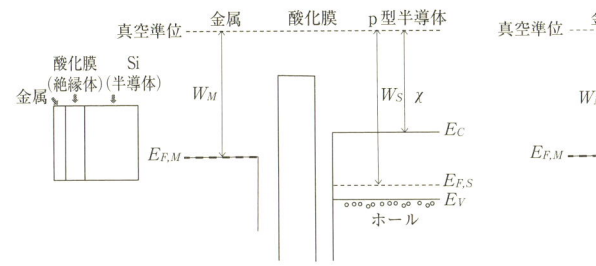

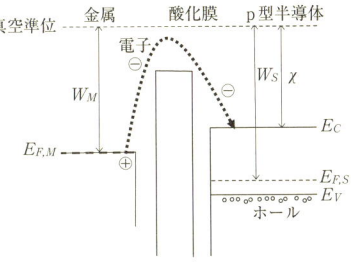

(a) p型半導体を用いたMOS構造, それぞれが離れているとき

(b) 導線による金属と半導体の接続

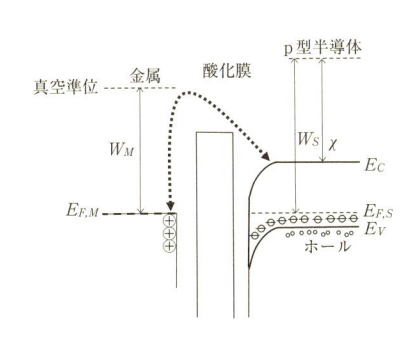

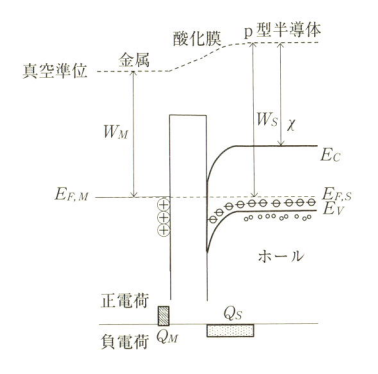

(c) 電子の移動が終了したとき

(d) 接合させたMOS構造

図9.1 MOS構造のバンド形成

(4) 十分高い正電圧 ($V_G \gg 0$, 図9.2(d))

　金属側の正電圧が十分高いとき，半導体側の表面（SiO_2との界面）ではフェルミ準位が価電子帯寄りから伝導帯寄りに転換する．すなわち表面はn型となり，電子が誘起される．これを反転（inversion）状態といい，反転状態が強くなると表面の電子密度はp型内部のホール密度よりも高くなる．この反転状態をつくるのに必要な電圧をしきい値電圧（V_{th}）といい，MOSFETの動作電圧を決める重要な特性である．

　図9.2(a)〜(d)でわかるように，MOS構造は両端に電荷の蓄積を伴い，静電容量とみることができる．この静電容量は，酸化膜の両端の酸化膜容量（C_{ox}）と，SiO_2/Si界面と空乏層端との間の空乏層容量（C_{dep}）の直列接続である．す

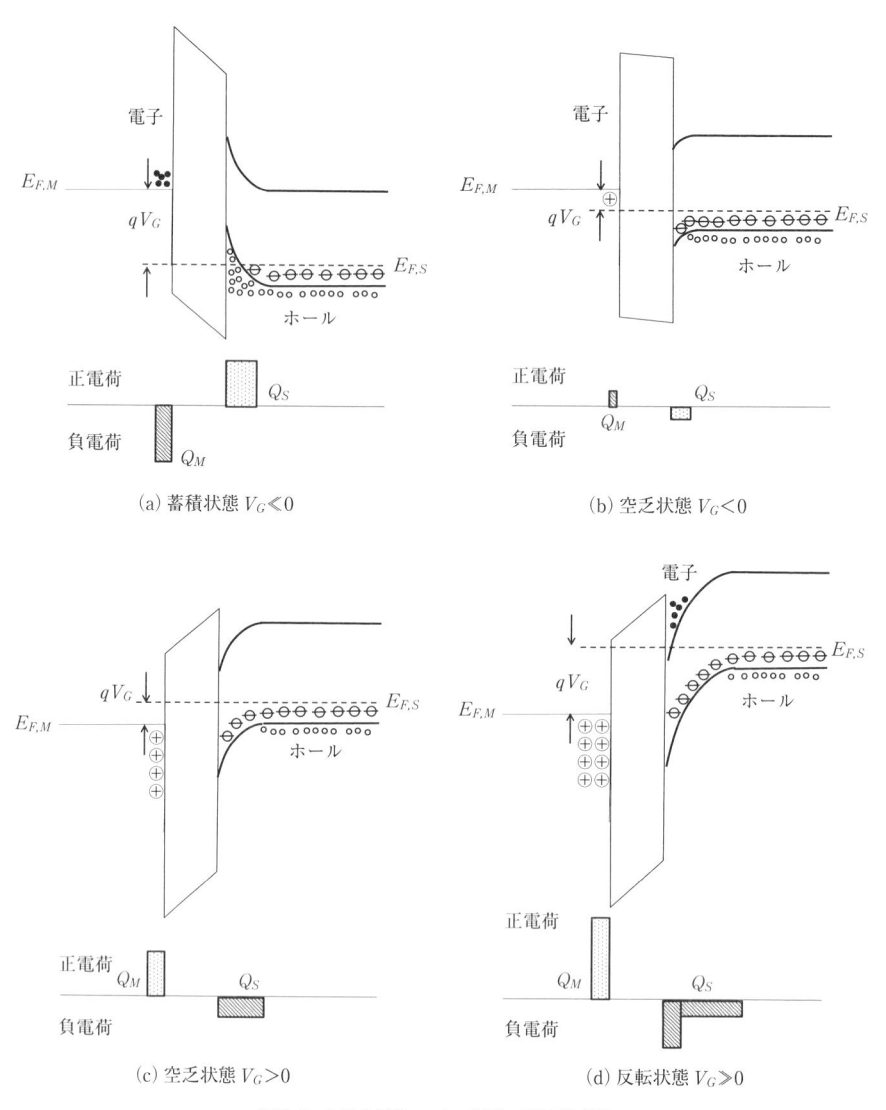

図 9.2 MOS 構造のバンド図の電圧依存性

なわち,

$$C = \frac{C_{ox}C_{dep}}{C_{ox}+C_{dep}} \tag{9-1}$$

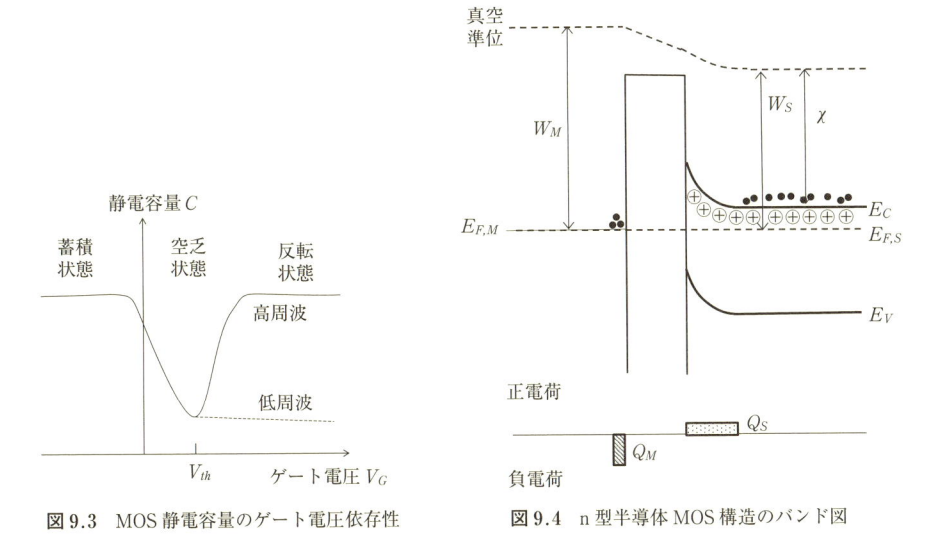

図 9.3 MOS 静電容量のゲート電圧依存性

図 9.4 n 型半導体 MOS 構造のバンド図

であり，定性的には図 9.3 に示すゲート電圧依存性は以下のように説明される．①蓄積状態では，空乏層幅は非常に小さいので C_{ox} で決まる．②空乏状態では，正電圧とともに空乏層の幅が広がっていくので空乏層容量値も小さくなり，(9-1) 式で決まる外部容量は減少する．③反転状態では，空乏層幅は非常に大きいが，外部電圧で蓄積される電荷は金属側と反転層中の電荷であり，低周波では C_{ox} にほぼ等しい．しかし，高周波測定では反転層中のキャリアの生成消滅が追随できず，空乏層幅の変化のみが静電容量として現れる．そのため，幅の広い空乏層の容量が C_{ox} と直列に入るため，最も小さな値となる．

以上は p 型半導体に対する MOS 構造であるが，n 型半導体に対しても同じ議論が成り立つ．図 9.4 に，電圧をかけていないときの n 型半導体 MOS 構造のバンド図を示す．

9.2 MOSFET

MOSFET の基本構造を図 9.5 に示す．ゲート直下は 9.1 節で詳しく述べた MOS 構造となっており，ゲート電極の電位によって酸化膜直下の電子数を制御し，ソースからドレインへ流れる電流を制御するデバイスである．MOSFET に

は，電子がキャリアとなる n 型 MOSFET とホールがキャリアとなる p 型 MOSFET とがある．図 9.5 は n 型 MOSFET であるが，伝導型を反転させると p 型 MOSFET になり，集積回路では両者を組み合わせた CMOS（相補型 MOS, complementary MOS）回路が一般的である．

次に n 型 MOSFET を例にとって動作原理を定性的に説明する．ソース電極を接地し，ゲート電圧を V_G，ドレイン電極の電圧を V_D，ゲート直下の MOS 構造のしきい値電圧を V_{th} とする．V_{th} は電極材料や不純物密度に依存するが，ここでは $V_{th}>0$ とする．すなわち，$V_G=0$ ではゲート直下は p 型であり，$V_G>V_{th}$ で反転層が形成されてゲート直下が n 型となる．また，ゲート直下が反転していないとき，正の V_D に対してドレインとチャネル部は逆方向電圧に，ソースとチャネル部は順方向電圧となっている．ドレイン電圧 V_D とドレイン電流 I_D の関係は，2 つの領域に分けられる．

(1) $V_D<V_G-V_{th}$

$V_G<V_{th}$ では電流は流れない，すなわち $I_D\approx0$ である（カットオフ領域）．$V_G>V_{th}$ では図 9.6(a) に示すように，ゲート直下は n 型になっており，V_D がゲート直下の電位に影響しない程度に低ければ，ソースからドレインにかけては $n^+/n^-/n^+$ の導電型になっているので，抵抗性の電流が流れる．これを線形領域と呼び，図 9.7 に示すように V_D とともに電流は増大する．

(2) $V_D>V_G-V_{th}$

このときのドレイン端近傍のゲート電極直下の電位を考えると，$V_D\approx V_G-V_{th}$

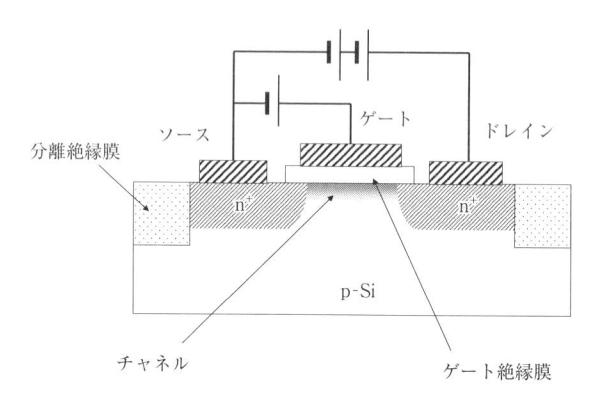

図 9.5　n 型 MOSFET の構造

9.2 MOSFET

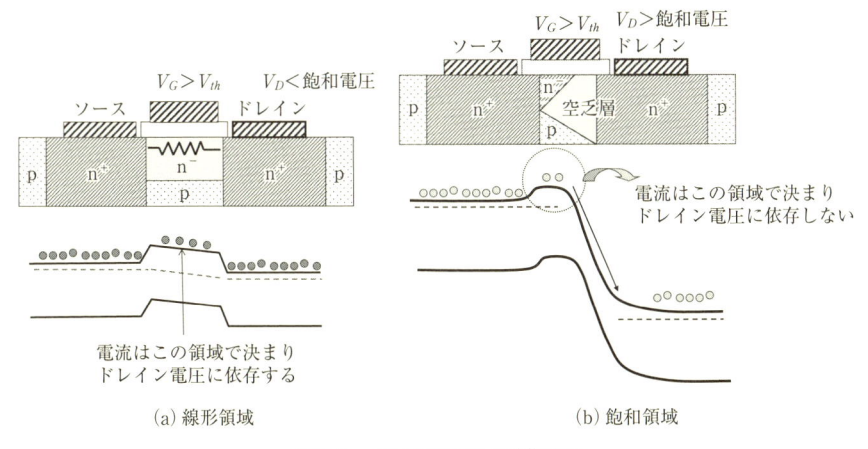

図 9.6 n 型 MOSFET の動作原理

(a) 線形領域 / (b) 飽和領域

では $V_G - V_D \approx V_{th}$ が実効的なゲート電圧であるから，反転領域ではなくなる．すなわち，ドレイン端で n 型チャネルは消失し，V_D は逆方向電圧であるのでドレイン端付近は空乏層となる（図 9.6(b)）．しかし，逆方向電圧はもともと少数キャリア（今の場合は電子）に対しては流れやすい方向であり，ドレイン端の空乏層に達している電子は空乏層の強い電界によってドレインに吸い込まれる．この場合，V_D の増分は空乏層を広げることだけに使われ，電流は空乏層端に達する電子の

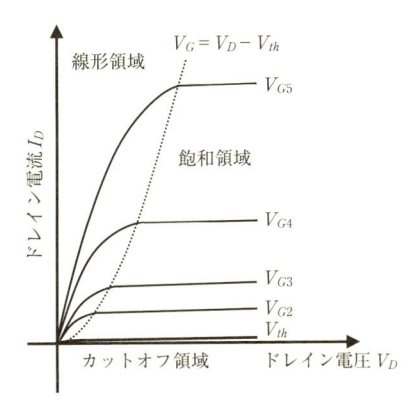

図 9.7 n 型 MOSFET のドレイン電流-ゲート電圧特性

密度で定まっているのでほとんど変化しない．そのため I_D は V_D に対して，図 9.7 の飽和領域と記した領域の特性のように一定となる．

半導体デバイスの主流は CMOS 集積回路であり，その利点を簡単に述べておく．図 9.8 に CMOS 回路を示す．CMOS 回路は，p 型 MOSFET と n 型 MOSFET を両者のドレインで直列接続した形になっている．図 9.8(a) の V_{DD} と V_{SS} はドレイン電圧に相当するが，p 型 MOSFET は n 型 MOSFET と電圧が反対になっているので，p 型 MOSFET に対しては常に負のドレイン電圧が印加されて

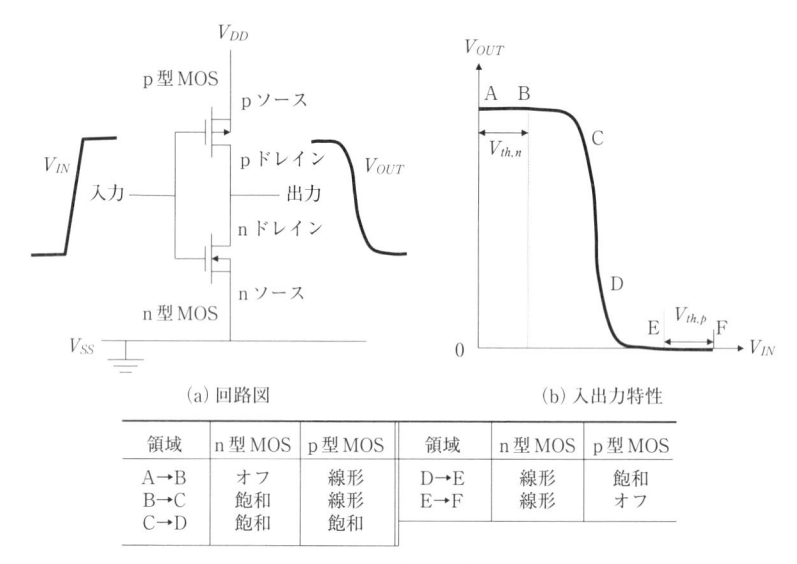

図 9.8 CMOS 回路

領域	n型MOS	p型MOS	領域	n型MOS	p型MOS
A→B	オフ	線形	D→E	線形	飽和
B→C	飽和	線形	E→F	線形	オフ
C→D	飽和	飽和			

いる．ここで入力電圧 $V_{IN} \approx 0$ とすると，n型 MOSFET に対しては $V_G < V_{th}$ であるからオフ状態である．一方，p型 MOSFET は $V_G \approx V_D$ と同等なのでオン状態である．したがって，出力電圧 V_{OUT} は $V_{OUT} \approx V_{DD}$ である．次に $V_{IN} \approx V_{DD}$ とすると，n型 MOSFET に対しては $V_G > V_{th}$ であるからオン状態である．一方，p型 MOSFET は $V_G \approx 0$ とみなせるのでオフ状態であり，$V_{OUT} \approx 0$ である．V_{OUT} は $V_{IN} = 0 \to V_{DD}$ という入力変化に対して反転する．図 9.8(b) は入力電圧に対する出力電圧の対応を示すもので，反転の過程では過渡的に電流が流れるが，いったん反転した後はどちらかの MOSFET がオフ状態であるため電流がほとんど流れず，低消費電力である．この低消費電力が，高密度集積回路の要請に適合している．

9.3 バイポーラトランジスタ

Si バイポーラトランジスタ (bipolar transistor) は最初の3端子半導体デバイスであり，集積回路発展の端緒となったデバイスである．プレーナ型と呼ばれるバイポーラトランジスタの構造を図 9.9(a) に，動作原理を図 9.9(b) により簡単に示す．エミッタとベースに低い順方向電圧がかかった状態では，エミッタ

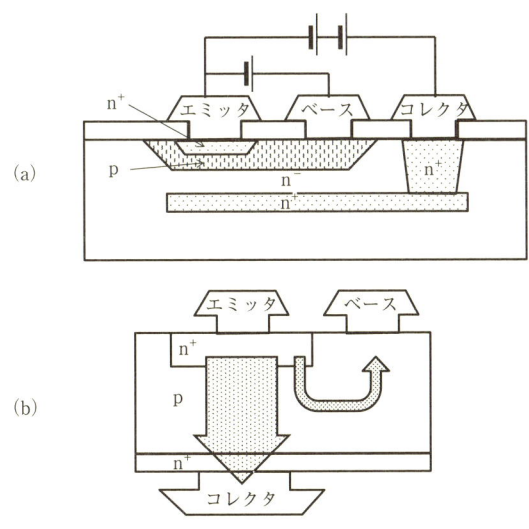

図9.9 バイポーラトランジスタの基本構造

（高濃度 n 型不純物層）からベース（低濃度 p 型不純物層）へ電子が注入される．このとき，注入された電子は p 型ベース層の中では少数キャリアである．ベースとコレクタの間には高い逆方向電圧が印加されているが，pn 接合のところで述べたように，逆方向電圧は少数キャリアにとっては流れやすい方向であるため，ベース層中の電子はほとんどがコレクタに吸収される．ベース電流を入力電流と考えると，小振幅のベース電流変化に対して大きなコレクタ電流変化が得られるので，増幅素子として機能していることがわかる．

9.4 化合物半導体デバイス

Si は欠陥のない高品質の結晶性，大口径ウェーハの成長技術（図 3.1 および 3.32（a）），低価格，SiO_2/Si 界面の極めて低い欠陥密度などの特徴から，高集積デバイスでは他の材料に置き換わることはない．しかし，III-V 族化合物半導体には，Si がもっていない次のような特徴がある．

① 直接遷移型の結晶により高い発光効率が得られる．
② III 族の Al，Ga，In と V 族の N，P，As などの組み合わせにより様々な混晶が得られ，格子定数とバンドギャップを設計することができる．
③ 移動度の高い材料による超高速デバイスや，広いバンドギャップによる高パ

ワーデバイスが可能になる．

　これらの特徴により，個別デバイスでは様々なデバイスが開発されている．特に，①の発光デバイスはSiでは作製しにくいので化合物半導体の独壇場である．これについては，11章で述べる．②の混晶化により実現する異なるバンドギャップの組み合わせは，8.4節で述べたヘテロ接合の作製に応用される．③の高移動度はGaAs-FET（電界効果トランジスタ，field effect transistor）や，ヘテロ接合と組み合わせた高電子移動度トランジスタ（high electron mobility transistor）として，高速デバイス分野で独自の応用分野をもつ．

9.5　その他の半導体デバイス

　主要な半導体デバイスは，Si集積デバイス，化合物半導体の個別デバイス，光関連デバイスである．Si太陽電池，化合物半導体発光デバイスなどの光デバイスは11章にまとめて，ここではその他の半導体の特性と応用を熱電効果について簡単に述べる．

(1) ゼーベック効果（Seebeck effect）

　半導体の両端に金属を接続し，両端に温度差をつけると電位が発生する．これは，高温側で不純物準位から発生したキャリアが低温側へ拡散し，高温側にイオン化した不純物が残されることによる．発電効率は悪いが，廃熱利用による発電の可能性が期待されている．

(2) ペルチエ効果（Peltier effect）

　半導体と金属の接合部に電流を流すと，一方で熱の発生が起こり，一方で冷却が起こる現象である．この現象は，電子冷凍素子に応用される．

【問　題】

1) MOSFETでは界面制御が主要課題の1つである．MOS構造において，Siと酸化膜の界面に電子を捕獲する準位（トラップ）が存在すると，誘起されるキャリアにどのような影響が及ぶか考察せよ．

10. 物質の誘電的性質と絶縁体の導電現象

一般に，絶縁体は電気を通さない物質であり，誘電体は電圧が加わったときに物質内部に分極が現れる材料をいう．物性論的にはどちらも，フェルミ準位がバンドギャップ内にあり，バンドギャップが大きく，自由キャリアがほとんど存在しない物質である．しかし応用上は，誘電体がコンデンサなどのように電気を蓄えたり，MOSFET のように電流を流さずにキャリアを誘起するのに使われるのに対し，絶縁体は電気的に分離することを目的とする．本章では，誘電的性質と絶縁体としての性質を分けて述べる．

10.1 分 極

原子は正の電荷をもつ原子核と負の電荷をもつ電子から構成されているので，電界中では正電荷と負電荷の重心がずれ，電界の方向に配向した双極子がつくられる．異なる原子間で電荷の偏りをもつ分子ではその向きが電界方向にそろい，陽イオンと陰イオンをもつ物質ではその相対位置が電界方向に変位する．これらは，物質表面にマクロな電荷を発生させる．これを分極という．分極は，すべての原子1個がもつ電子分極，分子がもつ配向分極，イオンに起因するイオン分極に大別できる．

10.1.1 電子分極（electronic polarization）

これはすべての物質に存在する基本的な分極で，イオン半径の大きい原子ほど電子分極率は大きい．この分極率を求める．ここでは，原子核位置を固定して電子の重心の変位を求める．電界 F から電子が受ける力 F_e は，電子の個数を Z，電子の電荷を q として，

$$F_e = -ZqF \tag{10-1}$$

である．電子の重心と原子核とのずれを x とし，電子はイオン半径 r 内に一様に分布しているとすると，図 10.1 に示すように，引力 F'_e に寄与する電子雲の割合は半径 x の球内だけである．したがって F'_e は，

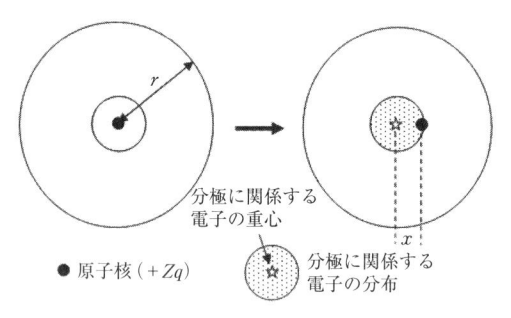

図10.1 原子の電子分極

$$F_e' = \frac{1}{4\pi\varepsilon_0} \cdot \frac{Zq\left(Zq \cdot \dfrac{x^3}{r^3}\right)}{x^2} \tag{10-2}$$

と表される．F_e と F_e' の和がゼロという条件から，

$$x = \frac{4\pi\varepsilon_0 r^3}{Zq} \cdot F \tag{10-3}$$

が求められる．このように電界に誘起された誘導双極子モーメント μ_e は，電荷 Zq と電荷間の距離 x の積で定義され，

$$\mu_e = Zqx = Zq \frac{4\pi\varepsilon_0 r^3}{Zq} \cdot F = 4\pi\varepsilon_0 r^3 F \tag{10-4}$$

となる．電界に対する比例定数を α_e とすると，

$$\mu_e = \alpha_e F \tag{10-5}$$
$$\alpha_e = 4\pi\varepsilon_0 r^3 \tag{10-6}$$

この α_e を電子分極率という．

10.1.2 配向分極 (orientational polarization)

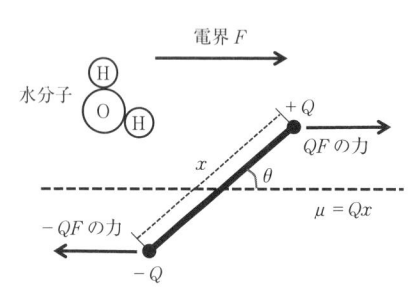

図10.2 永久双極子モーメントの電界による配向

水分子は図2.9に示したように，正電荷をもつ2個の水素の重心と負電荷をもつ酸素の重心とが異なる位置にあるため，電界のない状態でも分極している．これを永久双極子モーメントという．電界のないとき，水の双極子は不規則な方向を向き，平均的にはマクロな分極を示さない．しかし電界中では，図10.2に示すように双極子が回転力を受けて電界方向に

そろおうとする．この配向は熱運動によって乱されるので，高温ほどマクロな分極は小さくなる．配向分極の大きさP_oは，双極子モーメントをμ，単位体積中の分子数をnとし，$\mu F \ll k_B T$が成り立つときは，統計力学を用いた計算により，

$$P_o = n\frac{\mu^2}{3k_B T}F \tag{10-7}$$

と導かれる．

10.1.3 イオン分極（ionic polarization）

1個の分子または固体が正負のイオンを含む場合，永久双極子をもたなくてもイオンの相対位置が電界によって変位すると分極を生じる．永久双極子をもつ分子の場合は，配向の変化に加えてイオン間の距離などの相対位置が変化すると分極を発生する．NaClのようなイオン結晶は永久双極子モーメントをもたないが，図10.3に示すように，Na^+とCl^-の相対位置が変化しマクロな分極が現れる．また，CCl_4の場合，結合角の変化により双極子モーメントが発生する．

10.2 分極と誘電率

前節では分極の一般論を原子・分子のレベルから論じたが，ここからは固体の分極と誘電率を扱う．絶縁固体に電界がかかると，前節で述べた電子分極やイオン分極により双極子がつくられ，固体にはそれらの和としての誘電分極（dielectric polarization）が現れる．固体内部では正負の電荷は中和されているが，表面には図10.4に示すように電荷が現れる．

このときの分極と内部電界を静電気学で記述する．以下の議論は一般的にはベクトルで記述されるが，ここでは理解しやすくするために外部電界は平行電界とし，分極も外部電界に平行であるとして大きさだけを扱う．外部電界により誘起された物質内部の電界をF，分極の大きさをP，真空中の誘電率をε_0とすると，

$$P = \varepsilon_0 \chi_e F \tag{10-8}$$

と表される．ここで，χ_eは電気感受率（electric susceptibility）と呼ばれる分極のしやすさを表す物質定数である．電束密度（dielectric flux density）Dは，電界Fおよび分極Pとは，比誘電率をε_rとして次の関係がある．

$$D = \varepsilon_0 \varepsilon_r F \tag{10-9}$$
$$D = \varepsilon_0 F + P \tag{10-10}$$
$$\varepsilon_r = 1 + \chi_e \tag{10-11}$$

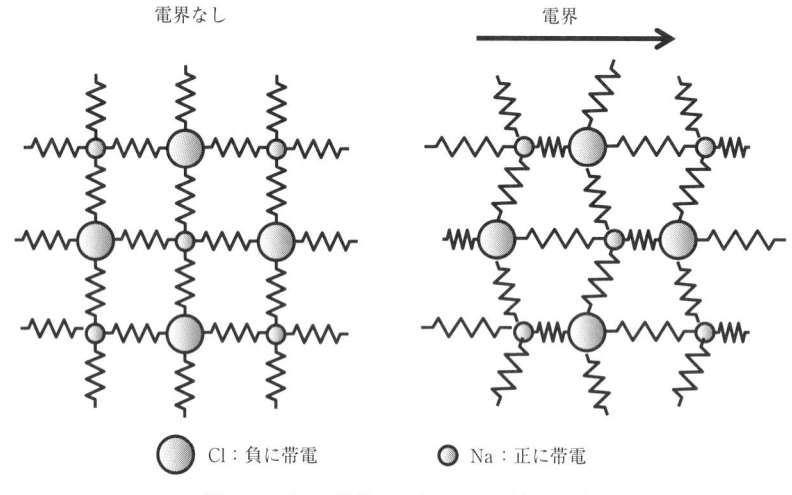

図 10.3　イオン結晶におけるイオン分極の発生

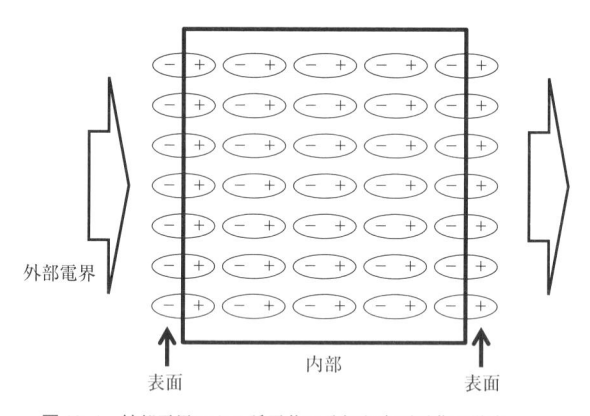

図 10.4　外部電界による誘電体の分極と表面電荷の発生

物質の比誘電率 ε_r は，10.1 節で述べた分極の寄与を合わせたものである．
　He などの希ガスの分極は電子分極のみである．また，Si などの元素半導体やダイヤモンドの分極も電子分極だけと考えてよい．永久双極子モーメントは一般に液体・気体状態の分子がもつ分極であるが，10.3 節で述べる強誘電体は永久双極子モーメントをもち，その配向が整列することにより強誘電性を発現すると考えてよい．イオン分極は NaCl のようなイオン結晶で寄与が大きいが，元素物

10.2 分極と誘電率

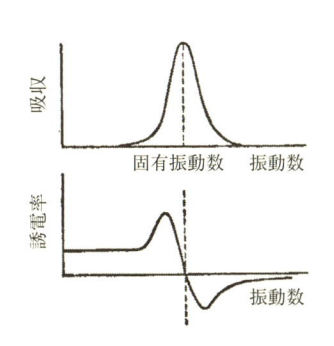

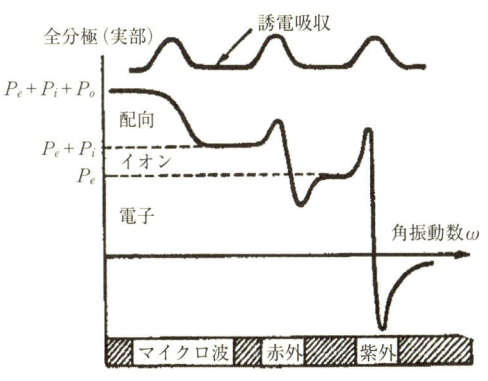

図 10.5 分極の固有振動数付近での共鳴吸収と誘電率の異常分散

図 10.6 物質の全分極と電磁波の周波数との関係

質以外は多かれ少なかれイオン性をもつため，イオン分極の寄与が生じる．

物質が振動電界，すなわち電磁界中におかれたときの応答を考える．周期的に反転する電界に対して分極もその向きを反転させるが，双極子モーメントの反転が電界の変化に追随できなくなると分極への寄与は小さくなる．双極子モーメントの反転には固有の振動数があり，一般に固体に入射する電磁波は，その固有の振動数付近で吸収が大きくなり，誘電率も大きな変化を示す．これを共鳴吸収および異常分散といい，図 10.5 に示すように変化する．分極のおよその共鳴周波数は，

① 電子分極 P_e では 10^{15} s^{-1} 程度で紫外線領域
② イオン分極 P_i では 10^{13} s^{-1} 程度で赤外線領域
③ 配向分極 P_o では $10^6 \sim 10^9$ s^{-1} 程度で 1 MHz～1 GHz の電磁波領域

となる．したがって，物質の全分極は図 10.6 に示すような周波数（波長）依存性をもつ．

物質中の双極子が外部電界によって変化するとき，一部は熱となる．すなわち，交流電界や電磁波に対してエネルギーの損失を伴う．コンデンサの測定では，電流の位相は理想的には外部電界に対して 90 度進むが，損失があると 90 度から遅れを生じる．損失はこの角度に対応するため，誘電損失のことをタンジェントデルタ，略してタンデルタと呼ぶことが多い．

10.3 強誘電体

多くの物質は電界に対して分極しても，電界を取り去ると分極は消失する．しかし，物質によっては電界を取り去っても分極が残ることがある．このような性質を自発分極といい，その性質をもつ物質を強誘電体（ferroelectric material）という．自発分極の機構には，変位型と秩序・無秩序相転移型とがある．変位型は結晶内のイオンが平衡位置から変位し，電界を取り去った後もその変位が固定されるもので，多くの強誘電体はこの型に属する．秩序・無秩序型は結晶内に反転または回転できる双極子をもつものであり，双極子が整列すると自発分極（spontaneous polarization）が現れる．

強誘電体の代表であるチタン酸バリウム（$BaTiO_3$）を例にとって，変位型の具体的強誘電性機構を調べてみよう．図10.7に結晶構造を示す．Ba原子位置を結晶格子点にとると，Tiイオンは面心に位置する6個の酸素イオンと結合しているが，室温付近では図10.7(a)に示すように酸素イオンの重心と少しずれた位置に安定点をもつ．この安定点は等価な2点があり，一方の安定点からもう一方の安定点へ移るためにはエネルギーバリアを超える必要がある．したがって，外部電界により一方の安定点に整列すると，電界を取り去った後も分極が残る．高温で安定点間のエネルギーバリアより熱エネルギーが高くなると，自発分極は

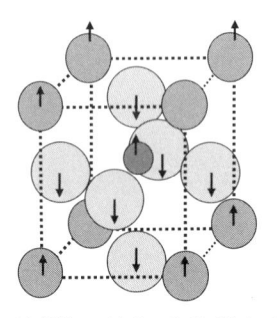

(a) 低温：正方晶で強誘電性を示す　　(b) 高温：立方晶で常誘電性を示す

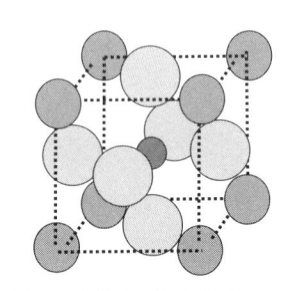

○：Ba^{2+}　　●：Ti^{4+}　　○：O^{2-}

図10.7 チタン酸バリウムの結晶構造と強誘電性の発生・消失の機構

消失する．このときは図10.7(b) のように，Tiイオンは平均として酸素イオンの重心と同じ点にある．この自発分極が消失する温度をキュリー温度（Curie temperature）という．自発分極が消失した強誘電体には，様々な方向に分極した分域（domain）が含まれ平均として分極が現れていないが，電界によって分域の分極がそろうと強誘電性が現れる．このような電界の履歴に依存する特性（ヒステリシス）は，メモリ効果とも読み替えられるため，非破壊で読み出し・書き換えの可能な不揮発性メモリ材料として利用される．

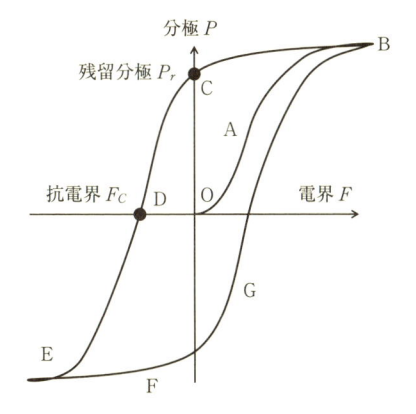

図10.8 強誘電体の電界と分極

図10.8に強誘電体の外部電界変化に対する分極の変化を示す．まず，強誘電体をキュリー温度以上で熱処理したのち電界を印可しない状態で温度を下げると，自発分極のない無秩序な状態となる（O）．次に電界を印可する（A）と分極を生じ，結晶全体の双極子が整列すると分極は飽和する（B）．次に電界をゼロに戻しても自発分極により分極はゼロにならない（C）．この自発分極を残留分極 P_r という．さらに電界を反対方向に増加していくと，ある電界で残留分極が消失する．この電界を抗電界（抗電力）F_C という（D）．逆方向電界を増加すると分極は次第に飽和し（E），さらに電界の減少（F）と反転（G）に対して同様の変化を示す．

電子デバイスにおいて，寄生容量はしばしば動作速度の限界を決めるため，絶縁体としてはできる限り誘電率の低い材料が望まれる．一方，MOSFETの性能向上にはゲート材料の高誘電率化が不可欠であり，HfO_2 をベースとする高誘電率ゲート絶縁膜（high-k絶縁膜）が開発されている．

10.4 誘電体内の導電現象

物質が絶縁化する1つの機構は「バンドギャップが大きい」ことであり，もう1つの機構は「原子配列が不規則になり，電子が局在する」ことである．絶縁体中では，局在した電子が準位間を飛び移るホッピング伝導（後述）がしばしば支配的となる．このとき電子は，周期ポテンシャル中での電子の運動を記述する

「運動量とエネルギー」ではなく「位置とエネルギー」で表される.

10.4.1 絶縁体中の電子・ホールのバンド伝導

金属・半導体中の電気伝導は，図 10.9 に示すようなバンド理論に基づく伝導理論によって記述される．復習すると，電子は波としての波数を k として，次に示す結晶内運動量とエネルギーによって指定される．

$$結晶内運動量：p = \hbar k \tag{10-12}$$

$$エネルギー：E = \frac{\hbar^2}{2m} k^2 \tag{10-13}$$

また自由電子密度 $n(E)$ は，状態密度 $Z(E)$ とフェルミ分布関数 $f(E)$ との積をエネルギーについて積分したものである．

$$f(E) = \frac{1}{e^{\frac{E-E_F}{k_B T}} + 1} \tag{10-14}$$

$$n(E)dE = Z(E)f(E)dE \tag{10-15}$$

金属や通常の半導体結晶ではバンド伝導が支配的であるが，絶縁体では状態密度（伝導帯）と $f(E)$ の「裾」との重なりがほとんどないため，自由電子密度 $n(E)$ は極めて小さくなる．しかし，バンドギャップ中で伝導帯に近いエネルギーに電子の準位をつくると，絶縁体でもバンド伝導による電流が支配的になることもある．価電子帯に近い位置にホールの準位をつくるときも同様である．およその数値を計算してみよう．室温での熱エネルギー $k_B T$ は $0.025\,\text{eV}$ 程度で，半導体のバンドギャップは $1 \sim 3\,\text{eV}$ 程度である．$1\,\text{eV}$ のとき真性半導体（不純物がない）の $f(E)$ は，$E - E_F = 0.5\,\text{eV}$ として，およそ $f(E) = 2 \times 10^{-9}$（無次元量）である．また実効的な状態密度は，近似として $10^{19}\,\text{cm}^{-3}$ 程度である．したがって，この場合の自由電子密度は $2 \times 10^{10}\,\text{cm}^{-3}$ となる．Si の場合，バンドギャップは $1.19\,\text{eV}$，伝導帯の実効的な状態密度は $2.8 \times 10^{19}\,\text{cm}^{-3}$，Si 真性半導体の電子密度は $1.45 \times 10^{10}\,\text{cm}^{-3}$ である．

次に，バンドギャップが $6\,\text{eV}$ の場合を考える．このとき，およそ $f(E) = 2 \times 10^{-52}$ で計算上の電子密度はゼロである．これが，電気抵抗のダイナミックレンジ（大小の比率）が大きい理由である．絶縁体では，状態密度（伝導帯）と $f(E)$ の「裾」との重なりがほと

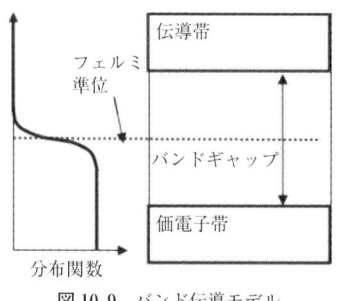

図 10.9　バンド伝導モデル

んどないため，自由電子密度 $n(E)$ は極めて小さくなる．

10.4.2 ホッピング伝導

　絶縁体はバンドギャップの大きい半導体であるという説明をしたが，結晶が不規則になり，電子が固体内に十分広がったというモデルが適用できないときも，「絶縁体的」になる．すなわち，電子が原子や原子間の特定の場所に局在してしまっているときである．このとき，「電子を運動量とエネルギーで表す」という有効質量近似（有効質量で表される電子が自由電子のようにふるまう）が成立しなくなる．

　局在電子に対しては，位置とエネルギーで記述する方が現象を説明しやすい．こういう場合には，しばしばホッピング伝導（hopping conduction）が支配的となる．

　図 10.10 の場合，局在準位の電子は熱励起され，伝導帯に近いエネルギーで近くの局在準位にトンネルすることによって電流が流れる．導電率 σ を $\sigma = qn\mu_{\text{hop}}$（$q$：素電荷，$n$：移動可能な電子密度）とすると，移動度 μ_{hop} は，局在準位間隔 R，格子振動数 ν，局在準位間のバリアの高さ ΔE，トンネル確率を表す定数 α，ボルツマン定数 k_B，温度 T として

$$\mu_{\text{hop}} = \frac{qR^2\nu}{k_B T}\exp\left(-2\alpha R - \frac{\Delta E}{k_B T}\right) \tag{10-16}$$

と表せる．この式は，電界から受ける力（qR），1 回のホッピングで移動する距離（R），頻度（ν），熱励起の確率（$\exp(-\Delta E/k_B T)$），トンネル確率（$\exp(-2\alpha R)$）に関する項を含んでおり，移動度に相当することがわかる．

　ホッピングの起こる位置は物質によって異なる．比較的よくわかっているのは，ドナーとアクセプタの両者が高濃度に添加され高抵抗になっている半導体であり，ドナーやアクセプタ準位間のホッピングが観察される．一般に，ホッピング確率は距離に対して指数関数的に減少するため，ホッピングは最近接局在準位間で起こることが多い（最近接ホッピング）．非晶質半導体においてもホッピング伝導が観察される．しかし，非常に抵抗の高い有機膜では，ホッピング伝導は明瞭には確認されていない．

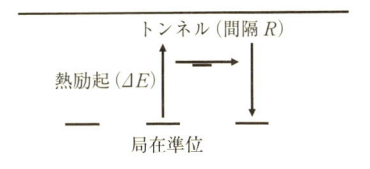

図 10.10　最近接ホッピング伝導モデル

10.4.3 広範囲ホッピング (variable-range hopping)

非晶質半導体や低温で観測される機構で，前述の最近接ホッピングとは異なり，ホッピング先が広い範囲にわたる伝導機構である．少し複雑であるので導出方法については付録 A.3 節にまわすが，ホッピング伝導度の等価的な移動度 μ_{hop} を温度 T の関数として示すと，

$$\mu_{hop} \propto \exp(-BT^{-\frac{1}{4}}) \qquad (10\text{-}17)$$

となる．ここで，B は定数である．この温度依存性は，伝導機構を決定するのに非常に有効である．この伝導機構は，太陽電池などに用いられている非晶質 Si などにおいて観測されている．

10.4.4 空間電荷制限電流 (space charge limited current)

金属の両端に抵抗のない電極をつけたと仮定する．金属の場合は自由電子密度が高く，一方の電極から電子が注入されると速やかにもう一方の電極へ電子が押し出される．結晶半導体中では，電子は格子振動や不純物による散乱を受けるが，それほど高密度の注入を行わなければ，電子は速やかに移動できる．しかし，絶縁体中では電子は確率的に起こるホッピングなどで伝導するため，電極から注入された電子は動きにくく，電極からあまり離れていないところに溜まってしまうことがある．すなわち，空間に電荷が生じ，それが電流を制限する導電現象が現れる（図 10.11）．

電流密度 i は図 10.11 の方向の電流を正にとると

$$i = -qn(x)\mu F(x) \qquad (10\text{-}18)$$

と表される．ここで，$n(x)$ は x での電子密度，$-q$ は電子電荷，μ は移動度，$F(x)$ は x における電界である．電界 $F(x)$ は，

$$\frac{dF(x)}{dx} = -\frac{n(x)q}{\varepsilon} \qquad (10\text{-}19)$$

から求められる．ここで，ε は誘電率である．(10-18)，(10-19) 式から i が求められる．

$$i = \varepsilon\mu F \frac{dF}{dx} = \frac{\varepsilon\mu}{2}\frac{d(F^2)}{dx} \qquad (10\text{-}20)$$

ここで，F は負の値であるが，最終結果には影響しないので絶対値（正の値）として以下扱っている．空間に溜まった電子により新た

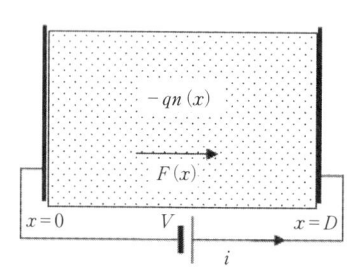

図 10.11 空間電荷制限電流のモデル

な電子の注入が制限されている場合，$x=0$ で $F(0)=0$ と仮定でき，この条件下で積分すると，i は空間的に一定であるから，

$$ix = \frac{\mu\varepsilon}{2}(F(x))^2 \qquad (10\text{-}21)$$

または，

$$F(x) = \sqrt{\frac{2ix}{\varepsilon\mu}} \qquad (10\text{-}21')$$

$F(x)$ を $x=0$ から $x=D$ まで積分すると，両端の電圧 V が求められる．結果を整理すると，

$$i = \frac{9}{8}\varepsilon\mu\frac{V^2}{D^3} \qquad (10\text{-}22)$$

という重要な結論が得られる．すなわち，絶縁体中のように電子の動きが遅い場合，印加電圧の2乗に比例する電流が流れる．これは，しばしば観測される非オーミック性の電流である．絶縁体中では電子が動きにくいため，絶縁体中に注入された電子が次の電子が入って来るのを阻止する．そのため，電界分布が一定でなくなり，電子の注入される電極付近で電界がゼロに近づく．

10.5 ピエゾ効果

　結晶のある向きに応力を加えると，応力の強さに比例して結晶の特定の向きに分極が現れる．この現象をピエゾ効果（piezoelectric effect）または圧電効果という．永久双極子モーメントをもつ強誘電体の場合，応力によって双極子モーメントが変化するためピエゾ効果を示す．強誘電体でなくても，結晶の対称性によってはピエゾ効果をもつものもある．

【問　題】
1) He の原子半径を 0.031 nm とし，電子分極率を求めよ．
2) He を電界 $F = 5 \times 10^5$ V m^{-1} の中に置いたときの電荷の相対変位 x を求めよ．

11. 物質の光学的性質

物質と光の相互作用は物性物理の基本であると同時に，半導体デバイスにおいても重要である．本章では，金属と電磁波の相互作用をマクスウェルの方程式から導き，自由電子によって現れる光学的性質を学ぶ．半導体では価電子帯と伝導帯間の電子の遷移による光の吸収と放出が主役を演じ，発電（太陽電池），照明（発光ダイオード），光通信用デバイスなど，社会の基盤を支える技術の基礎となっている．

11.1 物質の光学的性質の概論

光が電磁波の一種であることはよく知られている．図 11.1 に電磁波の波長（振動数）による領域とその一般名称を示す．可視光は電磁波の領域から見れば極めて狭い領域を占めているだけであるが，技術的に重要であると同時に，物質の結合力と同じ桁であるため，物質の性質を探る上でも特徴的な領域である．物質と光の相互作用は，図 11.2 に示すように次の 3 種類に大別される．

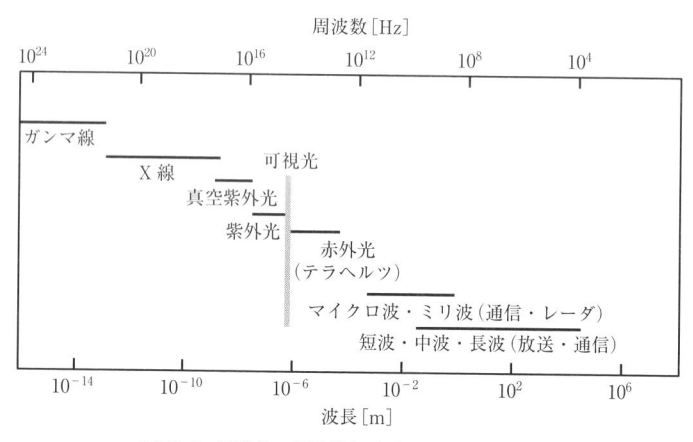

図 11.1 電磁波の周波数と波長および一般的名称

11.1 物質の光学的性質の概論

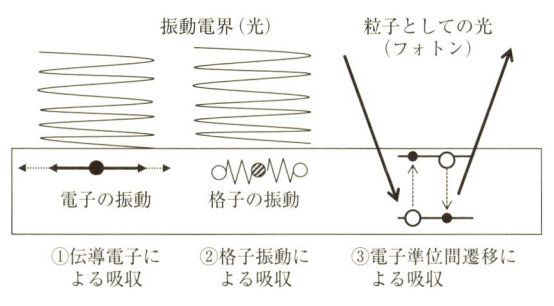

図 11.2 電磁波と物質の相互作用

①伝導電子による吸収　②格子振動による吸収　③電子準位間遷移による吸収

①物質中の自由電子と振動電界（磁界）としての光：金属中では自由電子と電磁波の性質が最も全面的に現れる．

②物質の原子と振動電界としての光：これについては，4章で述べた格子振動で現れる光学的振動モードが代表である．

③固体中の電子とエネルギー粒子としての光：量子論のもとになった光電効果（波長の短い紫外光を照射すると電子が物質外に飛び出す）のように，電子がフォトンとしての光を吸収したり放出したりして準位間を遷移する相互作用で，技術的に重要な相互作用である．

物質中に電磁波が入射すると，絶縁体であれば自由電子による吸収はなく，光の減衰は起こらないことになるが，上記③の機構で吸収が発生する．一方，金属のように自由電子が存在すると自由電子と光との相互作用による性質が主役となり，バンド間遷移は覆い隠される．どちらの場合も，物質に光が入射したときに観測される現象として，光の透過と吸収，反射，散乱，回折がある．物質中の光の強度を I，入射表面での強度を I_0，深さ方向を z とすると，光の強度は，

$$I = I_0 e^{-\alpha z}$$

と表せる．通常 α は，1 cm 通過するときの減衰の大きさで表す．たとえば，$\alpha=1000 \text{ cm}^{-1}$ とすると，$\alpha \times 0.001 \text{ cm}=1$ であるから，0.001 cm＝10 μm 進むと強度は $1/e$，およそ 2.7 分の 1 になる．

11.2 物質の電磁波に対する応答

11.2.1 物質中の電磁波

ここでは，自由電子を含む物質中での電磁波の伝搬と反射を，電磁界の基本方程式であるマクスウェル方程式（Maxwell's equation）から導く．まず，数式の記号を定義する．

電磁界　　電界ベクトル：E [V m^{-1}]，電束密度ベクトル：D [C m^{-2}]
　　　　　磁界ベクトル：H [A m^{-1}]，磁束密度ベクトル：B [Wb m^{-2}]
　　　　　電荷密度：ρ [C m^{-3}]，電流密度ベクトル：i [A m^{-2}]
物理定数　真空中の誘電率：ε_0，真空中の透磁率：μ_0
物質定数　比誘電率：ε_r，比透磁率：μ_r，導電率：σ

これらの電磁界ベクトルと物理・物質定数の間には次の関係がある．

$$D=\varepsilon_0\varepsilon_r E, \quad i=\sigma E, \quad B=\mu_0\mu_r H \tag{11-1}$$

マクスウェルの方程式を丁寧に書くと，

$$\mathrm{rot}\,H = \begin{bmatrix} \dfrac{\partial H_z}{\partial y}-\dfrac{\partial H_y}{\partial z} \\ \dfrac{\partial H_x}{\partial z}-\dfrac{\partial H_z}{\partial x} \\ \dfrac{\partial H_y}{\partial x}-\dfrac{\partial H_x}{\partial y} \end{bmatrix} = i + \dfrac{\partial D}{\partial t} = \begin{bmatrix} i_x \\ i_y \\ i_z \end{bmatrix} + \begin{bmatrix} \dfrac{\partial D_x}{\partial t} \\ \dfrac{\partial D_y}{\partial t} \\ \dfrac{\partial D_z}{\partial t} \end{bmatrix} \tag{11-2}$$

$$\mathrm{rot}\,E = \begin{bmatrix} \dfrac{\partial E_z}{\partial y}-\dfrac{\partial E_y}{\partial z} \\ \dfrac{\partial E_x}{\partial z}-\dfrac{\partial E_z}{\partial x} \\ \dfrac{\partial E_y}{\partial x}-\dfrac{\partial E_x}{\partial y} \end{bmatrix} = -\dfrac{\partial B}{\partial t} = \begin{bmatrix} -\dfrac{\partial B_x}{\partial t} \\ -\dfrac{\partial B_y}{\partial t} \\ -\dfrac{\partial B_z}{\partial t} \end{bmatrix} \tag{11-3}$$

ここで，電磁波として図11.3に示すように，伝搬方向がz方向，電界ベクトルはx方向に偏っており（$E_y=E_z=0$），磁界ベクトルはy方向に偏っている（$H_x=H_z=0$）とする．また，物質表面は平坦で，電磁波は垂直に入射するとして解を求める．

このとき，(11-2)式と(11-3)式ではE_xおよびH_yに関する項だけが残る．$D=\varepsilon_0\varepsilon_r E$と$i=\sigma E$を用いると，(11-2)式から，

$$-\dfrac{\partial H_y}{\partial z} = i_x + \dfrac{\partial D_x}{\partial t} = \sigma E_x + \varepsilon_r\varepsilon_0\dfrac{\partial E_x}{\partial t} \tag{11-4}$$

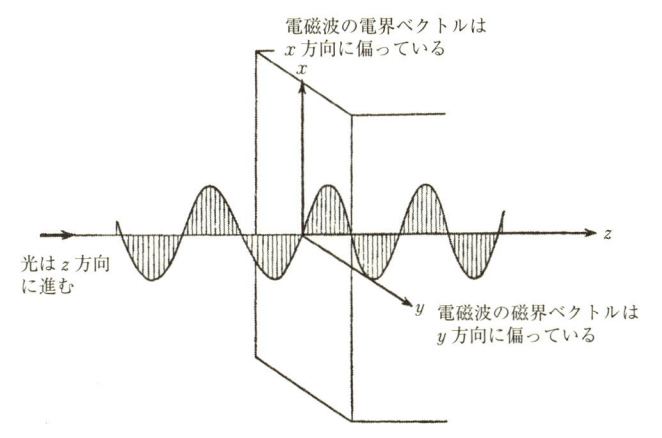

11.2 物質の電磁波に対する応答

図 11.3 物質に入射する x 軸に偏向した電磁波

(11-3) 式から,

$$\frac{\partial E_x}{\partial z} = -\frac{\partial B_y}{\partial t} = -\mu_r\mu_0\frac{\partial H_y}{\partial t} \tag{11-5}$$

が導出される.

(11-4) 式の両辺を t で微分し,(11-5) 式の両辺を z で微分すると $\partial H_y{}^2/\partial z\partial t$ が共通に現れるため,H_y を消去して E_x だけの方程式を得ることができる.

$$\frac{\partial^2 E_x}{\partial z^2} = \varepsilon_r\varepsilon_0\mu_r\mu_0\frac{\partial^2 E_x}{\partial t^2} + \mu_r\mu_0\sigma\frac{\partial E_x}{\partial t} \tag{11-6}$$

媒質中の振動電界の強度 E_x は,

$$E_x = E_{x0}e^{2\pi i\nu\left(t-\frac{z}{v}\right)} \tag{11-7}$$

と表せる.ここで,ν は振動数,v は伝搬速度である.また,ここでの i は虚数を表す.

真空中の光の速度 c は,$\varepsilon_r=1$,$\mu_r=1$,$\sigma=0$ から,よく知られているとおり物性定数のみで決まる値,

$$c = \frac{1}{\sqrt{\varepsilon_0\mu_0}} \tag{11-8}$$

となる.透明な物質(光の吸収がない)中での屈折率 n は,c と物質中の光の速度 v の比として $n=c/v$ で定義される.同様に,吸収のある物質中の屈折率も,複素数を用いて複素屈折率 $n^*=c/v$ と定義し,$n^*=n-ik$ として電界を次のように表す.

$$E_x = E_{x0}e^{2\pi i\nu\left(t-\frac{n^*}{c}z\right)} = E_{x0}e^{-2\pi\nu\frac{k}{c}z}\cdot e^{2\pi i\nu\left(t-\frac{n}{c}z\right)} \tag{11-9}$$

(11-9) 式の右辺の積の前半は z とともに減衰（光の吸収）することを表し，後半は振幅が一定の振動（光は吸収されない）を表す．(11-9) 式を (11-6) 式に入れると，

$$(2\pi i\nu)^2\left(-\frac{n^*}{c}\right)^2 = \varepsilon_r\varepsilon_0\mu_r\mu_0(2\pi i\nu)^2 + \mu_r\mu_0\sigma(2\pi i\nu) \tag{11-10}$$

これらから，複素屈折率を表す次式を得る．

$$(n^*)^2 = c^2\left(\varepsilon_r\varepsilon_0\mu_r\mu_0 - i\frac{\mu_r\mu_0\sigma}{2\pi\nu}\right) = \varepsilon_r\mu_r - i\frac{\mu_r\sigma}{2\pi\nu\varepsilon_0} \tag{11-11}$$

ここで，最後の式は (11-8) 式を用いている．複素屈折率を，虚数部を k として

$$(n^*)^2 \equiv (n-ik)^2$$

と表すと，

$$n^2 - k^2 = \varepsilon_r\mu_r, \quad 2nk = \frac{\mu_r\sigma}{2\pi\nu\varepsilon_0} \tag{11-12}$$

であり，n は減衰のないときの屈折率を表し，光の伝搬速度を遅らせる．k は光の減衰に対応し，σ を含んでいることから推察されるように，電子が抵抗を受けて動くために光のエネルギーが消費される．ここまでの議論は自由電子の効果がバンド間遷移よりも大きいときに成立し，主として金属に対するものである．

反射率 R の計算はやや複雑であるので結果のみ記す．

$$R = \frac{(n-1)^2 + k^2}{(n+1)^2 + k^2} \tag{11-13}$$

11.2.2　金属による光の吸収

物質と光の相互作用の基本は，電子やイオンの運動が光の振動数に追随できるかどうか，振動しているときにエネルギーを失うかどうかである．金属中の電子の電磁波に対する応答と，その結果現れる電磁波の吸収・透過・反射について述べる．概要を図 11.4 に示す．

(1) 非常に高い振動数（X 線領域）

伝導電子は質量をもち，格子振動や不純物に散乱されながら移動する．したがって，X 線のように非常に高い周波数では電子が全く追随できないので，電子がないのと同じになり，$k=0$ とみなせる．この場合物質は透明となり，屈折率により決まる反射率を示す．

(2) やや高い振動数（紫外光領域，たとえば波長 $0.1\,\mu\mathrm{m}$（振動数 $3\times10^{15}\,\mathrm{Hz}$）の紫外光）

11.2 物質の電磁波に対する応答

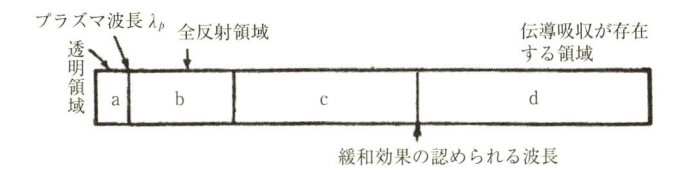

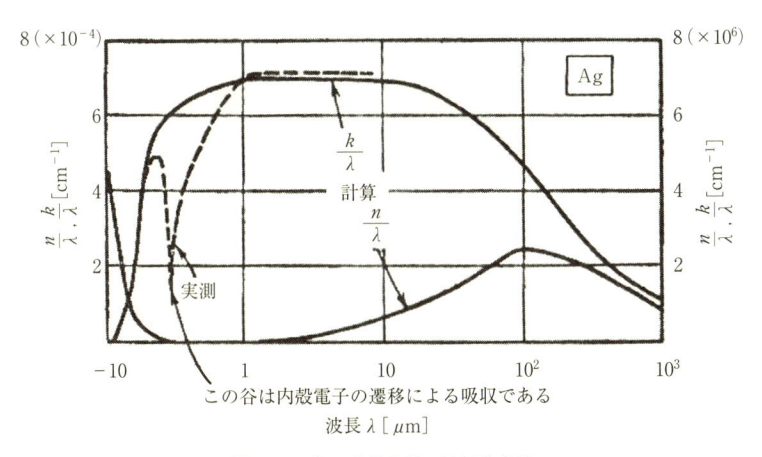

```
プラズマ波長 λp    全反射領域              伝導吸収が存在
透明                                      する領域
領域   a     b         c              d
                        ↑
                     緩和効果の認められる波長
```

図の縦軸: $\frac{n}{\lambda}, \frac{k}{\lambda}$ [cm^{-1}]
左: $8(\times 10^{-4})$、右: $8(\times 10^{6})$
Ag
計算: $\frac{k}{\lambda}$, $\frac{n}{\lambda}$
実測
横軸: 波長 λ [μm]、-10、1、10、10^2、10^3
この谷は内殻電子の遷移による吸収である

図 11.4 銀の光学定数の波長依存性

電子（負電荷）と原子核（正電荷）が集団運動する．集団運動は電界に追随するので光は透過しないが，集団運動によるエネルギーの損失もほとんどないので，光は全反射する．このような振動モードをプラズマ振動（plasma oscillation）という．後で振動数を導出する．

(3) やや低い振動数（可視〜赤外光領域，たとえば波長 $10\,\mu$m（3×10^{13} Hz）の赤外光）

伝導電子が光の電界によって振動するが，振動周期が遅くなっているので電子は電界の変化に追随し，格子振動などとの相互作用でエネルギーの一部を失い熱を発生する．光は一部吸収され，一部は反射する．

(4) さらに低い振動数（遠赤外光領域〜電磁波）

伝導電子が光の電界によって振動するが，振動周期が非常に遅いので通常のオーミック性伝導と同等になる．したがって，格子振動などとの相互作用でエネルギーのほとんどを失う．すなわち，光はほとんど吸収される．

ここで，上記の (2) で現れるプラズマ振動数を導出する．固体内の電荷は，

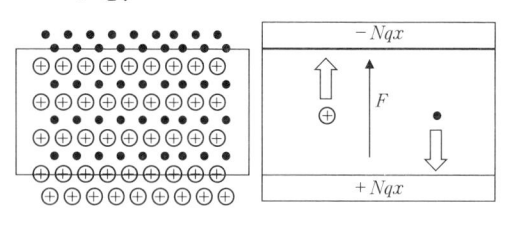

図 11.5　固体中のプラズマとプラズマ振動

動くことのできる電子（単位体積中に N 個）と固定された金属陽イオンの集団，すなわちプラズマと考えることができる．このときの振動を考える．ある瞬間に電子密度の偏りが発生したとすると，その偏りを戻そうとする電界が発生する．このとき電子が散乱を受けないとすると，慣性によって逆に偏るまで動き続ける．簡単に計算するため，図 11.5 に示すような，直方体の金属中の電子が平均的に x だけ変位したとする．金属の両端には，単位面積あたり $\pm Nqx$ の電荷が現れる．電界 F は平行平板のコンデンサと同じであるので，$F = Nqx/\varepsilon_0$ となる．これから運動方程式をつくり，振動数 ν_p を求める．電子の有効質量を m^* として，

$$m^* \ddot{x} = -qF = -\frac{Nq^2}{\varepsilon_0} x \tag{11-14}$$

$$\nu_p = \frac{1}{2\pi} \sqrt{\frac{Nq^2}{\varepsilon_0 m^*}} \tag{11-15}$$

金属では，自由電子がプラズマ振動を起こす．半導体においても価電子帯の電子が集団運動することによりプラズマ振動が生じる．これは，遠紫外に対応する．

11.3　格子振動と光の相互作用

格子振動と電磁波の相互作用で代表的なものは，イオン性をもち2種類以上の元素を含む結晶格子の振動モードで現れる，光学的振動モードによる吸収である．この吸収は赤外から遠赤外にかけて観測される．格子振動で学んだように，イオン性をもつ半導体は赤外領域の光に対して吸収を生じる．絶縁体は，一般に酸化物などの化合物なのでイオン性があり，赤外吸収を示す．ただし，ダイヤモンドは絶縁性であるが単一元素による物質である．大きなバンドギャップによっ

て絶縁体となっているので，赤外吸収は示さない．単純な調和振動子の基準振動の角振動数 ω が $\omega=\sqrt{k/m}$（m：質量，k：ばね定数）で表されることからわかるように，軽い元素ほど，また結合力が強いほど振動数は高く，波長は短くなる．

物質の分極と電磁波が結合した吸収は，赤外振動分光として物質内部や表面に存在する結合単位（たとえば Si-H 結合）を検出するのに用いられる．有機分子・有機薄膜では C, O, H, N などの結合が近赤外に現れるため，物質の局所的な構造解析に有用である．また，4章で述べたラマン散乱では，可視・赤外光を照射したときに格子振動数との和周波数や差周波数に相当する光が散乱されてくるので，やはり物質の格子振動に関する性質を得ることができる．

11.4　半導体と絶縁体の光学的性質

半導体と絶縁体は基本的に同じ性質を示すはずであるが，半導体のバンドギャップは近赤外から可視，絶縁体のバンドギャップは紫外にある．そのため，実用上は大きな差が生じる．

半導体と絶縁体の光吸収・発光などは，電子のエネルギー準位間の遷移によって起こる．このとき，エネルギーと運動量が保存されている必要があり，結晶内電子がエネルギーと運動量によって記述される代表例である．バンドギャップは，伝導帯の最も低いエネルギーと価電子帯の最も高いエネルギーの差として定義されている．真性半導体のキャリアの統計などは，この定義のバンドギャップによって決まる．しかし光学遷移の場合は，図11.6に示すように運動量の保存される遷移確率は高いのに対し，運動量が保存されないときは格子振動のエネ

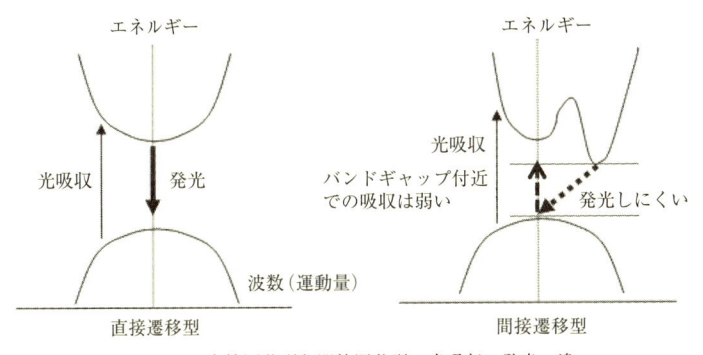

図11.6　直接遷移型と間接遷移型の光吸収・発光の違い

ギー（フォノン）の吸収・放出を伴って遷移するため遷移確率が低い．間接遷移型（7.1節参照）では，バンドギャップのフォトンエネルギーに対しての光吸収は弱いが，一般の波数では吸収が起こる．しかし，励起準位にある電子は伝導帯の底に速やかに移動してしまうため，発光に関してはどのエネルギーにおいても起こりにくい．Siは間接遷移型であり，太陽電池（光吸収）には用いられるが，発光デバイスには用いられていないのはそのためである．

次に，紫外・可視領域の光吸収を11.2節で述べた金属の応答と比較しつつ，概要を述べる．まず，伝導電子密度は金属よりはるかに小さいので，伝導電子による吸収は小さい．バンドギャップよりフォトンエネルギーの小さい光は，バンド間遷移が起こらないので吸収はほとんどなく，不純物準位や欠陥に起因する吸収しか観測されない．バンドギャップよりフォトンエネルギーの大きい光は，バンド間遷移による吸収が支配的となる．半導体の光学的性質を決定するのは，バンドギャップの値と直接遷移型か間接遷移型かの区分である．たとえば，

Ge　　バンドギャップ 0.67 eV，間接遷移型
Si　　 バンドギャップ 1.1 eV，間接遷移型
GaAs　バンドギャップ 1.4 eV，直接遷移型
GaN 　バンドギャップ 3.4 eV，直接遷移型

である．図11.7にGaAsとGeの光吸収スペクトルを示す．GaAsはバンドギャップが1.4 eVあり，直接遷移型であるため，バンドギャップに相当するフォトンエネルギーから急速に吸収が立ち上がる．一方，Geはバンドギャップより少

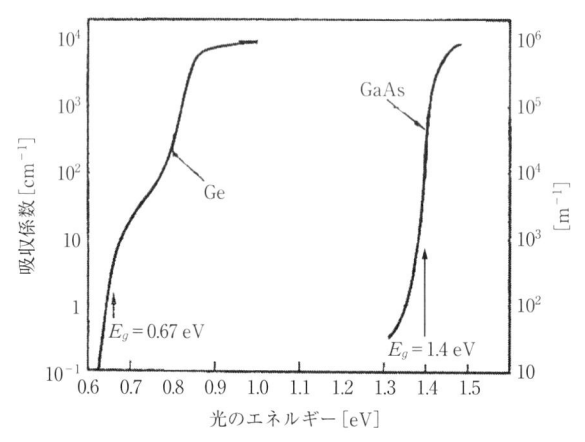

図 11.7　直接遷移型（GaAs）と間接遷移型（Ge）の光吸収特性の相違

し大きいだけのフォトンエネルギーに対しては，電子遷移が運動量保存則を満たさないため，吸収の立ち上がりは飽和を示す．しかし，0.8 eV 以上のフォトンエネルギーをもつ光に対しては直接遷移が可能になるため，吸収は再び増加する．GaAs の発光は赤外であるため，ディスプレイ用の発光ダイオードとしてはそのままで用いられたことはないが，高い遷移確率を必要とするレーザダイオードを初めて実現した材料である．

11.5 半導体光デバイス

　半導体を用いた光デバイスとしては，太陽光を電力に変換する太陽電池，電力を光に変え照明やディスプレイに用いる発光ダイオード，映像をディジタル信号に変換する撮像デバイス，および光通信で用いるレーザダイオードとフォトダイオードが主要なものである．原理的には，図 11.6 に示した光の吸収と放出のどちらかを用いている．ここでは，太陽電池，発光ダイオード，レーザについて述べる．

11.5.1　太陽電池

　太陽電池は，光吸収で発生したキャリアが外部回路を流れることにより発電するデバイスである．太陽光エネルギーを一時的に電力に変換し，最終的には熱エネルギーとして地球に戻すため，余分な熱やガスを放出しないことから最も環境保護に適した発電方法である．しかし，太陽光のエネルギー密度が低いため，高効率と同時に大面積のデバイスを安価に作製する必要がある．

　太陽電池の主流である Si 太陽電池の構造を図 11.8 に示す．pn 接合ダイオードに光を受け，光吸収により生じた過剰キャリアを前面の透明電極と背面電極から外部に流す構造となっており，透明電極（ITO, indium tin oxide）の抵抗を軽減するためにくし型電極が付加されている．原理は，8 章で詳述した pn 接合の電圧電流特性に光吸収による過剰キャリアを加えることによって記述される．

　図 11.9(a) に電極を短絡し光を照射したときの pn 接合ダイオードのバンド図を，図 11.9(b) に電極を開放したときのバンド図を示す．電極を短絡したときは両電極の電位差はゼロ，すなわちフェルミ準位は一致しており，過剰キャリアは少数キャリアにとって移動しやすい方向，すなわち p 型層中の電子は n 型層へ，n 型層中のホールは p 型層側へ流れる．n 型層中に流れ込んだ電子は，外部回路を通って p 型層中のホールと再結合する．光吸収によって発生した電流を

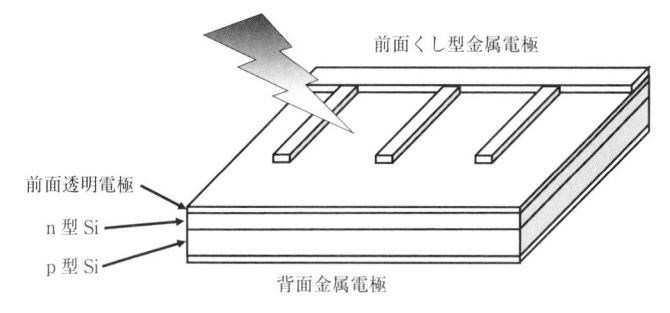

図11.8 Si 太陽電池の基本構造

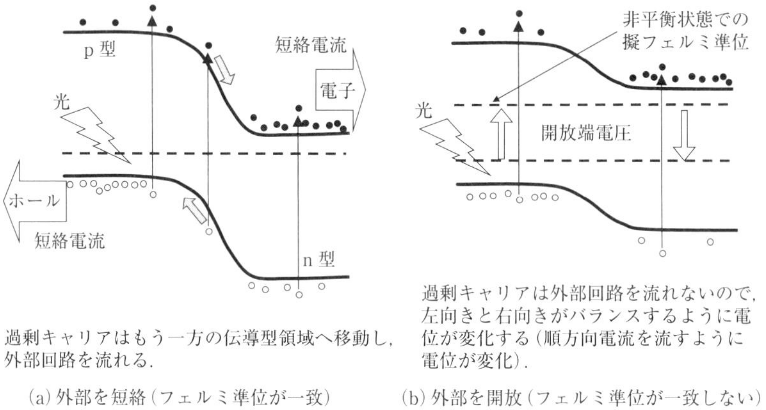

前面くし型金属電極
前面透明電極
n 型 Si
p 型 Si
背面金属電極

図11.9 太陽電池のバンド図

(a) 外部を短絡（フェルミ準位が一致）

p 型／短絡電流／電子／光／ホール／短絡電流／n 型

過剰キャリアはもう一方の伝導型領域へ移動し，外部回路を流れる．

(b) 外部を開放（フェルミ準位が一致しない）

非平衡状態での擬フェルミ準位／光／開放端電圧

過剰キャリアは外部回路を流れないので，左向きと右向きがバランスするように電位が変化する（順方向電流を流すように電位が変化）．

光電流 I_L と呼び，短絡条件では外部に流れる電流に相当するため，外部の測定では短絡電流（short circuit current）I_{SC} と呼ばれる．

次に，外部回路を開放したときを考える．n 型層に流れ込む電子と p 型層に流れ込むホールは外部に流れることができないため，pn 接合内部を逆流し，外部から見て電流が平衡状態にあると考える．このとき，pn 接合を逆方向に流れる I_L と pn 接合に生じた順方向電圧によって，I_L に等しい順方向電流が発生していると解釈できる．この順方向の電圧を，図 11.9(b) に示すように，開放端電圧（open circuit voltage）V_{OC} と呼ぶ．以上のように，外部で測定した電流 I と電圧 V は図 11.10 に示す等価回路で表され，電流電圧特性は (8-25) 式に I_L を加えて，

図 11.10 光照射下の pn 接合の等価回路と外部回路

$$I = I_L - I_S\left(\exp\left(\frac{qV}{k_B T}\right) - 1\right) \tag{11-16}$$

となる．短絡電流は，実際には pn 接合内部を流れるキャリアによるものであるが，外部に取り付けられた定電流源と考えてよい．短絡条件ではそれが外部回路を流れ，開放条件では pn 接合内部の順方向電流として流れる．外部に負荷があるときは，外部負荷と pn 接合の両方に電流が流れるため，電圧×電流で決まる電力の取り出し可能な最大値は，I_{sc} と V_{oc} の積より小さい値となる．

11.5.2 発光素子

発光ダイオード（LED，light emitting diode）とは，pn 接合に順方向電流を流し，過剰少数キャリアを発生させ，その再結合により光を発するデバイスで，窒化物系（GaN，InN，AlN，およびその混晶）により高い発光効率と白色を含む様々な色が実現されている．その結果，従来はディスプレイデバイスとして開発された LED が照明革命を引き起こした．図 11.11(a) に LED 構造の一例を示す．この場合，図 11.11(b) のバンド図に示すように，広いバンドギャップを有する GaN の pn 接合の間に狭いバンドギャップを有する $Ga_xIn_{1-x}N$ 層が挟まれている．ここに順方向電圧を印加すると，図 11.11(c) に示すように，注入されてきた電子とホールが $Ga_xIn_{1-x}N$ 層に閉じ込められ，高い過剰少数キャリア密度を実現できるため，高い発光効率が得られる．

半導体レーザ（semiconductor laser，レーザダイオードとも呼ぶ）も基本構造は LED によく似ていて，やはり狭バンドギャップ半導体が広バンドギャップ半導体に挟まれた構造（ダブルヘテロ構造という）になっている．異なるのは発光機構である．励起キャリアが再結合するのに，入射光の有無にかかわらず発光再結合する場合（自然放出）と，入射光に誘起されて発光再結合する場合（誘導放出）とがある．非常に高密度に少数キャリアを注入すると，誘導放出確率が自然放出確率よりもはるかに高い状態（キャリアの反転分布という）が実現する．こ

158   11. 物質の光学的性質

(a)　　　　　　　　　(b)　　　　　　　　(c)

図 11.11　LED の基本構造

図 11.12　半導体レーザの構造

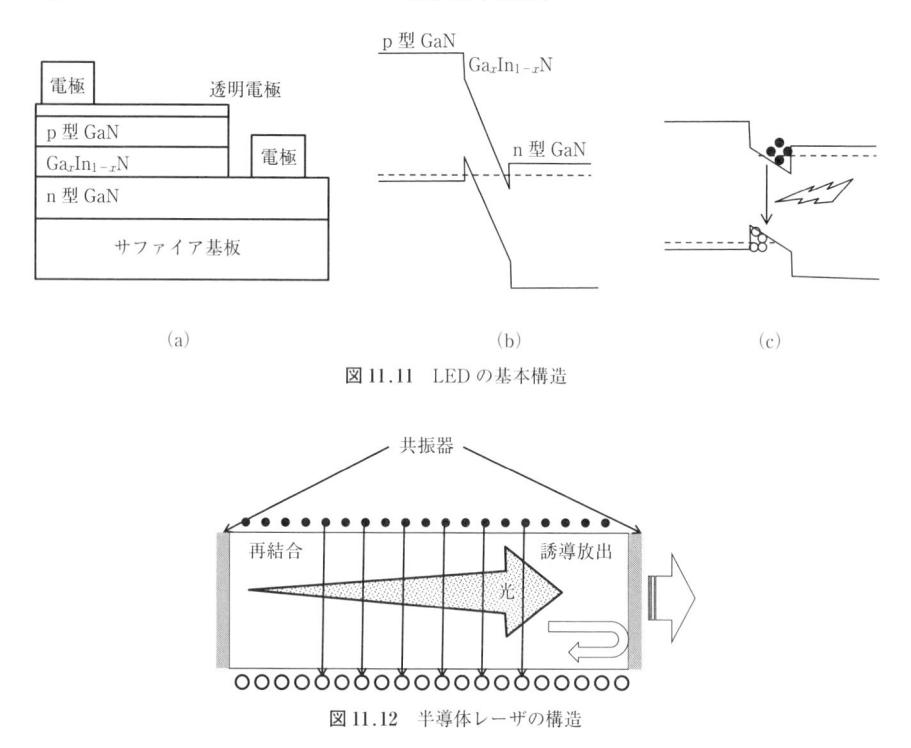

のような高励起状態で，図 11.12 に示すように半導体の両端に特定の波長に共振するような機構を取り付けると，共振する光が誘導放出を誘起し，狭い波長幅をもつ強い光が放出される．これが半導体レーザの発光機構である．

11.5.3　液晶デバイス

大面積ディスプレイや携帯機器ディスプレイでは液晶（liquid crystal）が用いられる．液晶とは，流動性をもつ（通常は液体の性質）が異方性をもつ（通常は固体結晶の性質）物質である．液体や気体は，通常は全く秩序をもたない．対称性という観点では，どの方向も同じ性質を示すという点で，最も対称性が高いといえる．液晶には，図 11.13 に示すようにある種の秩序があり，対称性が低くなっている．液晶が平行平板内を満たして

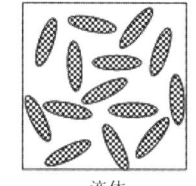

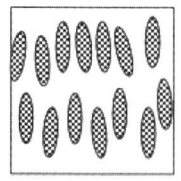

図 11.13　液体と液晶

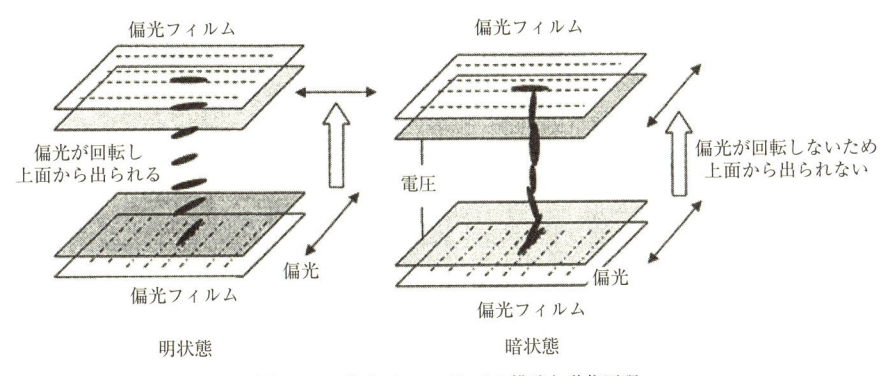

図 11.14 液晶ディスプレイの構造と動作原理

いるとき，基板面に近い部分では基板の性質によって特定の方向に並んでいる．基板処理でよく用いられるのはラビング法と呼ばれているもので，基板ガラス面に高分子を塗布して布で一方向にこする方法である．これには，形状（凹凸）の効果と静電相互作用とが関係している．

　液晶ディスプレイの原理を，TN（twisted nematic）を例にして説明する．図 11.14 に示すように，液晶分子が直交するようにガラス基板を加工する．偏光フィルムを通して直線偏光を入射すると，明状態では直線偏光が回転して上部の偏光フィルムを通って外部へ出てくる．しかし，液晶分子を電界によって垂直にしてしまうと偏光の回転が生じないので，上部の偏光フィルムで光はブロックされる．液晶ディスプレイはこの原理による．

【問　題】
1) 3章の問題2）と5章の問題1）を参考にして，銀のプラズマ振動数を求めよ．有効質量は自由電子と同じとする．
2) 屈折率が3の透明媒質（$k=0$）に光が垂直入射するときの反射率を求めよ．
3) 図 11.7 で，光のエネルギーが $1.0\,\mathrm{eV}$ のとき Ge の光吸収係数 α は $10^4\,\mathrm{cm}^{-1}$ である．表面の反射がないとして，$1.5\,\mu\mathrm{m}$ の厚さの Ge を透過した後の光は何％に減衰しているか．

12. 磁気物性と超伝導

　物質の磁性には電子の運動，原子内での軌道に由来する角運動量，電子自身のもつスピン角運動量が関係し，厳密には量子力学的に扱う必要がある．しかし，角運動量の量子力学は物性論の入門書の範囲を超えるので，ここでは電磁気学の古典論と2章で述べた電子構造，およびスピンの磁気モーメントの範囲で記述できる磁性に留める．また，物質の磁性そのものとともに，応用面から重要な磁気抵抗効果についてもふれる．なお，磁性の単位は国際単位系（E-B 対応，SI 単位系）[1] 以外も用いられることがあるが，ここではすべて標準とされる SI 単位系を用いる．また，超伝導は電気伝導現象の1つであるが，磁性とも深く関わっているため本章に含めることとした．

12.1　原子の磁気モーメントと磁化率

　まず，電磁気学における磁性の扱いから始める．磁性は10章で述べた誘電体と類似しているが，誘電体では正負の電荷を単独で取り出すことができるのに対し，磁性では双極子モーメントに相当する磁気モーメント（magnetic moment）のみが存在し，電荷に相当する磁気の源（モノポール）は発見されていない．物質が磁界 H 中におかれると，後で述べる物質中の個々の磁気モーメント $\mu_{m,j}$ が磁界方向に向いたり，反対方向に向いたりしてその和によりマクロな磁化を発生する．磁気モーメントの単位は，ここで採用している E-B 対応の SI 単位系では $\mathrm{A\,m^2}$ である．物質中の単位体積あたりの磁気モーメントを磁化 M [$\mathrm{A\,m^{-1}}$] とすると，

$$M = \sum_j \mu_{m,j} \qquad (12\text{-}1)$$

磁束密度 B [T（テスラ）または $\mathrm{Wb\,m^{-2}}$] は，真空中の磁化と物質による磁気モーメントの和により，

$$B = \mu_0(H + M) \qquad (12\text{-}2)$$

---

[1] 電磁気の単位は SI 単位系で定められているが，磁性では慣習的に使われる単位もあるので注意を要する．ここで用いている E-B 対応の SI 単位系とは，磁性の源を円電流とし電荷 q に相当する磁荷 m（磁極と呼ばれることもある）を用いない単位系である．

で与えられる．ここで，μ_0 は真空の透磁率である．

物質中の磁束密度を次のように表す．

$$B = \mu_0(1+\chi_m)H = \mu_0\mu_r H = \mu_m H \tag{12-3}$$

μ_m は物質の透磁率（magnetic permeability），μ_r は μ_m の μ_0 に対する比透磁率，χ_m は磁化率（magnetic susceptibility）と呼ばれる物質の性質を表す定数である．

12.2 磁性の源—電子の軌道角運動量とスピンによる磁化

前節で磁化率を定義したが，これは物質中に含まれる磁気モーメントの源によって決まる．それを1つずつ見ていく．

電子を図12.1に示すような原子核の周りを運動する古典的な荷電粒子と考える．環状電流を i，電流ループを半径 r の円としてその面積を $S = \pi r^2$ とすると，ループに垂直方向の磁気モーメントの大きさ μ_m は，

$$\mu_m = iS \tag{12-4}$$

である．以下，大きさのみを議論し，方向はループに垂直（z軸）に固定する．ここで，μ_m を力学的な角運動量 l で書き換える．l は

$$l = r \times mv = m\omega r^2 \tag{12-5}$$

また，i は1つの電子がループを通る回数（速度/周囲の長さ）になるので，

$$i = -\frac{q\omega r}{2\pi r} = -\frac{q\omega}{2\pi} \tag{12-6}$$

である．(12-5)，(12-6) 式を用いて，μ_m を角運動量を用いて次のように書き換えることができる．

$$\mu_m = \left(-\frac{q\omega}{2\pi}\right) \times \pi r^2 = -q\frac{l\pi r^2}{mr^2 2\pi} = -\frac{q}{2m}l \tag{12-7}$$

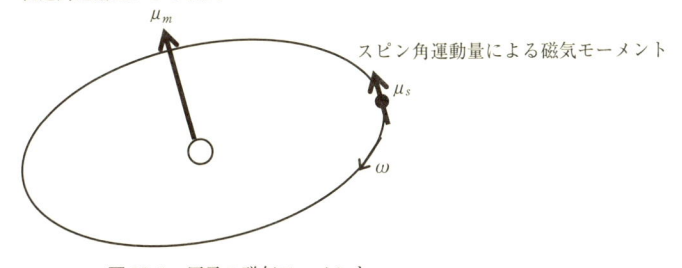

図12.1 原子の磁気モーメント

ここまでは古典論で準備して，量子力学で得られた角運動量を導入する．2章で水素原子の電子状態をエネルギーと角運動量によって記述した．その結果によれば，電子の全角運動量は $l=\sqrt{l(l+1)}\hbar$，z軸まわりの角運動量は $l_z=m_z\hbar$ である．今，l_z による磁気モーメントを $\mu_{m,z}$ と書くと，

$$\mu_{m,z}=-\frac{q\hbar}{2m}m_z \tag{12-8}$$

となる．ここで，

$$\mu_B=\frac{q\hbar}{2m}=9.274\times10^{24}\,\mathrm{A\,m^2} \tag{12-9}$$

をボーア磁子（Bohr magneton）と呼ぶ．原子内の電子の磁気モーメントは，ボーア磁子を単位として用いると便利である．

電子は軌道角運動量とスピン角運動量 l_s をもつ．スピンに対しても軌道角運動量と同様に，スピン角運動量に対する量子数 s を用いて，スピン角運動量 l_s

$$l_s=\sqrt{s(s+1)}\hbar \tag{12-10}$$

と，スピン磁気量子数 m_s

$$m_s=-\frac{1}{2},\frac{1}{2} \tag{12-11}$$

が定義される．

原子内の電子の角運動量 $\boldsymbol{j}$ は，上記の角運動量の合成，$\boldsymbol{j}=\boldsymbol{l}+\boldsymbol{l}_s$ である．多数の電子を含む原子の全角運動量 $\boldsymbol{J}$ は，通常，軌道角運動量をすべての原子内電子について合成し（$\boldsymbol{L}$），スピンについても同様に合成し（$\boldsymbol{S}$），

$$\boldsymbol{J}=\boldsymbol{L}+\boldsymbol{S} \tag{12-12}$$

と求められる．$\boldsymbol{S}$ は原子全体のスピン角運動量が最大になるように電子を配置して求められ，$\boldsymbol{L}$ は $\boldsymbol{S}$ の合成の条件を満たした上で最大となるように合成する．また $\boldsymbol{J}$ は，原子の不完全核の半分以下しか電子が満たされていないときは $\boldsymbol{J}=|\boldsymbol{L}-\boldsymbol{S}|$，半分以上が満たされているときは $\boldsymbol{J}=\boldsymbol{L}+\boldsymbol{S}$ とする．

原子の磁気モーメントは上記の法則によって決まる $\boldsymbol{L}$ と $\boldsymbol{S}$ から求められる量子数 J により，

$$\mu_m=g\mu_B\sqrt{J(J+1)} \tag{12-13}$$

で表される．ここで g は J と S によって決まる g 因子（g factor）と呼ばれる係数で，$1\leq g\leq 2$ の値をとる．

12.3 物質の磁性

個々の原子の磁気モーメントは表2.1に示した電子配置によって決定され，物質の磁性は結合をつくった後の個々の原子の磁性と原子の磁気モーメント間の相互作用によって様々なふるまいを示す．まず，閉殻構造をとる内殻電子は，すべての電子に対して角運動量が反対符号をとる電子が存在するため，合成した角運動量がゼロになる．したがって，磁界がない状態でも存在する磁気モーメントはゼロである．また，共有結合物質やイオン結合物質では，最外殻電子も閉殻構造とみなすことができるため，磁気モーメントを示さない．一方，表2.1において，3d電子や4f電子はすべての準位が電子で満たされる前に，その外側（主量子数の大きい準位）に最外殻電子が配置されている．このような原子が結合して固体になっても，最外殻電子が結合に関わり，内殻には相殺されない角運動量が残っているため，磁気モーメントをもつ．その結果，物質の磁性は様々な型に分類される．図12.2に，外部磁界を打ち消す方向に誘起される磁気モーメントと原子のもつ磁気モーメントの配置による磁性体の分類を示す．

12.3.1 反磁性（diamagnetism）

物質に磁界を印加すると，電磁気学の法則により軌道電子は磁界の変化を妨げるような電流をつくる．すなわち，外部磁界と逆向きの誘起磁気モーメントが現れる．この反磁性という性質はすべての原子がもっており，磁気モーメントをもたない物質では，図12.2(a)に示すように，この反磁性だけが残って負の磁化率を示す．反磁性の磁化率 χ は 10^{-6} 程度の小さな値であり，原子の熱運動によらないため温度依存性がほとんどない．

12.3.2 常磁性（paramagnetism）

磁気モーメントをもつ原子を含み，磁気モーメント間の相互作用が弱い物質に外部から磁界をかけた場合を考える．外部磁界がないときに図12.2(b)に示すように無秩序に分布していた磁気モーメントは，外部磁界の方向に向きをそろえようとする．その向きのそろう程度は，熱運動とのつり合いによって決まるため，統計力学的に扱われる．その結果を示すと，

$$\chi = \frac{C}{T} \tag{12-14}$$

↓ 誘起磁気モーメント
↑ 永久磁気モーメント
⇧ 外部磁界

(a) 反磁性体
(b) 常磁性体
(c) 強磁性体
(d) 反強磁性体
(e) フェリ磁性体
(f) 超常磁性体

図 12.2　磁性体の磁化

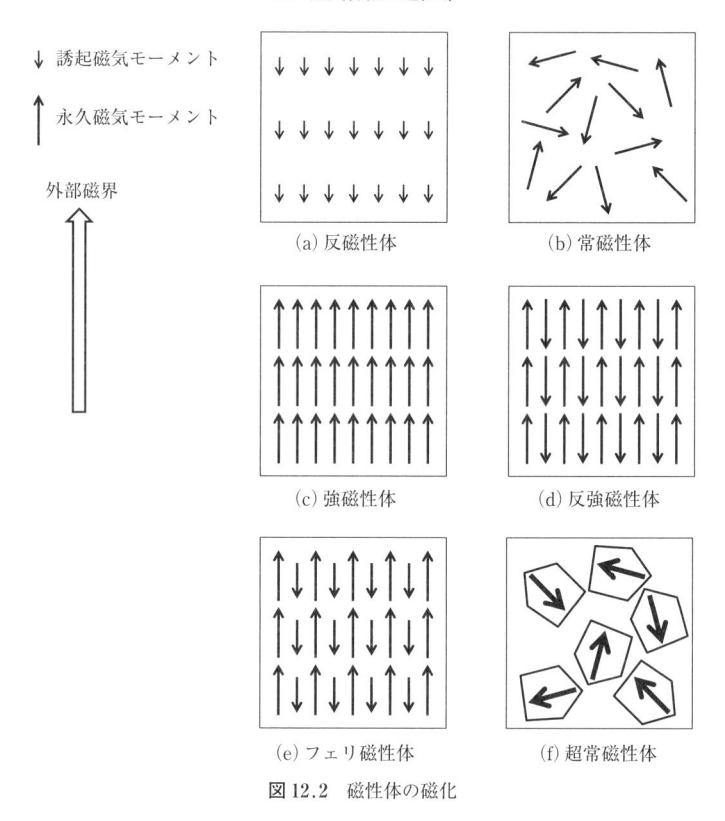

と温度に反比例する．すなわち，温度が高いほど磁気モーメントは無秩序に分布する．ここで，定数 C はキュリー定数と呼ばれる．常磁性を示す物質の χ は，室温で 10^{-3}〜10^{-5} 程度である．

12.3.3 強磁性 (ferromagnetism)

強磁性体は原子の磁気モーメントの相互作用が強く，図 12.2(c) に示すように，外部磁界が印加されていなくても同じ方向にそろっている物質である．この磁化を自発磁化と呼ぶ．室温では熱揺らぎより磁気モーメント間相互作用が強い場合も，温度を上げるとキュリー温度で自発磁化が消滅する．このように，一度磁化を消した後急冷した強磁性体に磁界を印加したときの磁界と磁化の関係を図 12.3 に示す．急冷した強磁性体は，磁区と呼ばれるドメイン（分域）内では自発磁化をもっているが，各磁区の磁化が無秩序な方向に向いていることにより，

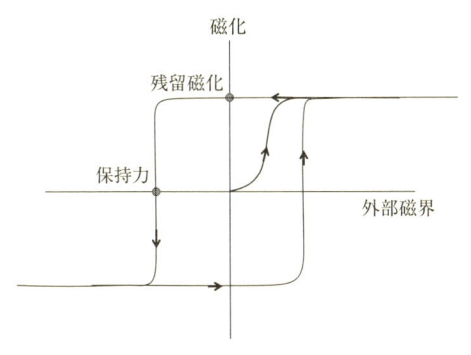

図 12.3 強磁性体の磁化曲線

全体としては自発磁化が打ち消しあっている．外部磁界を印加すると磁化は増大するが，強い磁界に対して飽和する．これは，強磁性体中のすべての磁区がそろい，それ以上の磁化は起きないためである．外部磁界を下げていき，ゼロにしても磁化は残っている．これを残留磁化と呼ぶ．さらに反対方向の磁界を印加すると，ある磁界で自発磁化がゼロになる．この磁界を保持力という．さらに反対方向の磁界を印加していくと，逆方向に磁区がそろう．このように，磁化曲線はヒステリシスループを描く．

12.3.4 反強磁性（antiferromagnetism）

原子が磁気モーメントをもっていても，隣り合っている磁気モーメントが反平行になっていると，図 12.2(d) に示すようにそれらが相殺されて弱い磁化しか現れない．このような物質を反強磁性体と呼ぶが，反対符号の強磁性が現れるという意味ではない．χ の値は，磁界の方向に $10^{-3} \sim 10^{-5}$ 程度である．

12.3.5 フェリ磁性（ferrimagnetism）

図 12.2(e) に示すように，物質が異なる大きさの 2 種類の磁気モーメントをもち，それらが互いに反平行に並んでいると，差し引きして大きな磁性が現れる．これをフェリ磁性と呼び，フェライトと呼ばれる材料が広く用いられている．フェライトは一般に，M を 2 価の金属イオン（Mn, Fe, Co, Ni, Cu など）として M_2O_4 という組成をもち，酸化物であるため電気的に高抵抗でありながら強磁性体に匹敵する磁化率を示す特徴をもつ．伝導電子が存在すると高周波に対して渦電流が発生し，エネルギーの損失となるが，フェライトはこの損失が小さ

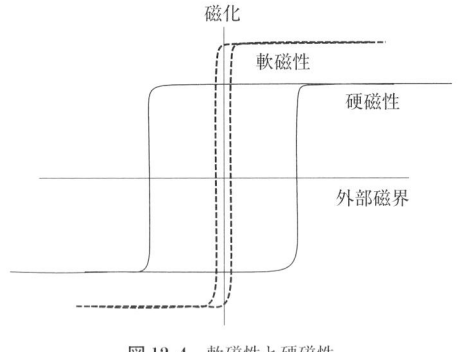

図 12.4 軟磁性と硬磁性

いため，高周波用の材料として特に有用である．

12.3.6 超常磁性 (superparamagnetism)

強磁性体微粒子の表面を親水性ポリマーなどで修飾すると，水溶液に分散させて保持できる．粒径がナノメートルスケール，たとえば 10 nm 以下になると，磁界に対しては磁化の向きをそろえるが，磁界のないときは図 12.2(f) に示すように，熱擾乱によって向きがそろわず，強磁性を示さなくなる．このような磁性を超常磁性という．

強磁性・フェリ磁性には，図 12.4 に示すように，透磁率は高いが保持力の小さい，言い換えるとヒステリシスの小さい軟磁性（ソフト磁性）と，保持力の大きい硬磁性（ハード磁性）とがある．軟磁性体は高周波デバイス材料などに，硬磁性体は永久磁石材料として広く利用されている．

12.4 磁気抵抗効果

物質の電気抵抗が磁界によって変化する現象を総称して，磁気抵抗効果（magnetoresistance）という．たとえば，半導体の電気伝導では電子またはホールの運動は磁界中で曲げられるため，正の磁気抵抗を示す．一般の磁気抵抗効果は数%以下であるが，1988 年に発見された磁気抵抗効果ははるかに大きい抵抗変化を示したことから，巨大磁気抵抗効果（GMR, giant magnetoresistance effect）と名付けられた．

図 12.5 は巨大磁気抵抗効果を示す構造で，強磁性体層と非磁性体層とが多層

12.4 磁気抵抗効果

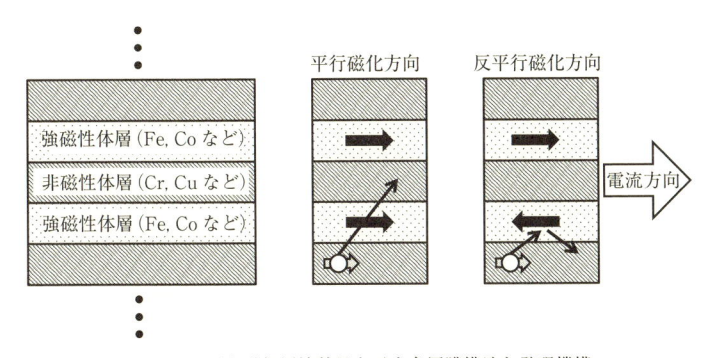

図12.5 巨大磁気抵抗効果を示す多層膜構造と発現機構

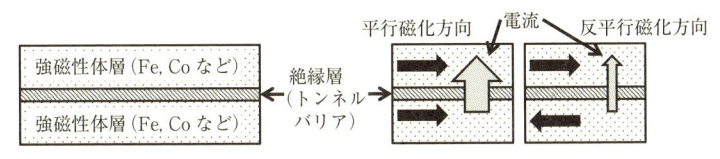

図12.6 トンネル型磁気抵抗効果を示す多層膜構造と発現機構

膜をつくっている．伝導電子には上向きスピンと下向きスピンの2種類があり，強磁性体では2種類のスピンに対する状態密度が異なっている．強磁性体層の磁化が平行であれば多数スピン状態の電子は散乱が少なく，少数スピン状態の電子の散乱が大きくても電気抵抗は最小となる．また，強磁性体層の磁化が反平行に並んでいる場合，多数・少数どちらのスピン状態の電子も散乱を受けるので高抵抗となる．

大きな磁気抵抗効果を発現する別の構造として，図12.6に示すトンネル型磁気抵抗効果がある．この場合，絶縁層中を流れるトンネル電流が，強磁性体層の磁化が平行であると大きく，反平行であると小さくなる．この現象も上向きスピンと下向きスピンの状態密度が異なり，多数スピン状態に対するトンネル確率の大きい平行磁化状態のときに電流が大きくなることで説明される．

このように，伝導電子と物質の磁性（スピン状態）の両者を合わせて制御するエレクトロニクスを，マグネットエレクトロニクスまたはスピントロニクスと呼んでいる．

12.5 超伝導

　超伝導（superconductivity）とは，物質を冷却すると電気抵抗が消失する現象である．1911年に水銀の超伝導が発見されて以来，多くの物質が超伝導を示すことが知られている．超伝導のもう1つの特徴は完全反磁性で，超伝導状態の物質を磁界中に置いたとき，超伝導体内部では磁束密度がゼロになる．

12.5.1 電気的性質

　超伝導体の第一の特徴は，低温で電気抵抗が正確にゼロになることである．図12.7に，超伝導を示さないCuと超伝導体Nbの低温における電気抵抗の変化を示す．Cuでは低温に向かって格子振動による電子の散乱が減少し抵抗は低くなっていくが，完全にはゼロにならない．しかし，超伝導体はある臨界温度（critical temperature）T_c 以下で不連続に電気抵抗がゼロになる．超伝導状態を維持する電流値には上限があり，その上限値を臨界電流密度 i_c と呼ぶ．

　超伝導の機構はBCS理論（提唱者であるBardeen, Cooper, Schrieffer の頭文字に由来する）により説明されている．図12.8(a)に示すように，金属イオンの格子に電子が入ってきたときを考える．電子は負電荷で金属イオンを引き付け，局所的に正電荷を帯びた状態となるため（図12.8(b)），別の電子が格子振動を通して引き付けられる場合が現れる．このとき，フェルミ準位よりわずかに高いエネルギーをもち，逆向きのスピンをもつ電子2個が対をつくったとすると，電子のエネルギーはフェルミ準位より低くなることが理論的に導かれる．逆向きスピンの電子対はスピンゼロの粒子とみなせる．量子統計によれば，単一電子のように半整数（±1/2）のスピンをもつ粒子はフェルミ粒子（fermion）と呼ばれ，エネルギー準位1個に1個の粒子しか入れない．しかし，整数スピン（0, 1）の粒子はボーズ粒子（boson）と呼ばれ，準位1個にいくつでも入ることができる．格子を通した相互作用により対をつくった電子はボーズ粒子となり，常伝導状態では図12.8(c)のように1電子準位に1個の電子が配置されていた

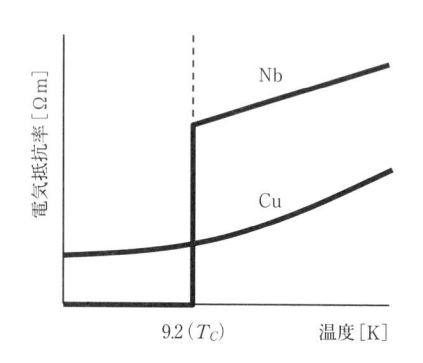

図12.7 超伝導体の電気的性質

12.5 超伝導

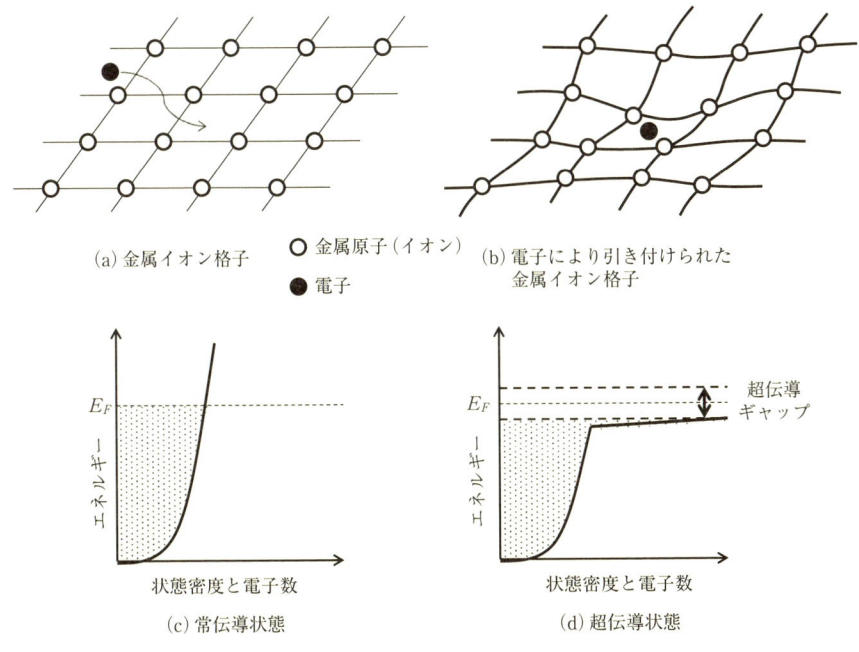

(a) 金属イオン格子　○ 金属原子(イオン)　(b) 電子により引き付けられた金属イオン格子　● 電子

(c) 常伝導状態

(d) 超伝導状態

図 12.8 超伝導の発現機構

状態から，超伝導状態では図 12.8(d) のようにフェルミ準位 E_F から少し低いエネルギー準位に凝縮する．その結果，もともとの E_F の上部と下部に電子のエネルギー準位が分裂して，ギャップ（超伝導ギャップ）が現れる．電子は超伝導ギャップの下に凝集し，散乱されるためにはこの状態を壊すエネルギー，すなわち超伝導ギャップ以上のエネルギーが必要となる．このような電子状態では電気抵抗の原因となる散乱がなくなるため，エネルギー損失のない（抵抗がない）伝導が実現している．

超伝導に電子と格子振動との相互作用が関わっている現象として同位体効果がある．これは，同位元素の比率によって臨界温度 T_C が系統的に変化する現象である．BCS 理論は金属や金属間化合物の超伝導現象をよく説明するが，後で述べる銅酸化物などの超伝導を十分には説明できず，格子振動以外の相互作用で電子対をつくる新たな理論が必要とされている．

12.5.2 磁気的性質

超伝導現象の第二の特徴は完全反磁性である．この性質はマイスナー効果

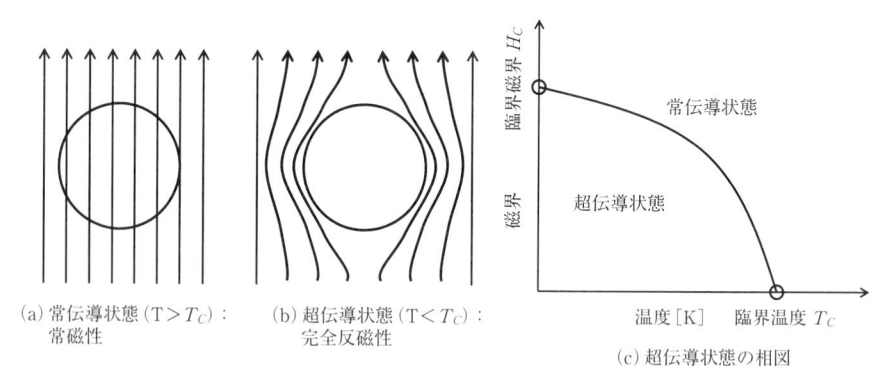

(a) 常伝導状態 (T > T_C): 常磁性
(b) 超伝導状態 (T < T_C): 完全反磁性
(c) 超伝導状態の相図

図 12.9 超伝導体の磁気的性質

(Meissner effect) とも呼ばれ，図 12.9 に示すように，超伝導状態になると外部磁界を加えても内部の磁束密度はゼロに保たれる．あるいは，磁束の存在下で常伝導状態から超伝導状態に転移させると磁束が排除される．完全反磁性にはある臨界磁界 H_C が存在し，H_C 以上で磁束が一度に侵入するものを第一種超伝導体，磁束が徐々に侵入するものを第二種超伝導体と呼ぶ．第一種超伝導体では，H_C 以上の磁界で常伝導状態となる．第二種超伝導体では，温度 T_C 以下で完全反磁性を示す臨界磁界 H_{C1} と，超伝導状態を保ちながら磁界の侵入を許す臨界磁界 H_{C2} とが存在し，H_{C2} 以上の磁界で常伝導状態となる．

以上から，超伝導には 3 種の臨界値，すなわち臨界温度 T_C，臨界電流 i_C，臨界磁界 H_C が存在する．図 12.9(c) に T_C と H_C による相図を示す．

超伝導の磁気的性質のもう 1 つの特徴は磁束の量子化である．第二種超伝導体内部に侵入した磁束は $h/2q$ (h：プランク定数，q：電荷素量) で量子化されている．超伝導体のリングに電流を流したときにリング内部に発生する磁束も，やはりとびとびの値に量子化される．これらは，超伝導に関わる電子がマクロなスケールで量子化されていることを示す．

12.5.3 主要な超伝導体

表 12.1 に代表的な超伝導体を挙げる．第一の型は，最初に超伝導が発見された Hg や金属単体としては最も高い T_C を示す Nb などの金属元素系である．金属間化合物には単体金属よりも高い T_C を示す材料が多く知られており，銅酸化物系超伝導体の発見前には Nb_3Ge が最も高い T_C を示す物質として知られてい

表 12.1 代表的な超伝導体

超伝導体	臨界温度 T_C [K]	分類
Hg	4.2	金属元素
Nb	9.2	金属元素
Nb$_3$Ge	23	金属間化合物
MgB$_2$	39	金属間化合物
PbCs$_2$C$_{60}$	33	フラーレン化合物
Gd$_{1-x}$Th$_x$FeAsO	56	鉄系
YBa$_2$Cu$_3$O$_{7-x}$	93	銅酸化物
HgBa$_2$Ca$_2$Cu$_3$O$_x$	135	銅酸化物

た．また，NbTi や Nb$_3$Sn などの金属化合物は超伝導磁石線材などに応用され実用性が高い．MgB$_2$ は，BCS 理論に基づく超伝導理論の限界値を超えるとまでいわれるほど高い T_C をもつ．フラーレンと呼ばれる C$_{60}$ は，60 個の炭素原子をかご状（あるいはサッカーボール状とも比喩される）に結合させた分子であり，ある種の金属を加えると超伝導性が現れる．鉄系超伝導体は FeAs を伝導層とする物質の総称であり，Gd$_{1-x}$Th$_x$FeAsO などが含まれる．1986 年に発見された銅酸化物系超伝導体は CuO$_2$ 面を含む積層構造をもち，超伝導体としては非常に高い T_C を示すことが特徴である．この超伝導発現機構には，BCS 理論とは異なる原理による電子対の形成などが考えられている．

12.5.4 ジョセフソン効果

最後に，超伝導の特徴の 1 つであるジョセフソン効果（Josephson effect）を簡単に述べる．超伝導体の間に薄い絶縁膜を挟んで電流を流すと，トンネル効果により電圧がゼロでも電流が流れる現象のことである．すなわち，超伝導状態では対をつくっているにもかかわらず，電子は抵抗を受けずに絶縁層を通り抜けることができる．

【問　題】

1) 速度 v，有効質量 m^* の自由電子（ホール）が磁束密度 B の静磁界中を運動すると，磁界の向きを軸としてらせん軌道を描く．この角振動数が $\omega_C = \pm(q/m^*)B$（＋はホール，－は電子に対応）で与えられることを示せ．

13. ナノテクノロジー

　ナノテクノロジー（nanotechnology）は，原子を最小単位として物質の性質や機能を用いる科学技術の究極の領域である．物質はナノスケールに縮小されても基本的性質は保持されるが，大きさによって新たな性質も生まれる．たとえば，半導体デバイスは 10 nm のスケールでも動作するが，5 nm くらいまで小さくなるとバンドギャップが広がってくる．また，個々の原子まで縮小すると，単に 100 種類の原子の性質に帰着し，多彩な機能は得られない．一方，自然界は生体という複雑な機能を，数種類あるいは 10 数種類の原子から組み上げている．生命機能はタンパク質により発現するが，その分子サイズは数～10 数 nm であり，複雑な生命活動は多種類のタンパク質の協同作業が担っている．すなわち，物質の複雑さの上限がナノスケールにある．ナノテクノロジーは，原子あたりの物質機能が最大値を示す領域であるといえる．

13.1 量子効果

　ナノテクノロジーの特徴の 1 つは，量子効果が現れることである．5 章で述べた箱の中の電子により具体的に計算してみよう．一辺が a の立方体中に閉じ込められた電子のエネルギー E はすでに（5-48）式で求められている．（5-48）式を再掲すると，

$$E_{n_x,n_y,n_z} = \frac{\hbar^2 \pi^2}{2m}\left\{\left(\frac{n_x}{a}\right)^2 + \left(\frac{n_y}{b}\right)^2 + \left(\frac{n_z}{c}\right)^2\right\} \tag{13-1}$$

$a=b=c$ とし，最低エネルギー（$n_x=n_y=n_z=1$）を計算する．

$$E_{(1,1,1)} = 3 \times \frac{\hbar^2}{2m}\left(\frac{\pi}{a}\right)^2 \tag{13-2}$$

　例題として，GaAs の伝導帯の底にある電子の最低エネルギーを計算してみる．6.4 節で述べた有効質量 m^* と自由電子の質量 m との比をとると，GaAs の電子では $m^*/m=0.066$ である．一辺が 1 μm および 10 nm の GaAs の立方体に閉じ込められた伝導体電子の最低エネルギー値を求める．エネルギーの基準は，十分大きい結晶中のエネルギーの最小値をゼロとし，単位は eV とする．

13.1 量子効果

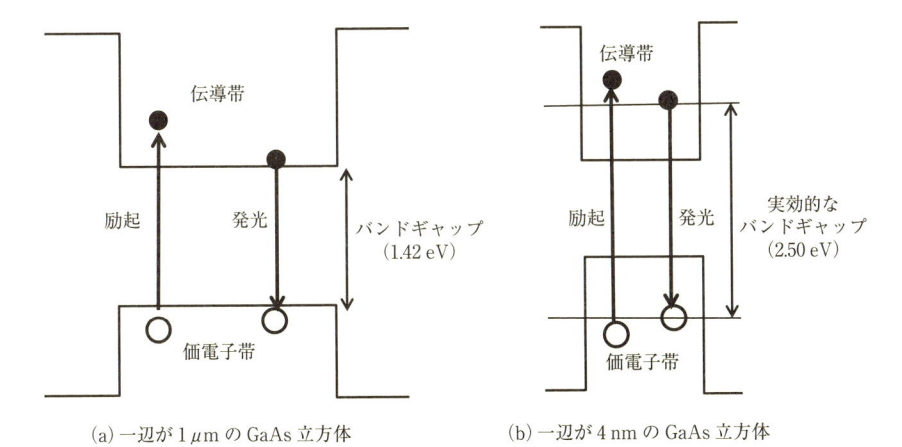

(a) 一辺が 1 μm の GaAs 立方体　　(b) 一辺が 4 nm の GaAs 立方体

図 13.1　量子閉じ込め効果

1 μm の立方体の場合を丁寧に書くと,

$$E_{(1,1,1)} = 3 \times \frac{\hbar^2}{2m}\left(\frac{\pi}{a}\right)^2 = 3 \times \frac{1.055 \times 10^{-34} \times 1.055 \times 10^{-34}}{2 \times 0.066 \times 9.11 \times 10^{-31}} \times \frac{3.14 \times 3.14}{10^{-6} \times 10^{-6}}$$
$$= 2.74 \times 10^{-24} \text{ J} \tag{13-3}$$

単位を eV とすると,

$$E_{(1,1,1)} = \frac{2.74 \times 10^{-24}}{1.60 \times 10^{-19}} = 1.71 \times 10^{-5} \text{ eV}$$

この値は,バンドギャップ（1.42 eV）と比べて無視できるほど小さい.この状態を図 13.1(a) に示す.しかし 10 nm の立方体では,この 10^4 倍,すなわち $E_{(1,1,1)} = 0.171$ eV となり,十分大きい結晶に対して 1 割以上のバンドギャップエネルギーの増加となる.さらに,たとえば 4 nm では,増加分は 1.081 eV となる.このように,結晶が 10 nm 以下になるとサイズ効果が顕著になる.一辺が 4 nm の場合,バンドギャップの値が伝導帯の電子のエネルギー変化のみを考慮したとしても,2.50 eV へ増加したことに相当する.

GaAs の発光は,本来は近赤外にあり肉眼では見えない.しかし,数 nm の GaAs 微粒子が光ると,図 13.1(b) に示すように,伝導帯の 1.08 eV だけ高い状態から電子が価電子へ遷移するので,発光波長（エネルギー）が緑から青の光として見えるようになる.

このような半導体微粒子を量子ドット（quantum dot）と呼び,様々な応用が可能である.たとえば半導体デバイスでは,半導体レーザなどにおいて効率よく

キャリアを閉じ込めることができる．また，ナノバイオテクノロジーにおいては，長寿命で退色がない蛍光標識（蛍光を発する分子）として有用である．

13.2 トンネル効果

ナノ領域でもう1つ重要な量子現象は，トンネル効果（tunnel effect）である．トンネル効果とは散乱と呼ばれる現象の1つであり，散乱は電子や光がポテンシャル$V(x)$によって進路を曲げられる現象である．したがって，箱の中の電子のように定常状態ではない．たとえば，電子が陽子のポテンシャル中に閉じ込められた状態，すなわち水素原子の電子状態は定常状態である．しかし，無限のかなたから運動エネルギーをもった電子が陽子の近くに飛んできたとき，電子は陽子に捕らえられることなく飛び去ることもある．このとき，陽子のつくるポテンシャルによって進路を曲げられ，何らかの変化が起こる．これは定常状態ではないので，本来は時間を含むシュレディンガー方程式を用いる必要がある．しかし，左から入射して右に去った電子が細い管を丸めて環状にした通路を通って再び左側から入射するような場合，電子が同じ経路を通っているなら一種の定常状態となる．

ここでは，図13.2に示すようなポテンシャル障壁を考える．電子が「定常的に」左から右へ（xの正方向へ）入射している場合の透過率を計算する．ポテンシャルを

$$V(x)=0 \qquad (x\leq 0,\ a\leq x) \tag{13-4}$$
$$V(x)=V_0>0 \qquad (0<x<a) \tag{13-5}$$

とする．シュレディンガー方程式は，

$$\left(-\frac{\hbar^2}{2m}\frac{d^2}{dx^2}+V(x)\right)\varphi(x)=E\varphi(x) \tag{13-6}$$

これを3領域に分けて解き，滑らかに接続する波動関数をつくる．

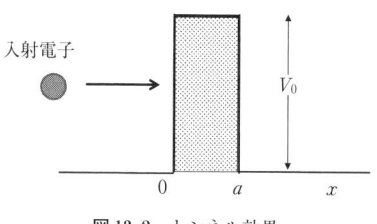

図13.2 トンネル効果

(1) $x\leq 0$

シュレディンガー方程式は，(13-6)式で$V(x)=0$とした式になる．波動関数は，入射してくる電子（左から右へ運動）と，反射されてくる電子（右から左へ運動）の重ね合わせとなる．

$x\leq 0$での波動関数$\varphi(x)$について，定

13.2 トンネル効果

数を A および B, 波数を k とすると,

$$\varphi(x) = Ae^{ikx} + Be^{-ikx} \tag{13-7}$$

ここで，右向き (e^{ikx}) と左向き (e^{-ikx}) の進行波の重ね合わせであり，定在波ではないことに注意する．

(2) $a \leq x$

ポテンシャルを通り抜けて遠方に去る電子（左から右へ運動）だけなので，定数 C を用いて

$$\varphi(x) = Ce^{ikx} \tag{13-8}$$

(3) $0 \leq x \leq a$

シュレディンガー方程式は $V(x) = V_0 > 0$ なので，

$$\left(-\frac{\hbar^2}{2m} \frac{d^2}{dx^2} + V_0 \right) \varphi(x) = E\varphi(x) \tag{13-9}$$

このとき，電子のエネルギーがポテンシャル障壁より大きいか小さいかによって異なる解となる．

① $E - V_0 > 0$：入射エネルギーがポテンシャル障壁より大きい場合（古典的には電子は100％透過）

この場合は，波の一部が反射，残りが透過する．位相がある条件でそろうと全透過が生じる．

量子力学特有の現象は，次の場合である．

② $E - V_0 < 0$：入射エネルギーがポテンシャル障壁より小さい場合（古典的には電子は100％反射）

このときの反射率と透過率を計算する．

$$\alpha = \sqrt{\frac{2m(V_0 - E)}{\hbar^2}} \tag{13-10}$$

とおいて，シュレディンガー方程式 (13-9) を書き換えると，

$$\frac{d^2 \varphi(x)}{dx^2} = \alpha^2 \varphi(x) \tag{13-11}$$

これは波ではなく，一様に増加または減少する関数が解となる．この関数は次のように表される．

$$\varphi(x) = Fe^{\alpha x} + Ge^{-\alpha x} \tag{13-12}$$

以上の式で，係数 A, B, C, F, G は，$x=0$ および $x=a$ で滑らかに接続する必要があるという境界条件，すなわち両側の関数の値とその一階微分まで連続している必要から決まる．

$x=0$ については，

$$A+B=F+G \tag{13-13a}$$
$$ik(A-B)=\alpha(F-G) \tag{13-13b}$$

$x=a$ については，
$$Fe^{\alpha a}+Ge^{-\alpha a}=Ce^{ika} \tag{13-14a}$$
$$\alpha Fe^{\alpha a}-\alpha Ge^{-\alpha a}=ikCe^{ika} \tag{13-14b}$$

これは，4方程式，5未知数（A, B, C, F, G）なので，A（入射波振幅）に対する B（反射波振幅）または C（透過波振幅）の相対値を求めることができる．ただし，計算はかなり煩雑になるので，目で追えるように付録 A.4 節で示し，ここでは結果を提示する．

$$\text{透過率：}\left|\frac{C}{A}\right|^2=\left\{1+\frac{V_0^2\sinh^2\alpha a}{4E(V_0-E)}\right\}^{-1}=\frac{4E(V_0-E)}{4E(V_0-E)+V_0^2\sinh^2\alpha a} \tag{13-15}$$

$$\left(\sinh x=\frac{e^x-e^{-x}}{2}\right)$$

$$\text{反射率：}\left|\frac{B}{A}\right|^2=\left\{1+\frac{4E(V_0-E)}{V_0^2\sinh^2\alpha a}\right\}^{-1}=\frac{V_0^2\sinh^2\alpha a}{4E(V_0-E)+V_0^2\sinh^2\alpha a} \tag{13-16}$$

古典的には透過率はゼロのはずであるが，量子力学では電子は波であるためポテンシャル障壁中にも「染み出して」おり，ある割合で反対側に通り抜けることができる．これがトンネル効果である．

トンネル効果は，ナノスケールで重要となる．具体的なトンネル確率を計算してみよう．図 13.2 の自由空間について，$V_0=4\,\mathrm{eV}$，$E=2\,\mathrm{eV}$ として，バリアが 1 nm のときと 5 nm のときの透過率を求める．

(1) $a=1\,\mathrm{nm}$ のとき

(13-10) 式から
$$\alpha=\sqrt{\frac{2m(V_0-E)}{\hbar^2}}=\frac{\sqrt{2\times 9.11\times 10^{-31}\times(4-2)\times 1.6\times 10^{-19}}}{1.055\times 10^{-34}}=7.2\times 10^9\,\mathrm{m}^{-1}$$

(13-15) 式から
$$\left|\frac{C}{A}\right|^2=\left\{1+\frac{V_0^2\sinh^2\alpha a}{4E(V_0-E)}\right\}^{-1}=2.2\times 10^{-6}$$

このように，ナノスケールになるとトンネル電流が無視できなくなる．

(2) $a=5\,\mathrm{nm}$ のとき
$$\sinh(\alpha a)=\sinh(7.2\times 5)=2.2\times 10^{15}$$

同様に，
$$\left|\frac{C}{A}\right|^2=2.1\times 10^{-31}$$

電子の透過は全くないといってよい．

　半導体中では，有効質量が小さく，トンネル効果は顕著になる．たとえば上記の空間が GaAs の伝導帯であるとすると，有効質量は $m^*/m = 0.066$ であり，同様の計算をすると

$$\left|\frac{C}{A}\right|^2 = 1.1 \times 10^{-1}$$

となり，1 割程度の透過が生じる．

　トンネル効果は，Si-MOSFET のゲート絶縁膜中を流れるリーク電流など負の側面もあるが，トンネル接合を積極的に利用する単電子トランジスタなどのデバイスの基礎ともなっている．

13.3　ボトムアップのナノテクノロジー

　半導体デバイスでは，微細加工技術の進歩とともに集積度と動作速度の両者の向上がもたらされた．このような人為的に設計されたナノ構造の作製技術をトップダウンのナノテクノロジーと呼んでいる．一方，自然の力を利用し，自己組織的に新機能をもつ素材を組み立てる技術はボトムアップのナノテクノロジーと呼ばれている．ボトムアップ技術には様々な材料が含まれ，体系化されていないが，自然に形成される材料の代表として炭素系のナノ材料を図 13.3 に示す．炭素は，ダイヤモンド構造とグラファイト構造の異なる結晶構造をもち，どちらも室温で極めて安定である．このうち，二次元に強く結合したグラファイト構造は，炭素の二次元シートを単独で取り出すことが可能であり，グラフェンという名で呼ばれている．グラフェンがチューブ状に丸まったものがカーボンナノチューブであり，様々な巻き方，直径，層数が存在する．またグラフェンが小さく丸まったものがフラーレンである．これらは，それぞれ究極の薄さと微細なサイズをもつ二次元，一次元，ゼロ次元の物質であり，高い伝導度，高い機械強度，大きな比表面積など，特異な性質を備えている．

　このように，自然が作り出すナノ構造を人為的にコントロールすることにより，新しい技術が生まれている．

フラーレン　　　カーボンナノチューブ　　グラフェン

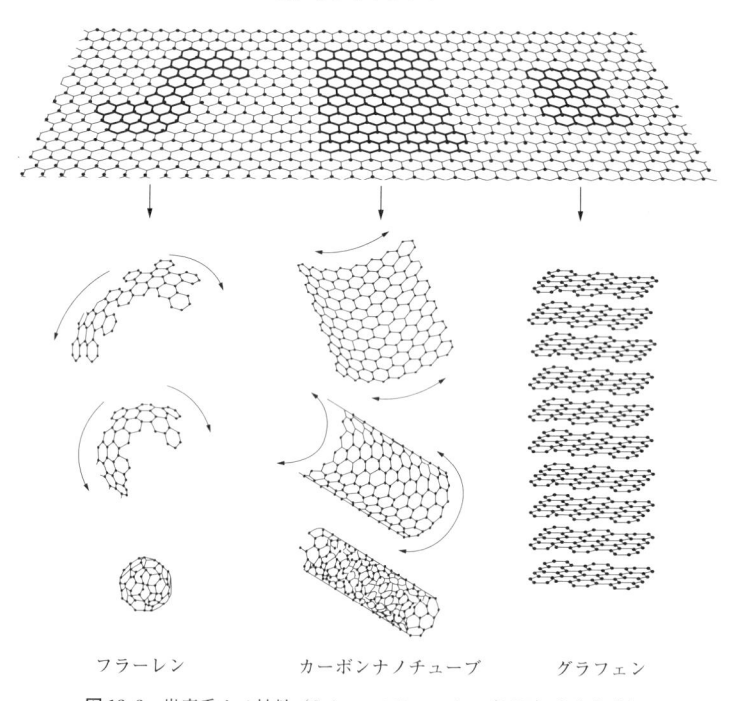

図 13.3 炭素系ナノ材料（Geim and Novoselov（2007）より作成）

A. 付　　　　録

A.1　原子内電子のエネルギー準位の量子力学的扱い

　量子力学は，電子の状態を記述するのに欠かせない．ここでは原子の中の電子がなぜ周期律表のように配置されるのか，量子力学的取扱いの要点をまとめておく．20世紀上四半期に，光が波動性と粒子性をもつこと，同様に電子も粒子性（電荷・質量）と波動性（可干渉性，または回折現象）を示すことが明らかになった．電子のふるまいは，シュレディンガー方程式による記述が確立されており，今日に至るまでシュレディンガー方程式と矛盾する物理現象は発見されていない．

A.1.1　シュレディンガー方程式

　光をエネルギーと運動量をもつ粒子とみなし，エネルギーをE，プランク定数をh，運動量をp，光の速度をc，振動数をν，波長をλとすると，下記の関係がある．

$$E = h\nu, \quad p = \frac{h\nu}{c} = \frac{h}{\lambda} \tag{A1-1}$$

一般に，波動は時間と座標に対してsin関数として書き表せる．

$$\psi(x,t) = A\sin\left(2\pi\nu t - \frac{2\pi x}{\lambda}\right) \tag{A1-2}$$

この式の意味は，時間tと座標xによって，$2\pi\nu t - 2\pi x/\lambda$だけ波の位相が変化することを示す．これを，次の公式を用いて書き表すと便利である．

$$e^{i\theta} = \cos\theta + i\sin\theta \tag{A1-3}$$

指数の肩をマイナス（xの正方向に伝播）にして，

$$\psi(x,t) = Ae^{-i\left(2\pi\nu t - \frac{2\pi x}{\lambda}\right)} \tag{A1-4}$$

ここで，$k = 2\pi/\lambda$（波数，単位長さあたりの位相変化），$\omega = 2\pi\nu$（角振動数，単位時間あたりの位相変化），$\hbar = h/2\pi$（プランク定数）を用いて書き換えると，

$$E = \hbar\omega, \quad p = \hbar k, \quad \psi(x,t) = Ae^{-i(\omega t - kx)} \tag{A1-5}$$

ここまでは光の場合である．次に，質量 m をもつ電子を考える．電子を古典的粒子とすると，

$$E = \frac{1}{2}mv^2 = \frac{(mv)^2}{2m} = \frac{p^2}{2m} \tag{A1-6}$$

ここで，電子は波動性をもつことが回折実験からわかっている．その運動量は，光と同じ波動性を使って表すと，

$$p = \hbar k = \hbar \cdot \frac{2\pi}{\lambda} \tag{A1-7}$$

（A1-5）〜（A1-7）式で表される粒子性と波動性が両立するように，方程式をつくってみる．$i\hbar(\partial\psi(x,t)/\partial t)$ および $-(\hbar^2/2m)(\partial^2/\partial x^2)\psi(x,t)$ を計算し，（A1-5）〜（A1-7）式を用いると，どちらも $E\cdot\psi(x,t)$ となる．したがって，形式的に次のように書ける．

$$i\hbar\frac{\partial\psi(x,t)}{\partial t} = -\frac{\hbar^2}{2m}\left(\frac{\partial^2}{\partial x^2}\right)\psi(x,t) \tag{A1-8}$$

（A1-8）式では運動エネルギー $E = p^2/2m$ だけを考慮したが，古典力学でいうエネルギーは運動エネルギーと位置エネルギーの和である．（A1-8）式で $-(\hbar^2/2m)(\partial^2/\partial x^2)$ が運動エネルギーを表しているので，位置エネルギー $V(x,t)$（ポテンシャルともいう）も加えると，古典力学の $E = (1/2)mv^2 + V(x,t)$ に対応し，次式のようになる．

$$i\hbar\frac{\partial\psi(x,t)}{\partial t} = \left\{-\frac{\hbar^2}{2m}\left(\frac{\partial^2}{\partial x^2}\right) + V(x,t)\right\}\psi(x,t) \tag{A1-9}$$

三次元に拡張すると古典力学の運動エネルギーは，

$$\frac{1}{2}mv^2 = \frac{1}{2}m(v_x^2 + v_y^2 + v_z^2) = \frac{p^2}{2m}$$

であるから，

$$\frac{p^2}{2m} = -\frac{\hbar^2}{2m}\left(\frac{\partial^2}{\partial x^2} + \frac{\partial^2}{\partial y^2} + \frac{\partial^2}{\partial z^2}\right) \tag{A1-10}$$

を量子力学における運動量としてよい．位置エネルギーは時間的に変化する場合もあるので，$V(x,y,z,t)$ と書き換える．

以上の考察を総合して，量子力学の基本方程式，シュレディンガー方程式が導かれる．

$$i\hbar\frac{\partial\psi(x,y,z,t)}{\partial t} = \left\{-\frac{\hbar^2}{2m}\left(\frac{\partial^2}{\partial x^2} + \frac{\partial^2}{\partial y^2} + \frac{\partial^2}{\partial z^2}\right) + V(x,y,z,t)\right\}\psi(x,y,z,t) \tag{A1-11}$$

(A1-11) 式は，電子の状態を表す関数 $\psi(x,y,z,t)$ が，実験的に証明されている波動的な性質と粒子的性質の両者をもっているとして形式的に導いたものであり，すべての物理現象に適用できるかどうかは保証されていない．しかし，この方程式から得られた水素原子中の電子のエネルギー状態などは実験結果と完全に一致し，あらゆる物理現象を説明できることが判明したため，物理学の基本方程式として疑いないものになっているのである．

ポテンシャル $V(x,y,z,t)$ が時間に依存しないときは，時間と空間座標に関して変数分離できる．

$$\psi(x,y,z,t)=\varphi(x,y,z)\Phi(t) \tag{A1-12}$$

とし，(A1-12) 式を (A1-11) 式に入れて両辺を $\varphi(x,y,z)\Phi(t)$ で割ると，左辺と右辺は t または x,y,z だけを含む式となる．そのような場合，両辺とも変数を含まない定数となる．この定数を E とおくと，$\varphi(x,y,z)$ に関する結果は，

$$\left\{-\frac{\hbar^2}{2m}\left(\frac{\partial^2}{\partial x^2}+\frac{\partial^2}{\partial y^2}+\frac{\partial^2}{\partial z^2}\right)+V(x,y,z)\right\}\varphi(x,y,z)=E\varphi(x,y,z) \tag{A1-13}$$

となる．これは定常状態の電子状態を記述するときに用いられ，本書の範囲では常にこの時間に依存しないシュレディンガー方程式を用いている．$\Phi(t)$ に関する結果は，

$$i\hbar\frac{\partial\Phi(t)}{\partial t}=E\Phi(t) \tag{A1-14}$$

となる．

A.1.2 水素原子中の電子のエネルギー準位

水素原子中の電子のエネルギー準位を考える．電子は原子核（陽子）のつくるクーロンポテンシャルに閉じ込められているので，図 A.1 に示す極座標を用いる．数式が複雑になるので，ここでは結果のみを示すと，波動関数 $\varphi(r,\theta,\phi)$ は，原子核位置を原点にとった半径方向の距離（動径と呼ぶ）r に関する関数 $R(r)$ と，角度 (θ,ϕ) に関する関数 $Y(\theta,\phi)$ の積として，

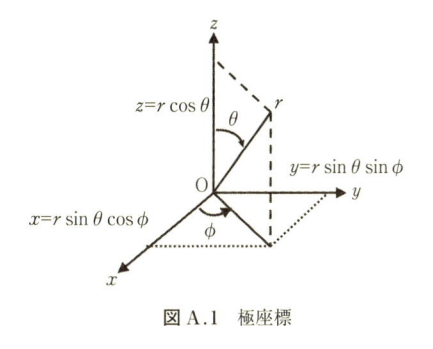

図 A.1 極座標

$$\varphi(r,\theta,\phi)=R(r)Y(\theta,\phi) \tag{A1-15}$$

と書くことができる．極座標で表し変数分離されたシュレディンガー方程式は，次式となる．

$$-\frac{\hbar^2}{2m}\left(\frac{d^2R(r)}{dr^2}+\frac{2}{r}\frac{dR(r)}{dr}-\frac{\lambda}{r^2}R(r)\right)+V(r)R(r)=ER(r) \quad \text{(A1-16)}$$

$$\left\{\frac{1}{\sin\theta}\frac{\partial}{\partial\theta}\left(\sin\theta\frac{\partial}{\partial\theta}\right)+\frac{1}{\sin^2\theta}\frac{\partial^2}{\partial\phi^2}\right\}Y(\theta,\phi)=-\lambda Y(\theta,\phi) \quad \text{(A1-17)}$$

ここで，λ は角度に関する方程式の固有値で，両方程式を関係づける．(A1-17)式で $Y(\theta,\phi)$ は 2 個の変数を含むため，それぞれの角度に関する境界条件から角運動量を決める 2 個の量子数，

$$l=0,1,2,3,\cdots \quad (\text{方位量子数}) \quad \text{(A1-18)}$$
$$m_z=l,\ l-1,\ l-2,\cdots,\ -l+1,\ -l \quad (\text{磁気量子数}) \quad \text{(A1-19)}$$

が現れる．z 軸に対する角運動量だけが確定しているのは，図 A.1 の座標系を用いたためである．この量子数によって指定される関数，$Y_l^m(\theta,\phi)$ は球関数と呼ばれる．球対称ポテンシャルであれば，ポテンシャルの形には依存しない一般的な（水素原子に限らない）関数である．

動径に関する関数 $R(r)$ は座標変数が 1 個なので，1 つの量子数 n が導かれるが，方位量子数 l と次の制約が課される．

$$n=1,2,3,\cdots,\quad n\geq l+1 \quad (\text{主量子数}) \quad \text{(A1-20)}$$

エネルギーはこの主量子数のみで決まる．

さらに，各電子は固有の 2 個のスピン状態をもつ．

$$m_s=+\frac{1}{2},\ -\frac{1}{2} \quad (\text{スピン量子数}) \quad \text{(A1-21)}$$

以上，水素原子中の電子のエネルギー準位を導く道筋を述べてきたが，(A1-18)～(A1-21) 式を具体的に書き下すと，

$$n=1,\ l=0,\ m_z=0,\ m_s=\pm\frac{1}{2} \quad (\text{1s 電子})$$

$$n=2,\ l=0,\ m_z=0,\ m_s=\pm\frac{1}{2} \quad (\text{2s 電子})$$

$$l=1,\ m_z=1,0,-1,\ m_s=\pm\frac{1}{2} \quad (\text{2p 電子})$$

$$n=3,\ l=0,\ m_z=0,\ m_s=\pm\frac{1}{2} \quad (\text{3s 電子})$$

$$l=1,\ m_z=1,0,-1,\ m_s=\pm\frac{1}{2} \quad (\text{3p 電子})$$

$$l=2,\ m_z=2,1,0,-1,-2,\ m_s=\pm\frac{1}{2}\quad (3d\ 電子)$$

となる（2.1 節参照）．

一般の原子に対してはエネルギー準位の値自体は全く異なり，また水素原子のエネルギー準位では，主量子数が同じであればs, p, d, f, … に依存せず同じ値であったが（縮退または縮重しているという），電子数が増えると異なるエネルギー準位の値をもち，大きな主量子数をもつ準位が小さい主量子数をもつ準位より低いエネルギーとなることも起こる．それらをまとめたものが表 2.1 であり，電子配置が各原子の性質や化合物のつくり方を決定する．

A.1.3 シュレディンガー方程式の変数分離

箱の中の粒子など，シュレディンガー方程式を具体的に解くとき，一次元で扱うと見通しのよい計算ができる．ここでは，三次元の座標 (x,y,z) についてのシュレディンガー方程式を一次元に変数分離できる場合の条件と変数分離の方法を記す．

三次元の時間を含まないシュレディンガー方程式，

$$\left\{-\frac{\hbar^2}{2m}\left(\frac{\partial^2}{\partial x^2}+\frac{\partial^2}{\partial y^2}+\frac{\partial^2}{\partial z^2}\right)+V(x,y,z)\right\}\varphi(x,y,z)=E\varphi(x,y,z) \quad \text{(A1-22)}$$

において，

$$V(x,y,z)=V_x(x)+V_y(y)+V_z(z) \quad \text{(A1-23)}$$

のように x だけに依存するポテンシャル $V_x(x)$，同様に $V_y(y)$（y だけに依存），$V_z(z)$（z だけに依存）の和となっている場合を考える．（A1-22）式の解を

$$\varphi(x,y,z)=X(x)Y(y)Z(z) \quad \text{(A1-24)}$$

のように x だけの関数 $X(x)$，y だけの関数 $Y(y)$，z だけの関数 $Z(z)$ の積で表れるとし，（A1-24）式を（A1-22）式に代入する．

$$\left\{-\frac{\hbar^2}{2m}\left(\frac{\partial^2}{\partial x^2}+\frac{\partial^2}{\partial y^2}+\frac{\partial^2}{\partial z^2}\right)+V_x(x)+V_y(y)+V_z(z)\right\}X(x)Y(y)Z(z)=EX(x)Y(y)Z(z)$$
$$\text{(A1-25)}$$

（A1-25）式の両辺を $X(x)Y(y)Z(z)$ で割ると

$$\left\{\frac{-\frac{\hbar^2}{2m}\frac{d^2X(x)}{dx^2}}{X(x)}+V_x(x)\right\}+\left\{\frac{-\frac{\hbar^2}{2m}\frac{d^2Y(y)}{dy^2}}{Y(y)}+V_y(y)\right\}+\left\{\frac{-\frac{\hbar^2}{2m}\frac{d^2Z(z)}{dz^2}}{Z(z)}+V_z(z)\right\}=E$$
$$\text{(A1-26)}$$

が得られる．この場合は，x だけに関係する項，y だけに関係する項，z だけに

関係する項の和になっているので，y と z を固定して x のみ動かしても，右辺は定数であるので左辺も定数になるはずである．したがって，

$$-\frac{\dfrac{\hbar^2}{2m}\dfrac{d^2X(x)}{dx^2}}{X(x)}+V_x(x)=E_x \quad （定数） \tag{A1-27}$$

y と z に対しても同様である．

（A1-27）式は，

$$-\frac{\hbar^2}{2m}\frac{d^2X(x)}{dx^2}+V_x(x)X(x)=E_xX(x) \tag{A1-28}$$

と書き直せる．y と z に対しても同様である．

A.2　固体比熱理論におけるデバイ関数の導出

（4-46）式から出発する．

$$U=\int_0^{\nu_D}Z(\nu)\langle E_\nu\rangle d\nu \tag{A2-1}$$

（4-17）式と（4-45）式から，

$$Z(\nu)d\nu=4\pi V\left(\frac{2}{v_t^3}+\frac{1}{v_l^3}\right)\nu^2 d\nu=\frac{9N}{\nu_D^3}\nu^2 d\nu \tag{A2-2}$$

である．また，振動数 ν の平均エネルギー $\langle E_\nu\rangle$ は次のようにして求められる．振動子のエネルギーを

$$E_\nu=nh\nu \quad (n=1,2,3,\cdots) \tag{A2-3}$$

としたとき，統計力学からその平均エネルギーは，

$$\langle E_\nu\rangle=\frac{h\nu}{e^{\frac{h\nu}{k_BT}}-1} \tag{A2-4}$$

で与えられる．したがって内部エネルギーは，

$$U=\int_0^{\nu_D}Z(\nu)\langle E_\nu\rangle d\nu=\int_0^{\nu_D}\frac{9N}{\nu_D^3}\nu^2\frac{h\nu}{e^{\frac{h\nu}{k_BT}}-1}d\nu$$

$$=9N\left(\frac{k_BT}{h\nu_D}\right)^3 k_BT\int_0^{x_m}\frac{x^3}{e^x-1}dx \tag{A2-5}$$

$$x=\frac{h\nu}{k_BT},\quad x_m=\frac{h\nu_D}{k_BT} \tag{A2-6}$$

（4-47）式で定義したデバイ温度を用いると，

$$U=9N\left(\frac{T}{\Theta_D}\right)^3 k_BT\int_0^{\frac{\Theta_D}{T}}\frac{x^3}{e^x-1}dx \tag{A2-7}$$

と書き換えられる．比熱は（A2-7）式を T で微分して次のように求められる．

$$C_v = \left(\frac{\partial U}{\partial T}\right)_v = 9N\frac{\partial}{\partial T}\left\{\left(\frac{T}{\Theta_D}\right)^3 k_B T \int_0^{\frac{\Theta_D}{T}} \frac{x^3}{e^x - 1} dx\right\} \quad \text{(A2-8)}$$

この結果は簡単には表せないが，（A2-8）式からわかるように，右辺は T/Θ_D だけの関数であるので，

$$C_v = 3R \cdot F_D\left(\frac{T}{\Theta_D}\right)$$

のように表される．

A.3　広範囲ホッピング伝導の導電率の算出

図 A.2 のモデルを考える．波動関数の重なりは近い局在準位ほど大きい．しかし，フェルミエネルギーまでは準位が埋まっているとすると，熱励起によって少し高いエネルギー準位へホッピングする必要がある．このとき，近くに空いている準位がなければ，遠くても熱活性化エネルギーが少なくてすむ準位へホッピングする．局在準位がエネルギー的に連続的に分布しているとすると，局在準位間の平均エネルギー差 ΔE は，

$$\Delta E = \frac{dE}{\frac{4}{3}\pi R^3 N dE} = \frac{3}{4\pi R^3 N} \quad \text{(A3-1)}$$

と表せる．この式は，距離 R の球内にエネルギー幅 dE 以内の局在準位が，局在準位密度を N として $(4/3)\pi R^3 N dE$ 個あるということを意味している．エネルギー幅 dE の中にあるエネルギー準位の平均的なエネルギー差 ΔE は，エネルギー幅を準位の数で割ったものになる．

ホッピング確率 p は，

$$p \propto \exp\left(-2\alpha R - \frac{3}{4\pi R^3 N k_B T}\right) = \exp\left(-2\alpha R - \frac{\Delta E}{k_B T}\right) \quad \text{(A3-2)}$$

p は距離が離れていれば減少し，エネルギー準位が接近していれば増大する．最大になる距離は，R で微分するとゼロになるときである．

この結果，

$$R = \left(\frac{9}{8\pi\alpha N k_B}\right)^{\frac{1}{4}} T^{-\frac{1}{4}} \quad \text{(A3-3)}$$

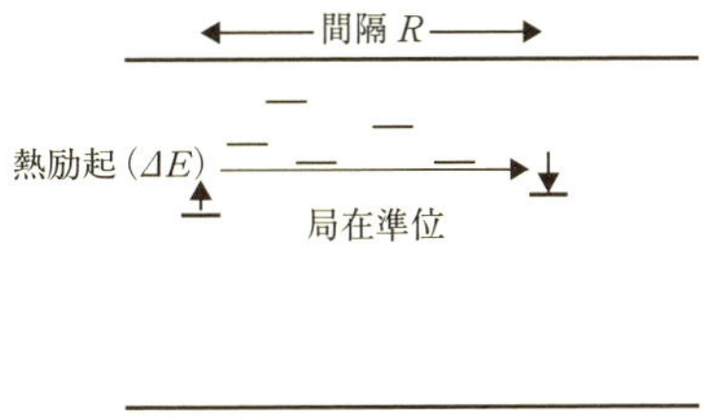

図 A.2　広範囲ホッピング伝導

が導かれる．これは，ホッピングする確率の最も大きい相手先準位は，距離 R に見出されるという意味である．このときの導電率 σ_{hop} を計算すると，

$$\sigma_{\text{hop}} \propto \exp(-BT^{-\frac{1}{4}}) \tag{A3-4}$$

となる．

A.4　トンネル確率の計算

$x=0$ で $\varphi(x)$ および $\varphi'(x)$ が連続という条件から，

$$A+B=F+G \tag{13-13a 再掲，A4-1 とする}$$

$$ik(A-B)=\alpha(F-G) \tag{13-13b 再掲，A4-2 とする}$$

$x=a$ で $\varphi(x)$ および $\varphi'(x)$ が連続という条件から，

$$Fe^{\alpha a}+Ge^{-\alpha a}=Ce^{ika} \tag{13-14a 再掲，A4-3 とする}$$

$$\alpha Fe^{\alpha a}-\alpha Ge^{-\alpha a}=ikCe^{ika} \tag{13-14b 再掲，A4-4 とする}$$

(A4-3) 式に α をかけると，

$$\alpha Fe^{\alpha a}+\alpha Ge^{-\alpha a}=\alpha Ce^{ika} \tag{A4-5}$$

(A4-4)，(A4-5) 式を足し引きする．F と G を C で表すと，

$$F=\frac{1}{2}\left(1+\frac{ik}{\alpha}\right)e^{ika}e^{-\alpha a}C \tag{A4-6}$$

$$G=\frac{1}{2}\left(1-\frac{ik}{\alpha}\right)e^{ika}e^{\alpha a}C \tag{A4-7}$$

(A4-1) 式から

$$ik(A+B)=ik(F+G) \tag{A4-8}$$

(A4-8)，(A4-2) 式を足し合わせる．

$$2ikA=ik(F+G)+\alpha(F-G)=(ik+\alpha)F+(ik-\alpha)G \tag{A4-9}$$

ついで，(A4-9) 式右辺に (A4-6)，(A4-7) 式を入れる．

$$2ikA=(ik+\alpha)\left(\frac{1}{2}\right)\left(1+\frac{ik}{\alpha}\right)e^{ika}e^{-\alpha a}C+(ik-\alpha)\left(\frac{1}{2}\right)\left(1-\frac{ik}{\alpha}\right)e^{ika}e^{\alpha a}C \tag{A4-10}$$

または，

$$A=\frac{1}{2ik}\left\{(ik+\alpha)\left(\frac{1}{2}\right)\left(1+\frac{ik}{\alpha}\right)e^{ika}e^{-\alpha a}+(ik-\alpha)\left(\frac{1}{2}\right)\left(1-\frac{ik}{\alpha}\right)e^{ika}e^{\alpha a}\right\}C \tag{A4-10'}$$

以下計算すると，

A.4　トンネル確率の計算

$$2ikA = ik(F+G) + \alpha(F-G) = (ik+\alpha)F + (ik-\alpha)G$$

$$= (ik+\alpha)\left(\frac{1}{2}\right)\left(1+\frac{ik}{\alpha}\right)e^{ika}e^{-\alpha a}C + (ik-\alpha)\left(\frac{1}{2}\right)\left(1-\frac{ik}{\alpha}\right)e^{ika}e^{\alpha a}C$$

$$= \frac{C}{2}\left\{(ik+\alpha)+\frac{ik}{\alpha}(ik+\alpha)\right\}e^{ika}e^{-\alpha a} + \frac{C}{2}\left\{(ik-\alpha)-\frac{ik}{\alpha}(ik-\alpha)\right\}e^{ika}e^{\alpha a}$$

$$= \frac{C}{2}e^{ika}\left\{(ik+\alpha)e^{-\alpha a}+\frac{ik}{\alpha}(ik+\alpha)e^{-\alpha a}+(ik-\alpha)e^{\alpha a}-\frac{ik}{\alpha}(ik-\alpha)e^{\alpha a}\right\}$$

$$= \frac{C}{2}e^{ika}\left\{\left(2ik+\alpha-\frac{k^2}{\alpha}\right)e^{-\alpha a}+\left(2ik-\alpha+\frac{k^2}{\alpha}\right)e^{\alpha a}\right\}$$

$$= \frac{C}{2\alpha}e^{ika}\left\{(2ik\alpha+\alpha^2-k^2)e^{-\alpha a}+(2ik\alpha-\alpha^2+k^2)e^{\alpha a}\right\}$$

$$= \frac{C}{2\alpha}e^{ika}\left\{2ik\alpha(e^{-\alpha a}+e^{\alpha a})+(\alpha^2-k^2)(e^{-\alpha a}-e^{\alpha a})\right\} \tag{A4-11}$$

$$\frac{A}{C} = \left(\frac{1}{2ik2\alpha}\right)e^{ika}\{2ik\alpha(e^{-\alpha a}+e^{\alpha a})+(\alpha^2-k^2)(e^{-\alpha a}-e^{\alpha a})\}$$

$$= \left\{\frac{e^{-\alpha a}+e^{\alpha a}}{2}+\frac{(\alpha^2-k^2)(e^{-\alpha a}-e^{\alpha a})}{2ik2\alpha}\right\}e^{ika}$$

$$= \left\{\frac{e^{-\alpha a}+e^{\alpha a}}{2}+i\left(\frac{\alpha^2-k^2}{2k\alpha}\frac{e^{\alpha a}-e^{-\alpha a}}{2}\right)\right\}e^{ika}$$

$$= \left\{\cosh\alpha a + i\left(\frac{\alpha^2-k^2}{2k\alpha}\sinh\alpha a\right)\right\}e^{ika} \tag{A4-12}$$

e^{ika} の絶対値は 1 であるから，

$$\left|\frac{A}{C}\right|^2 = \cosh^2\alpha a + \frac{(\alpha^2-k^2)^2}{4k^2\alpha^2}\sinh^2\alpha a$$

$$= \cosh^2\alpha a + \frac{(\alpha^2+k^2)^2-4k^2\alpha^2}{4k^2\alpha^2}\sinh^2\alpha a$$

$$= \cosh^2\alpha a - \sinh^2\alpha a + \frac{(\alpha^2+k^2)^2}{4k^2\alpha^2}\sinh^2\alpha a$$

$$= 1 + \frac{(\alpha^2+k^2)^2}{4k^2\alpha^2}\sinh^2\alpha a$$

$$= 1 + \frac{V_0^2}{4E(V_0-E)}\sinh^2\alpha a \tag{A4-13}$$

ただし，以下を用いた．

$$\alpha = \sqrt{\frac{2m(V_0-E)}{\hbar^2}}, \quad \alpha^2 = \frac{2m(V_0-E)}{\hbar^2}, \quad k^2 = \frac{2mE}{\hbar^2} \tag{A4-14}$$

$$\frac{(\alpha^2+k^2)^2}{4k^2\alpha^2} = \frac{\left\{\frac{2m(V_0-E)}{\hbar^2}+\frac{2mE}{\hbar^2}\right\}^2}{4\cdot\frac{2mE}{\hbar^2}\cdot\frac{2m(V_0-E)}{\hbar^2}} = \frac{\left(\frac{2mV_0}{\hbar^2}\right)\cdot\left(\frac{2mV_0}{\hbar^2}\right)}{4\cdot\frac{2mE}{\hbar^2}\cdot\frac{2m(V_0-E)}{\hbar^2}} = \frac{V_0^2}{4E(V_0-E)}$$

(A4-15)

以上から,

$$\left|\frac{C}{A}\right|^2 = \left\{1+\frac{V_0^2\sinh^2\alpha a}{4E(V_0-E)}\right\}^{-1} = \frac{4E(V_0-E)}{4E(V_0-E)+V_0^2\sinh^2\alpha a} \qquad (A4\text{-}16)$$

$|B/A|^2+|C/A|^2=1$ から容易に,

$$\left|\frac{B}{A}\right|^2 = \left\{1+\frac{4E(V_0-E)}{V_0^2\sinh^2\alpha a}\right\}^{-1} = \frac{V_0^2\sinh^2\alpha a}{4E(V_0-E)+V_0^2\sinh^2\alpha a} \qquad (A4\text{-}17)$$

問 題 解 答

【2章】
1) $1\,\text{eV}=1.6\times 10^{-19}\,\text{C}\times 1\,\text{V}=1.6\times 10^{-19}\,\text{J}$
2) $k_B T=1.4\times 10^{-23}\times 300=4.2\times 10^{-21}\,\text{J}$
   eV で表すと，
   $$\frac{4.2\times 10^{-21}}{1.6\times 10^{-19}}=2.6\times 10^{-2}\,\text{eV}=26\,\text{meV}$$
3) 室温（$T=300\,\text{K}$）での $k_B T$ は，2個のネオン原子が結合しているときの振動の運動エネルギーに相当する．
   U を eV で表すと，
   $$U=\frac{4.9\times 10^{-22}}{1.6\times 10^{-19}}=3.1\times 10^{-3}\,\text{eV}=3.1\,\text{meV}$$
   およその沸点は，$k_B T$ が U に等しい温度である．沸点を T_g とすると，$k_B T_g=U$ から
   $$1.38\times 10^{-23}\times T_g=4.9\times 10^{-22}\,\text{J},\quad T_g=35\,\text{K}$$
   となる．
   これは $-238\,°\text{C}$ であり，ネオンは室温ならば気体となる．また実測にかなり近い値である．
4) クーロン引力のエネルギーは，引き合う力に逆らって無限大の距離まで引き離すのに要するエネルギーであるから，
   $$\int_l^\infty \frac{Q^2}{4\pi\varepsilon_0 r^2}\,dr=\left[\frac{Q^2}{4\pi\varepsilon_0}\frac{-1}{r}\right]_l^\infty=\frac{Q^2}{4\pi\varepsilon_0}\frac{1}{l}$$
   を計算すればよい．$l=0.28\times 10^{-9}\,\text{m}$ を使うと $8.3\times 10^{-19}\,\text{J}$ となり，eV で表すと 5.2 eV となる．
   したがって，斥力は $5.2-4.4=0.8\,\text{eV}$ となる．ここでは，結合エネルギーを正の値になるようにしている．
5) Si の最外殻電子は隣の原子と共有結合をつくり，エネルギーの低い方の準位は隣り合う原子の2個の電子で占められている．4個の共有結合はクーロン斥力により互いに反発しあうため，電子は正四面体の中心から頂点へ向かう方向に局在する．
   NaCl ではナトリウムの最外殻電子1個が完全に塩素に移っているため最外殻電子は閉殻構造をとっており，等方的である．各イオンは，陽イオンまたは陰イオンどうしはできるだけ離れ，異符号のイオンはできる限り接近するように配列する．
   Ag の最外殻電子はもとの原子から放出され，固体内の自由電子となる．すなわち，Ag の最外殻電子は非局在である．

【3章】

1) 図1において(p, q, r)で各軸を切る三角形を考える．uは三角形opqのpqに引いた垂線（交点をsとする）の長さ，vは三角形rosのrsの長さである．三角形opqの面積からuが求められ，三角形osrの面積から面間隔d（oからrsに引いた垂線の長さ）が求められる．p, q, rはoからの長さも表すとして，

$$u = \frac{pq}{\sqrt{p^2+q^2}} \cdot a, \quad d = \frac{ru}{\sqrt{r^2+u^2}} \cdot a$$

より，

$$d = \frac{a}{\sqrt{\left(\frac{1}{p}\right)^2 + \left(\frac{1}{q}\right)^2 + \left(\frac{1}{r}\right)^2}} = \frac{a}{\sqrt{h^2+k^2+l^2}}$$

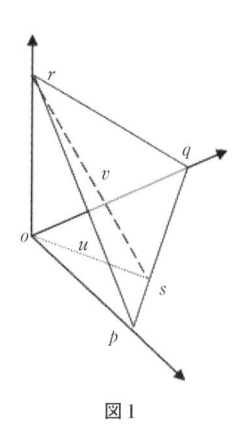

図1

2) 格子定数内の箱の中に，何個の原子が存在するかに注目する．面心立方の格子点にのみ原子がある場合は4個である．単位格子の体積（a^3）の中に銀原子は4個あるので

$$4 \times \frac{1}{(4.09 \times 10^{-8})^3} = 5.86 \times 10^{22} \text{ 個/cm}^3$$

SI単位系では，5.86×10^{28} 個/m^3 となる．

3) 1 cm^3 あたり10.5 gというのは，$(10.5/108)$ molに相当し，個数は，

$$6.02 \times 10^{23} \times \frac{10.5}{108} = 5.85 \times 10^{22} \text{ 個/cm}^3$$

格子定数をaとすると，a^3中に4個だから，$a^3 = 4/(5.85 \times 10^{22})$ となり，

$$a = 0.409 \text{ nm} = 4.09 \times 10^{-10} \text{ m}$$

4) (1) Si結晶の単位格子中の原子数
   立方体の頂点に1個分，面心に3個分，格子点1つに対して2個であるから，

   $$(1+3) \times 2 = 8 \text{ 個}$$

   (2) 1 cm^3 中の原子数

   $$8 \times \frac{1}{(0.54 \times 10^{-7})^3} = 5.1 \times 10^{22} \text{ 個/cm}^3 = 5.1 \times 10^{28} \text{ 個/m}^3$$

   (3) Si結晶の密度

   $$28 \times \frac{5.1 \times 10^{22}}{6.0 \times 10^{23}} = 2.4 \text{ g cm}^{-3} = 2.4 \times 10^3 \text{ kg m}^{-3}$$

以上，cm単位とSI単位で示したが，推奨はSI単位である．ただし，慣用的にはcmが広く使われている．

5) Siは1格子点に対して2個の原子を含むのに対して，Agは1個である．またSiは共有結合であるため，正四面体の中心と頂点に位置するSi原子を局所構造としている．Agは最密充填による面心立方格子である．
同じ面心立方格子でも，凝集力が異なると全く異なる結晶構造となる．

6) X線は波長に関して線幅が狭く急峻であり，測定の分解能が高い．エネルギーも物性定数として正確に再現される．
   X線は物質内部まで侵入するため，多数の反射面からの波を足し合わせることができ，ブラッグの回折条件を満たさないとき，わずかな角度のずれで反射がゼロになる．
7) 回折条件は $2d\sin\theta = n\lambda$ である．Ag は面心立方格子なので，$d = a/2$ にも等価な面が存在する．
   したがって，強め合うのは，$a\sin\theta = n\lambda$ のときであり，
   $$\sin\theta = \frac{n\lambda}{a} = \frac{0.1542}{0.4086}n = 0.3774n$$
   より，$n=1$ で $\theta = 22.17$ 度，$n=2$ で $\theta = 49.00$ 度 のときとなる．

【4章】

1) $\nu_D^3 = \frac{9N}{4\pi V} \cdot \frac{1}{\left(\frac{2}{v_t^3} + \frac{1}{v_l^3}\right)}$, $h\nu_D = k\Theta_D$
   により計算する．
   原子の個数は $N = 5.86 \times 10^{22}$ 個/cm³，$V = 1$ cm³，または $N = 5.86 \times 10^{28}$ 個/m³，$V = 1$ m³であるから，$\nu_D = 4.353 \times 10^{12}$ s^{-1} となる．
   また，デバイ温度は $\Theta_D = 209$ K と求められる．
2) ZnS は電気陰性度の異なる原子の結合した結晶であるのでイオン性をもち，格子振動の光学的振動モードでの分極が現れる．Si はイオン性がないので，光学的振動モードでの分極がない．分極しない場合，電磁界との相互作用はない．

【5章】

1) a^3 中に銀原子は4個あるので，原子密度は $N = 4/(4.1 \times 10^{-8})^3$ となる．原子密度 N と自由電子 n は同数であるから，
   $$n = 5.8 \times 10^{22}\text{ 個/cm}^3 = 5.8 \times 10^{28}\text{ 個/m}^3$$
2) $\sigma = \frac{1}{\rho} = \frac{1}{1.6 \times 10^{-8}} = 6.3 \times 10^7$ S m^{-1}
   $\mu = \frac{\sigma}{nq} = \frac{6.3 \times 10^7}{5.8 \times 10^{28} \times 1.6 \times 10^{-19}} = 6.8 \times 10^{-3}$ m² V^{-1} s^{-1}
3) $\mu = \frac{q\tau}{2m}$
   から求める．
   $m = 9.1 \times 10^{-31}$ kg，$q = 1.6 \times 10^{-19}$ C より，
   $$\tau = \frac{2m\mu}{q} = \frac{2 \times 9.1 \times 10^{-31} \times 6.7 \times 10^{-3}}{1.6 \times 10^{-19}} = 7.6 \times 10^{-14}\text{ s}$$
4) $E_{F_0} = \frac{\hbar^2}{2m}(3\pi^2 n)^{\frac{2}{3}}$

から求める．$n = 5.86 \times 10^{28}$ m^{-3} と物理定数表の値を用いて，
$$E_{F_0} = 5.50 \text{ eV}$$

5) $k_x = \dfrac{2\pi}{L} n_x$

を用いて，(5-48) 式を求めたのと同じ手順により，
$$E_n = \frac{\hbar^2}{2m}\left(\frac{2\pi}{L}\right)^2 (n_x{}^2 + n_y{}^2 + n_z{}^2)$$

が求められる．
この問題は周期境界条件のエネルギーに対するものなので，$n_x = \pm 1, \pm 2, \pm 3, \cdots$, $n_y = \pm 1, \pm 2, \pm 3, \cdots$, $n_z = \pm 1, \pm 2, \pm 3, \cdots$ に対して状態数を求め，スピンを考慮して2倍にする．
(1) $n_x = \pm 1$, $n_y = \pm 1$, $n_z = \pm 1$ から，最低エネルギーには計16組が含まれる．
(2) $7 < n^2 = n_x{}^2 + n_y{}^2 + n_z{}^2 < 12$ を満たすのは，$(n_x, n_y, n_z) = (1, 2, 2)$ または $(n_x, n_y, n_z) = (1, 1, 3)$ を代表とする組み合わせである．正整数だけとするとそれぞれ3通り，正負を入れて 3×8，さらにスピンを考慮し $3 \times 8 \times 2$ となるので，$n^2 = n_x{}^2 + n_y{}^2 + n_z{}^2 = 9$ に対して48組，$n^2 = n_x{}^2 + n_y{}^2 + n_z{}^2 = 11$ に対しても48組である．

【6 章】

1) 酸化膜中の Si 原子のまわりには電子を引き付けやすい酸素が結合しているため，純粋な Si に比べて電子が不足した状態，すなわち正の電荷をもっている．したがって，酸化膜中の Si の内殻電子に対するポテンシャルは Si 中より低いため，外部に脱出するには余分のクーロンエネルギーに打ち勝つ必要があり，放出される電子の運動エネルギーが低くなる．

【7 章】

1) (7-13)式の $n_i{}^2 = pn$，および $n_i = 1.5 \times 10^{16}$ m^{-3} から，ホール密度は $p = 7.5 \times 10^9$ m^{-3} となる．
2) (7-9) 式および (7-10) 式から導かれる．
3) 問題 2) から
$$E_F = E_C - k_B T \ln \frac{N_C}{n}$$

ここで $n = N_D$ として，$E_C - E_F = k_B T \ln(N_C/n)$ に数値を入れると，
$$E_C - E_F = 1.38 \times 10^{-23} \times 300 \times \ln \frac{2.5 \times 10^{24}}{10^{23}}$$
$$= 1.33 \times 10^{-20} \text{ J} = 0.083 \text{ eV}$$

したがって，フェルミ準位は伝導帯下端から 83 meV 下となる．

4) (1) ホール電圧発生の向きから電子がキャリアとなる．
  (2) (7-18) 式の p を n に変え，$V_H = (1/qn)(IB/d)$ から

問　題　解　答

$$n=\frac{IB}{qV_Hd}=\frac{10\times10^{-3}\times1\times10^{-1}}{1.60\times10^{-19}\times1\times10^{-3}\times1\times10^{-3}}=6.25\times10^{21}\text{ m}^{-3}$$

(3)　$\sigma=\dfrac{I/ld}{V/l}=\dfrac{10\times10^{-3}/(1\times10^{-2}\times1\times10^{-3})}{0.5/(1\times10^{-2})}=20\text{ S m}^{-1}$

$\sigma=qn\mu_n$ から

$$\mu_n=\frac{\sigma}{qn}=\frac{20}{1.60\times10^{-19}\times6.25\times10^{21}}=2\times10^{-2}\text{ m}^2\text{ V}^{-1}\text{ s}^{-1}$$

【8章】

1)　(1)　(8-3) 式

$$qV_{bi}=E_{Fn}-E_{Fp}=k_BT\ln\frac{N_DN_A}{n_i^2}$$

から，

$$V_{bi}=\frac{k_BT}{q}\ln\frac{N_DN_A}{n_i^2}=\frac{1.38\times10^{-23}\times300}{1.60\times10^{-19}}\times\ln\frac{10^{24}\times10^{21}}{(1.5\times10^{16})^2}=0.72\text{ V}$$

(2)　$x_p=\sqrt{\dfrac{2\varepsilon_sN_DV_{bi}}{qN_A(N_A+N_D)}}=\sqrt{\dfrac{2\times11.9\times8.85\times10^{-12}\times10^{24}\times0.72}{1.60\times10^{-19}\times10^{21}\times(10^{21}+10^{24})}}$

　　　$=9.74\times10^{-7}$ m$=0.974$ μm

$x_n=\sqrt{\dfrac{2\varepsilon_sN_AV_{bi}}{qN_D(N_A+N_D)}}=\sqrt{\dfrac{2\times11.9\times8.85\times10^{-12}\times10^{21}\times0.72}{1.60\times10^{-19}\times10^{24}\times(10^{21}+10^{24})}}$

　　　$=9.74\times10^{-10}$ m$=0.974$ nm

(3)　(8-14) 式から，符号をここでは正にとって

$$C_D=\frac{\varepsilon_s}{x_D}\times(10\times10^{-6})^2=\frac{11.9\times8.85\times10^{-12}}{0.975\times10^{-6}}\times(10\times10^{-6})^2=1.08\times10^{-14}\text{ F m}^{-2}$$

2)　$L_n=\sqrt{D_n\tau_n}=\sqrt{5\times10^{-3}\times10^{-8}}=7.07\times10^{-6}$ m

【9章】

1)　Si と酸化膜の界面にトラップが存在すると，図 9.2 (d) で反転層に誘起された電子が界面準位に捕獲される．このとき，電圧は金属電極の正電荷とトラップに捕獲された電子を誘起するのに消費されるので，半導体内に有効なキャリアが誘起されない．そのため，可動キャリアの密度が低下し，FET 特性の劣化につながる．

【10章】

1)　$\alpha_e=4\pi\varepsilon_0r^3$，$\varepsilon_0=8.85\times10^{-12}$ F m^{-1} および $r=0.031\times10^{-9}$ m から，$\alpha_e=3.3\times10^{-42}$ F m^2

2)　$\mu_e=Zqx$，$\mu_e=\alpha_eF$ と $Z=2$ から $x=5.1\times10^{-18}$ m

【11章】

1)　$\nu_p=\dfrac{1}{2\pi}\sqrt{\dfrac{Nq^2}{\varepsilon_0m^*}}$

において，$N=5.86\times10^{28}$ 個/m^3，$q=1.60\times10^{-19}$ C，$\varepsilon_0=8.85\times10^{-12}$ F m^{-1}，$m^*=9.11\times10^{-31}$ kg である．
これから計算すると，
$$\nu_p=\frac{1}{2\pi}\sqrt{\frac{5.86\times10^{28}\times(1.60\times10^{-19})^2}{8.85\times10^{-12}\times9.11\times10^{-31}}}$$
$$=2.17\times10^{15}\text{ s}^{-1}$$

2) $R=\dfrac{(n-1)^2+k^2}{(n+1)^2+k^2}$

で $k=0$，$n=3$ であるため，
$$R=\frac{(3-1)^2}{(3+1)^2}=0.25$$
すなわち，25％が反射されることになる．

3) $I=I_0 e^{-\alpha z}$ において，$\alpha=10^4$ cm^{-1}，$z=1.5\times10^{-4}$ cm であるから，
$$\frac{I}{I_0}=e^{-\alpha z}=e^{-1.5}=0.223$$
すなわち，およそ 22.3％に減衰しており，77.7％は吸収される．

【12 章】

1) 磁束から受ける力 $F_m=qvB$．円運動の遠心力 $F_c=m^*v^2/r$，速度 $v=r\omega_C$ かつ $F_m=F_c$ から，
$$qr\omega_C B=\frac{m^*(r\omega_C)^2}{r}, \quad \omega_C=\frac{q}{m^*}B$$

索引

欧文

BCS 理論　168
CMOS　130
g 因子　162
MBE　41
n 型半導体　96
p 型半導体　96
pn 接合　109
Si 集積回路　125
Si-MOSFET　125
SiO$_2$/Si 界面　125
X 線回折　34
X 線光電子分光　83

あ行

アクセプタ　98

イオン結合　13
イオン注入　112
イオン半径　135
イオン分極　137
移動度　64, 101

ヴィーデマン-フランツ則　65
ウルツァイト型構造　29

液晶　158
エピタキシャル技術　41
エピタキシャル成長　112
塩化セシウム型構造　29
塩化ナトリウム型構造　29

音響的振動　52

か行

外因性半導体　98
外殻準位　11
外殻電子　82

開放端電圧　156
化学気相成長法　41
化学結合　14
角運動量　162
拡散長　121
拡散電位　112
拡散電流　103
拡散方程式　120
殻状構造　6
角振動数　49
過剰少数キャリア　111
カットオフ領域　130
価電子帯　91, 93
カーボンナノチューブ　177
間接遷移型半導体　94, 154

規格化　69
希ガス　11
基底状態　3
擬フェルミ準位　118
キャリア　93
キャリア密度　98
キュリー温度　141
キュリー定数　164
強磁性　164
凝集力　18
共有結合　14, 82
強誘電体　140
局在準位　143
極性分子　12
巨大磁気抵抗効果　166
禁制帯　85
金属結合　17

空間格子　22
空間電荷制限電流　144
空間電荷層　112
空乏層　112
空乏層幅　115

空乏層容量　115, 127
グラフェン　177
群速度　51

結合軌道　82
結晶　20
結晶基　21
結晶構造　21
結晶構造因子　37
結晶軸　21
結晶成長　40
ゲート電圧　126
原子空孔　31
原子構造因子　37

光学的振動　52
光学的振動モード　147, 152
格子間原子　31
格子欠陥　31
硬磁性　166
格子点　21
光電効果　147
高電子移動度トランジスタ　134
光電子放出　80
広範囲ホッピング　144, 185
高誘電率ゲート絶縁膜　141
固体の比熱　57
古典統計　65
混晶　93
混成軌道　15, 91

さ行

再結合　111
最密充填構造　26
酸化膜容量　127
III-V 族化合物結晶　16
III-V 族化合物半導体　93, 133
残留磁化　165

索　引

磁化率　161
磁気抵抗効果　166
磁気モーメント　160
磁気量子数　4,18
仕事関数　79
自発磁化　164
自発分極　140
周期境界条件　77
周期ポテンシャル　83
自由電子　16,63,147
自由電子密度　76
主量子数　4,182
ジュール熱　63
シュレディンガー方程式
　　　67,179
準結晶　30
常磁性　163
少数キャリア　98,105
状態密度　71
ジョセフソン効果　171
ショットキ型欠陥　32
ショットキ接合　122
真空準位　79,109
刃状転位　32
真性キャリア密度　99
真性半導体　93
振動モード　46

水素結合　17
水素原子　3
スピントロニクス　167
スピン量子数　4,182

正孔　90
整流特性　117
赤外吸収　152
絶縁体　90
ゼーベック効果　134
ゼロ点振動　55
閃亜鉛鉱型構造　28
遷移確率　95
線形領域　130
線欠陥　32

双極子モーメント　12
走査電子顕微鏡　37

走査トンネル顕微鏡　38
相補型 MOS　130
存在確率　69

た　行

第一種超伝導体　170
第二種超伝導体　170
ダイヤモンド構造　27
太陽電池　155
多結晶　20
縦波　47
単位胞　21
単結晶　20
弾性体　44
短絡電流　156

置換原子　31
超常磁性　166
超伝導　168
超伝導ギャップ　169
調和振動子　55
直接遷移型半導体　94,154

定圧比熱　57
低エネルギー電子線回折　39
定積比熱　57
デバイ温度　61,184
デバイ関数　60,184
デバイ振動数　59
デバイの比熱理論　58
転移　32
電界放出　80
電気陰性度　18
電気感受率　137
電気伝導度　63
点欠陥　31
電子顕微鏡　37
電子親和力　126
電子線回折　38
電子分極　135
電子放出　79
電束密度　137
伝導帯　91,93
伝搬速度　45

透過電子顕微鏡　37

銅酸化物系超伝導体　171
透磁率　161
導電体　90
導電率　63,96,101
透明電極　155
トップダウンのナノテクノロジー　177
ドナー　96
ドリフト電流　103
トンネル型磁気抵抗効果　167
トンネル効果　39,174

な　行

内殻準位　11
内殻電子　83
内蔵電位　112
ナノテクノロジー　71,172
軟磁性　166

二次電子放出　80
II-VI族化合物半導体　93

熱電子放出　80
熱容量　56

濃度勾配　105

は　行

配向分極　136
バイポーラトランジスタ　132
パウリの排他律　4,11
波数　49
発光ダイオード　155,157
バリアハイト　124
バルク　37
反強磁性　165
反結合軌道　82
反磁性　163
反転状態　127
半導体　90
半導体レーザ　157
バンドギャップ　85
バンド構造　84,89

ピエゾ効果　145
引き上げ法　40

索　引

非晶質　20
比熱　56
表面緩和　37
表面再構成　38

ファンデルワールス力　12
フェライト　165
フェリ磁性　165
フェルミエネルギー　74
フェルミ準位　74
フェルミ-ディラック分布関数　74
フェルミ粒子　168
フォノン　55
フォノン散乱　101
不確定性原理　66
不活性ガス　11
複素屈折率　149
不純物　93
　——による散乱　101
プラズマ振動　151
ブラッグ回折　34
ブラッグ回折条件　84
フラーレン　177
ブリルアン帯　49,86
フレンケル型欠陥　32
分域　141
分子結晶　12

閉殻構造　11,13
並進操作　21
並進対称性　21
ヘテロ接合　121
ペルチエ効果　134

変数分離　67
ボーア磁子　162
ポアソンの方程式　114
方位量子数　4,182
飽和電流　121
飽和領域　131
捕獲中心　125
ボーズ粒子　168
ホッピング伝導　143,185
ボトムアップのナノテクノロジー　177
ホール　90
ホール係数　103
ホール効果　101
ボルツマン統計　75

ま　行

マイスナー効果　169
マクスウェル方程式　148

未結合手　38
ミラー指数　24

面欠陥　34
面心立方格子　26

や　行

ヤング率　44

有効質量　64,88
有効質量近似　64
誘電分極　137
誘導双極子モーメント　136

横波　47
IV族結晶　16
IV族元素半導体　93
IV-IV族半導体　93

ら　行

らせん転位　33
ラマン散乱　55,153
リチャードソン-ダッシュマン定数　124
リチャードソン-ダッシュマンの式　80
両極性伝導　98
量子井戸　122
量子効果　172
量子ドット　173
量子論的金属モデル　79
臨界温度　168,170
臨界磁界　170
臨界電流　170

ルチル型　30

励起状態　3
レナード-ジョーンズポテンシャル　10

六方最密格子　26
ローレンツ数　65
ローレンツ力　102

著者略歴

荻野俊郎（おぎの としお）

1951年　京都府に生まれる
1979年　東京大学大学院工学系研究科博士課程修了
現　在　横浜国立大学大学院工学研究院教授
　　　　工学博士

エッセンシャル応用物性論　　　　定価はカバーに表示

2015年10月25日　初版第1刷

著　者　荻　野　俊　郎
発行者　朝　倉　邦　造
発行所　株式会社　朝　倉　書　店
　　　　東京都新宿区新小川町6-29
　　　　郵便番号　162-8707
　　　　電話　03(3260)0141
　　　　FAX　03(3260)0180
　　　　http://www.asakura.co.jp

〈検印省略〉

© 2015〈無断複写・転載を禁ず〉　　真興社・渡辺製本

ISBN 978-4-254-21043-9　C 3050　　Printed in Japan

JCOPY　<(社)出版者著作権管理機構 委託出版物>

本書の無断複写は著作権法上での例外を除き禁じられています．複写される場合は，そのつど事前に，(社)出版者著作権管理機構（電話 03-3513-6969，FAX 03-3513-6979, e-mail: info@jcopy.or.jp）の許諾を得てください．